食品科学与工程类系列教材

现代食品分离技术

邵 平 张 娜 主编

科学出版社

北京

内 容 简 介

本书共 8 章，介绍了食品工业中应用到的一些新型的和较为成熟的分离技术及相应的研究现状和发展动态，侧重于现代食品分离技术的装置及工艺流程、对分离食品类型的要求及在食品工业中的应用。主要内容包括：食品工业中分离技术概论、膜分离技术（纳滤、超滤、微滤、反渗透和电渗析）、萃取技术（超临界流体萃取、亚临界萃取和外场辅助萃取技术）、色谱技术（离子交换色谱、逆流色谱、径向色谱和其他层析色谱）、吸附澄清技术、分子蒸馏技术、毛细管电泳分离技术和结晶分离技术。本书配套课件来展示教材的内容及重点、难点，便于使用本书的教师梳理教学方案及学生自学。

本书可作为高等院校食品、制药、农产品贮藏加工、生物化工等专业本科生和研究生的教材，也可供从事食品工业及相关领域的科技工作者、工程技术人员学习参考。

图书在版编目（CIP）数据

现代食品分离技术 / 邵平，张娜主编．—北京：科学出版社，2022.7
食品科学与工程类系列教材
ISBN 978-7-03-072319-2

Ⅰ．①现⋯　Ⅱ．①邵⋯　②张⋯　Ⅲ．①食品工程－分离－教材
Ⅳ．① TS201.1

中国版本图书馆 CIP 数据核字（2022）第 088424 号

责任编辑：席　慧　韩书云 / 责任校对：杜子昂
责任印制：张　伟 / 封面设计：蓝正设计

科学出版社 出版
北京东黄城根北街 16 号
邮政编码：100717
http://www.sciencep.com

北京凌奇印刷有限责任公司印刷
科学出版社发行　各地新华书店经销

*

2022 年 7 月第 一 版　开本：787×1092　1/16
2024 年 7 月第三次印刷　印张：14 3/4
字数：385 000

定价：59.80 元
（如有印装质量问题，我社负责调换）

《现代食品分离技术》编写委员会

主　编　邵　平　张　娜

副主编　蔡　铭　林　杨　王　欢

参　编　罗水忠　杨　杨　潘利华

　　　　佟晓红　陈碧莲　李振皓

　　　　冯思敏　余佳浩

前　言

　　食品工业是关系国计民生的支柱产业，同时也是一个国家人民生活质量的重要标志。食品分离技术在食品工业生产中占有十分重要的地位，对提高生产过程的经济效益和产品质量起着举足轻重的作用。食品分离技术是重要的食品工艺过程之一，它可以提高农作物的综合利用程度，生产高附加值的产品，也可以改进食品的营养与风味，使产品更加符合卫生、安全的要求。

　　食品中的原辅料是由多种成分组成的混合物，在食品加工过程中按人们的需求进行取舍、产品分级、中间产物分离等，这种利用分离技术进行处理的过程称为食品分离过程。食品分离过程一方面起着提纯的作用，进而获得较高纯度的食品组分；另一方面能消除有毒、有害物质，满足食品安全性的要求。

　　随着食品工业的发展，许多化工单元操作相继被引入食品工程中，并且已成为食品加工过程的单元操作。化工分离技术与其他科学技术相互交叉渗透，也产生了一些新的分离技术，如膜分离技术、超临界流体萃取技术等。现代食品分离技术是以化工分离技术为基础和依托，根据化学分离过程的原理与方法，在多学科融合的基础上发展起来的，是符合食品卫生与营养要求的新型分离技术。它是食品加工中的一个主要操作过程，是食品工业单元操作的深化和归属。

　　本书的优势在于以教学为宗旨对现代食品工业中的分离技术进行梳理、总结及归纳，将原理相同的技术归类，思路更加清晰、明确。精选食品工业中有重要地位的现代分离技术，重点突出食品分离技术的装置及工艺流程、对分离食品类型的要求及在食品工业中的应用，紧跟食品分离技术的发展趋势和研究前沿。

　　本书共 8 章，分别介绍了膜分离技术、超临界流体萃取等萃取技术、色谱技术、吸附澄清技术、分子蒸馏技术、毛细管电泳分离技术和结晶分离技术。除绪论外，每章重点介绍了各种分离技术的装置、工艺流程和相关的应用案例，各章还附有思考题供学生复习巩固。每章通过对食品分离技术发展现状及前景的凝练和剖析，形成了完整的教学体系，介绍了现代食品分离技术的未来发展趋势及方向，以便为将来食品分离技术的开发和升级提供思路。使读者在掌握分离技术原理与应用的同时，了解现代食品分离技术新的发展趋势。

　　本书可作为高等院校食品、制药、农产品贮藏加工、生物化工等专业本科生和研究生的教材，同时也可供从事食品工业及相关领域的科技工作者、工程技术人员学习参考。

　　本书编者来自全国食品科学领域较有影响力和教学基础雄厚的高等院校、科研院所及上市公司，有高校多年从事相关专业教学和实践的知名教授或学术带头人，有留学海外接触较多相关前沿知识的青年学者，还有精益生产及产业需求的企业一线人员。本书由浙江工业大学邵平教授总体设计、统稿，编写分工如下：浙江工业大学邵平教授、蔡铭副教授和林杨博士共同承担第一章和第二章，哈尔滨商业大学张娜教授、杨杨博士共同承担第三章和第六章，合肥工业大学罗水忠教授和潘利华副教授共同承担第四章和第五章，东北农业大学王欢副教授、佟晓红博士共同承担第七章和第八章。全书由张娜和林杨修改、补充、完善和审校。此外，浙江省食品药品检验研究院陈碧莲主任中药师、浙江寿仙谷植物药研究院有限公司李振皓博士、浙江工业大学冯思敏副研究员和余佳浩博士参与了数据、图片的收集整理，课件和视频制作及文字校对工作。本书的编写得到了各有关院校和科学出版社的大力支持。在此谨向所有为本书编写和出版付出辛劳的人们表示衷心的感谢。

　　本书相关研究工作和出版得到了浙江工业大学研究生教材建设项目的重点资助。在此，一并致以感谢！

　　由于编者的知识面限制，书中难免有疏漏之处，敬请各位同行专家、读者批评指正。

邵　平

2022 年 4 月

《现代食品分离技术》教学课件和习题答案索取单

　　凡使用本书作为教材的主讲教师，可获赠教学课件和习题答案一份。欢迎通过以下两种方式之一与我们联系。本活动解释权在科学出版社。

1. 关注微信公众号"科学 EDU"索取教学课件

　　关注→"教学服务"→"课件申请"

2. 填写索取单拍照发送至联系人邮箱

姓名：		职称：		职务：
学校：		院系：		
电话：		QQ：		
电子邮箱（重要）：				
所授课程 1：			学生数：	
课程对象：□研究生 □本科（＿＿年级）□其他＿＿＿＿			授课专业：	
所授课程 2：			学生数：	
课程对象：□研究生 □本科（＿＿年级）□其他＿＿＿＿			授课专业：	
使用教材的名称／作者／出版社：				

扫码获取食品专业
教材最新目录

联系人：席慧　　　咨询电话：010-64000815　　　回执邮箱：xihui@mail.sciencep.com

目　录

前言

第一章　绪论 ·· 001

　　第一节　分离技术概论 ·· 001

　　第二节　食品中的分离技术 ·· 001

　　第三节　分离技术的分类和特点 ·· 002

　　第四节　食品分离技术与分离科学的关系 ·· 004

　　第五节　食品分离过程的特点及方法的选择 ·· 004

　　第六节　食品分离技术的评价 ·· 006

　　第七节　食品分离技术的发展趋势 ·· 007

第二章　食品工业中的膜分离技术 ·· 009

　　第一节　概述 ·· 009

　　第二节　膜的分类及表征 ·· 010

　　第三节　微滤膜分离技术 ·· 012

　　第四节　超滤膜分离技术 ·· 018

　　第五节　纳滤膜分离技术 ·· 022

　　第六节　反渗透膜分离技术 ·· 029

　　第七节　电渗析膜分离技术 ·· 036

　　第八节　膜分离在食品工业中应用的问题与前景 ·· 041

　　第九节　食品工业中膜分离技术的应用案例 ·· 043

第三章　食品工业中的萃取技术 ··· 053

　　第一节　概述 ·· 053

　　第二节　食品工业中的萃取技术分类及特点 ·· 058

　　第三节　超临界流体萃取原理及技术特点 ·· 062

　　第四节　亚临界萃取技术 ·· 074

　　第五节　外场辅助萃取技术 ·· 077

　　第六节　萃取技术在食品工业中的发展现状与展望 ·· 080

　　第七节　萃取技术对食品类型的要求 ·· 085

　　第八节　食品工业和食品分析中萃取技术的应用案例 ··· 089

第四章　食品工业中的色谱技术 ··· 095

　　第一节　概述 ·· 095

　　第二节　食品工业中色谱技术的分类及特点 ·· 096

第三节　离子交换色谱 ·· 098

第四节　逆流色谱 ·· 101

第五节　径向色谱 ·· 105

第六节　其他层析色谱 ·· 107

第七节　色谱技术在食品工业中的发展现状与展望 ··························· 115

第八节　色谱技术对食品内源组分分离的应用 ································· 122

第九节　色谱技术在食品类型中的应用 ··· 123

第十节　食品工业中色谱技术的应用案例 ··· 124

第五章　食品工业中的吸附澄清技术 ··· 127

第一节　概述 ··· 127

第二节　吸附澄清技术的装置及工艺流程 ··· 131

第三节　吸附澄清技术在食品工业中的发展现状及展望 ····················· 136

第四节　吸附澄清技术对食品类型的要求 ··· 139

第五节　食品工业中吸附澄清技术的应用案例 ································· 147

第六章　分子蒸馏技术 ··· 152

第一节　概述 ··· 152

第二节　分子蒸馏技术的概念及原理 ··· 153

第三节　分子蒸馏技术的装置与工艺流程 ··· 155

第四节　分子蒸馏技术在食品工业中的发展现状与展望 ····················· 161

第五节　分子蒸馏技术对食品类型的要求 ··· 167

第六节　食品工业中分子蒸馏技术的应用案例 ································· 167

第七章　食品工业中的毛细管电泳分离技术 ····································· 174

第一节　毛细管电泳分离技术的概念及原理 ····································· 174

第二节　毛细管电泳分离技术的装置及工艺流程 ······························· 181

第三节　毛细管电泳分离技术在食品工业中的发展现状与进展 ············· 188

第四节　毛细管电泳分离技术对食品类型的要求 ······························· 192

第五节　食品工业中毛细管电泳分离技术的应用案例 ·························· 196

第八章　食品工业中的结晶分离技术 ··· 200

第一节　结晶分离技术概述及原理 ·· 200

第二节　结晶分离技术的装置与工艺流程 ··· 204

第三节　结晶分离技术在食品工业中的发展现状及展望 ····················· 216

第四节　结晶分离技术对食品类型的要求 ··· 219

第五节　食品工业中结晶分离技术的应用案例 ································· 221

第一章 绪 论

第一节 分离技术概论

食品中的原辅料是由多种成分组成的混合物，在食品加工过程中，人们按需求进行取舍，利用分离技术进行取舍的过程称为食品分离过程。食品分离过程具有两个作用，一是起提纯作用，获得较高纯度的食品组分；二是消除有毒、有害物质，满足食品安全的要求。

分离是把具有不同性质（物理、化学及物理化学性质）的物质分开。分离过程就是一个从无序到有序的熵减小的过程，需要环境做功来推动过程的进行，这个环境做功主要靠分离剂（物质和能量）来实现。分离过程主要通过提取、澄清或净化、浓缩、蒸馏和干燥等，实现提纯和去杂。

分离技术是一门研究如何从混合物中把一种或几种物质分离出来的科学技术。被分离的物质可以是原料，也可以是反应产物、中间产物或废物料；可以是小分子（如氨基酸、多酚），也可以是大分子（如蛋白质、淀粉）；可以是具有生物活性的物质（如酶），也可以是不具有生物活性的物质。常见的分离方法有物理方法、化学方法及物理化学方法。分离的基本过程如图 1-1 所示，即物质通过分离设备，在分离剂的作用下，得到产物或残留物。在人类的生活和生产实践中，人们早已不自觉地接触和应用了分离技术。例如，古籍中就有关于"莞蒲厚酒"、"弊箄淡卤"及"海井"淡化海水等记载。

图 1-1 分离的基本过程

第二节 食品中的分离技术

食品工业中广泛利用分离技术进行生产，以洁净空气和纯水生产为例，就包括了沉降、湿法洗净、过滤、电除尘、絮凝、泡沫分离、电渗析、超滤、反渗透及离子交换等分离单元操作。食品的脱水、除去有毒或有害成分也离不开分离过程，从水中除去盐和有毒物质的蒸馏、吸附、萃取、膜分离等分离技术，使人们能从大海中提取淡水，从工、农业污水中回收干净水。天然食品常常被认为是最安全的食品，但天然食品中也含有对人体不利的成分，或对某些群体不利的成分，如河鲀中的河鲀毒素；一些植物类食品中的天然毒素；大豆等原料中具有过敏原物质，鸡蛋中具有较高的胆固醇含量等，对某些特殊人群来说，不适宜过多进食这些物质。食品中的工业污染毒素和农药残留物也有一定的限量标准，这些食物中的物质都需要进行适当分离后，食物才能被人们食用。要采用高效、廉价、科学的工艺，生产出供人们食用的更舒心、更安全、更方便、更营养的食品，离不开食品分离技术。

食品分离技术已经在食品工业中占有相当重要的地位，原因如下。

（1）分离技术作为食品工业的基础，是重要的食品工艺过程之一。例如，在制糖过程中，要经过提取、澄清、蒸发、结晶、分离、干燥等分离过程。

（2）利用分离技术可以提高农作物综合利用程度，生产出高附加值的产品。例如，利用超滤和反渗透技术，从干酪乳清中回收乳清蛋白。

（3）利用分离技术可以改进食品的营养与风味。常温与加热处理会使食品的风味及营养产生较大的差异，而像膜分离等浓缩分离技术可在常温下操作，取代需要进行加热浓缩的食品生产过程，从而改善产品的营养和风味。

（4）利用分离技术可以使产品更加符合卫生、安全的要求。利用食品分离技术可以去除食品中的有毒成分，净化食品生产用水，去除原料中的杂质等。

（5）利用分离技术可以改变生产面貌。例如，可利用反渗透生产海盐，其与日晒盐相比，生产环境和卫生状况都更好。

研究分离技术在食品加工中的应用，对食品加工的科学化、现代化具有重要意义。分离操作一方面可以为食品工业提供符合质量要求的原料，另一方面对食品原料、半成品原料分离起着重要作用。分离技术不仅涉及物料的综合利用，还能够对食品工业所产生的废水、废气进行末端治理。因此，分离技术在食品工业生产中占有十分重要的地位，在提高生产过程中的经济效益和产品质量方面起着举足轻重的作用。

当代工业的三大主导产业是新材料、新能源和大健康，这三大产业的发展离不开新的分离技术。人类生活水平的进一步提高也有赖于新的分离技术。分离技术必将日新月异，再创辉煌。

第三节　分离技术的分类和特点

目前，工业上分离技术的分类多种多样，分离技术都可以分为机械分离和传质分离两大类。机械分离处理的是两相或两相以上的混合物，过程简单，不涉及传质过程。机械分离的目的是将各相加以分离，大部分的机械分离过程已经成为食品工程中常规的单元操作。表1-1列举了食品工业中常见的机械分离过程及原理。传质分离过程是指在分离过程中，有物质传递过程的发生。传质分离过程可分为两大类，即平衡分离过程和速率控制分离过程。平衡分离过程是借助分离媒介（如热能、溶剂、吸附剂等），使均相混合物系统变为两相系统，以混合物中各组分在相平衡的两相中不等同分配为依据实现再分离的过程。而速率控制分离过程则主要是借助某种推动力，如浓度差、压差、温度差、电位差等的作用，某些情况下在选择性透过膜的配合下，利用各组分扩散速率的差异而实现混合物分离的操作。

表1-1　食品工业中常见的机械分离过程及原理

名称	分离因子	分离原理	工业应用举例
离心	离心力	密度差	牛乳脱脂、油精制
过滤	过滤介质	粒子大小	果汁澄清、除菌
沉降	重力	密度差	水处理
旋风分离	惯性流动力	密度差	喷雾干燥
压榨	机械力	液体在压力下流动	油脂生产

表1-2给出了平衡分离过程的一些特点和应用。作为典型的平衡分离过程，蒸馏、结晶、吸附、萃取等分离技术出现得较早，作为单元操作的应用也有较长的历史，在食品工业

中得到了广泛的应用。

表 1-2 食品工业中的平衡分离过程

名称	原料相态	分离因子	分离原理	工业应用举例
蒸发	液体	热量	蒸汽压差	糖浆浓缩
蒸馏	液体	热量	蒸汽压差	白酒蒸馏
结晶	液体	冷却或蒸发	利用过饱和度/熔点	盐和糖的精制
干燥	含湿固体	热量、气体	水分蒸发	食品脱水
冷冻干燥	液体	热量、减压	冻结/升华	食物干燥
萃取	固体、液体	萃取剂	溶解度差异	脂肪萃取
浸提	固体	溶剂	溶解度	蔗糖抽提
吸附	液体、气体	固体吸附剂	吸附势能差	油脂脱色
离子交换	液体	固体树脂	离子亲和力	乳清脱盐

大部分的速率控制分离技术是新近发展起来的，如膜分离、分子蒸馏等，仅使用了二三十年，并且在效率性、选择性、节能和环保等方面具有明显的优势，展现了巨大的应用前景。速率控制分离技术可以分为两类，即膜分离和场分离。膜分离是利用流体中各组分对膜的渗透速率的差别而实现组分分离的单元操作，膜分离的推动力主要是压差、浓度差或电位差。场分离是利用电磁场、重力场、温度场等物理场作为推动力实现对物质的分离。表 1-3 给出了速率控制分离技术的一些特点和应用。

表 1-3 食品工业中的速率控制分离过程

名称	原料相态	分离因子	分离原理	工业应用举例
反渗透	液体	压力/膜	膜渗透性	海水淡化、乳清蛋白浓缩
超滤	液体	压力/膜	膜渗透性	牛奶浓缩
液膜	液体、气体	浓度/膜	膜渗透与化学反应	污水处理、生化反应
电渗析	液体	电场/膜	电位差	葡萄糖精制、食盐精制
电泳	液体	电场力	胶体在电场下的迁移速率差异	蛋白质、氨基酸、核酸分离
色谱分离	气体、液体	固相载体	吸附浓度差	花青素的制备
分子蒸馏	液体	气体扩散	分子扩散	从油中分离维生素A、维生素E

在食品工业中，平衡分离过程和速率控制分离过程常伴随着其他物理场辅助分离技术，如超声波辅助萃取、微波辅助萃取等。物理场辅助萃取能大大增强分离效率，下面将分别介绍超声波辅助萃取和微波辅助萃取的原理。

（1）超声波是一种机械波，需要能量载体来进行传播，超声波使介质各点受到的作用一致，使整个体系萃取得更均匀；原料中的有效成分在超声波场作用下不但能作为介质质点获得自身的巨大加速度和动能，而且能够通过"空化效应"获得强大的外力冲击，所以能被高效率并充分分离出来。

（2）微波是高频电磁波，可穿透萃取媒质，到达被萃取物料的内部维管束和腺泡系统。微波能迅速转化为热能使细胞内部温度迅速上升，当细胞内部压力超过细胞壁的承受能力时，细胞破裂，细胞内有效成分自由流出，能够在较低温度条件下被萃取媒质捕获并溶解，进一步过滤并分离，便可获得提取物。在微波辐射作用下，微波所产生的电磁场可加大被萃取部分成分向萃取溶剂界面的扩散速率，从而使萃取速率提高数倍，同时还降低了萃取温度，最大限度地保证了萃取的质量。

一般来说，被分离组分之间的性质差别越大，分离的手段越多，分离效率越高，分离的结果越精细，产品越好。

第四节　食品分离技术与分离科学的关系

食品分离技术是指各种分离技术在食品科学与食品工程中的应用，它是食品加工中的一个主要操作过程，是食品工业单元操作的深化和归属。

一、分离过程与单元操作

单元操作是分离过程的基本单元，单元操作逐步交叉、渗透和融合而形成了相对独立的分离过程。分离过程侧重分离方法的共性规律，而单元操作则侧重分离方法的个性规律；分离过程侧重多组分非理想物系，而单元操作则侧重二元理想物系。食品分离技术的发展与化工分离技术及生化分离技术的发展是密切相关的，几十年来，许多化工单元操作相继被引入食品工程中，并且已成为食品加工过程的单元操作。

二、食品分离技术与化工分离技术的关系

化工分离技术与其他科学技术相互交叉渗透产生了一些更新的边缘分离技术，如生物分离技术、膜分离技术、环境化学分离技术、纳米分离技术、超临界流体萃取技术等。现代食品分离技术是以化工分离技术为基础和依托，根据化学分离过程的原理与方法，在多学科融合发展的基础上发展起来的，是符合食品卫生与营养要求的新型分离技术。

第五节　食品分离过程的特点及方法的选择

一、食品分离过程的特点

（1）食品分离技术的分离对象种类繁多，性质复杂。食品分离的对象是农、林、渔、牧、副等食品，要分离的物质比化学反应产物复杂得多，要分离的物质有的属于有机物，有的属于无机物；有的具有生物活性（如对酶等一些特殊成分的分离），甚至有的是具有生命活力的细胞和微生物等，属于热敏性及对酸、碱敏感的成分；原料的相态有固态、液态和气态。因此，某些经典的分离方法如蒸馏、蒸发、结晶和沉淀等，虽然已经成为食品加工中的单元操作，但还不能解决食品分离过程中的某些问题。对于食品原料中许多有生理活性的物质如氨基酸、核酸、酶等的分离，上面这些分离方法都不适用，必须依赖新型的分离技术，由此推动了食品分离技术与生物化学制备技术的结合。

（2）产品质量与分离过程密切相关。蛋白质、酶类等具有生物活性的物质在加工条件下易引起变性、钝化或活性损失，色素、脂肪等在有氧的条件下会发生变色、酸败，一些挥发性的芳香性成分由于易挥发而损失，这些都会使食品在营养和风味上产生变化。因此，在食

品生产过程中，采取的分离方法要注意高温、过酸、过碱、氧化、高压、重金属离子污染等的影响，一些特殊的加工和分离方法还要考虑避免原料自身酶解等问题。

（3）使用安全性要求高。食品分离过程处理的对象主要是食用性材料，获得的产品也主要用于食用，因此具有较高的安全性要求，必须符合食品安全标准、质量标准及卫生标准。一些食品的原料或辅料的利用价值高，但通常含有极少量或微量的有毒成分，或者受到其他污染，如大豆中含有的胀气因子、茶籽中的茶皂素等。食品分离过程中所采用的分离技术必须考虑到这些因素，在做到产品符合安全标准的同时，不给原料带来新的污染。所采用的方法要效率高、选择性好，以便有效地分离除去有毒、有害物质。

（4）食品在分离过程中易腐败。食品分离过程的对象是食品，而大部分食品能够为微生物生长提供良好的碳源、氮源，易腐败变质是食品原料及其制品的特点，这就要求在分离过程中必须控制分离条件，防止食品物料的腐败，也应该尽量缩短分离周期。

二、食品分离方法的选择

随着科学技术的发展，分离方法越来越多，每种分离方法都有它的长处和不足。在大多数情况下，应用食品分离技术的目的是从食品原料中分离和提纯某一已知结构和性质的单一组分或几种组分，或者是采用一定的手段去除某种有害的或不需要的成分。对于已知结构和性质的成分的分离，目的在于取得更纯、更多的产物或者希望建立起一套更简便、更高效和更好的方法与工艺流程。因此，可以参照前人对于目标成分的理化性质及食品原料特性的描述，选择适当的分离技术，由较小的实验室规模过渡到中间规模试验，最后到大规模的工业生产中应用。对于一些未知化学结构和性质组分的分离，需要先对此类组分进行笼统归类，进行分离方法和分离条件的选择。对于以应用为主要目的的分离技术，侧重点是对已知结构和性质、功能的成分的分离。

1）分离步骤　　在知道目标成分的性质后可按下列步骤进行分离工作。

（1）选择和确定待分离组分的定性、定量方法，以方便在分离过程中能对目标组分进行检测，对分离效率进行一个有效的评价。

（2）了解物料的特性，如物料的黏度、目标成分及待分离组分在物料中存在的部位和含量。

（3）确定分离方法并进行实验，以确定分离规模。

（4）评价分离效果。

（5）中试或工业生产应用的放大设计。

2）影响分离方法选择的因素　　在确定分离方法时，除将确定产品纯度和回收率作为主要的考虑因素外，还要考虑下列因素。

（1）产品价格：产品价格是影响分离方法的主要因素。对低附加值的产物，常采用低能耗、廉价分离剂或无须分离剂，以及大规模的生产过程。对高附加值的产物，可采用中小规模、技术含量较高的分离技术。有时一种分离方法尽管可行，但其分离所得产品成本过高，难以推广应用。因此，所选用的方法往往被要求低能耗、低物耗，以保证产品的生产成本低且价格具有竞争力。

（2）目标产物的特性：目标产物的热敏性、吸湿性、氧化性、分解性等特性不良是导致目标产物变质、降解、氧化等的根本原因，产品对工艺技术的一些特殊要求是选择分离方法的一个重要因素。例如，食物、饮料中含有热敏性物质，会因受热而发生变质或失去营养成分，所以速率控制分离过程更适合食品的分离。采用热分离时应慎重，尽量避免过冷、过热对产品质量造成损害。

（3）混合物中的分子性质：分离效率的高低取决于原料中目标产物与共存杂质的性质差异大小。对于大多数分离过程来说，分离因子对分离方法的选择起着指导作用，分离因子可表征分离过程中混合物内各组分所能达到的分离程度。

（4）经济因素：分离过程能否商业化、工业化，取决于其经济性能否优于常规分离过程，而过程的经济性则很大程度上取决于目标产物的回收率和质量。事实上，经济上的可行性也往往是取舍某一分离方法的一个决定性因素。在操作中最好避免用非标机械、高速旋转的设备和易损坏、难保养的设备。

（5）安全与环保：选择某种分离方法时，还应考虑它的工艺可行性和设备可靠性，在选定分离过程前需定量地估计过程的安全性及由此带来的对生态环境的影响。例如，在选择超临界流体萃取技术时，要考虑到高压设备的安全性；在选择分子蒸馏时，要考虑到真空操作下，某些物质和氧气混合后存在燃烧爆炸等隐患。

第六节　食品分离技术的评价

一项分离技术在食品工业上的应用前景如何，可以通过一定的指标进行评价，综合起来可以从如下5个方面去考虑。

1. 分离效率及选择性

评价一项分离技术，首先要考察其分离效率。分离效率是指目标组分的回收率，以及待脱除组分的脱除率。一般情况下应以分离效率高的为好，无论是分离回收目标组分，还是分离脱除有毒和污染的组分都是这样。否则，分离过程便无经济意义，也不会在生产上实际应用。但是分离效率应该高到何种程度，需要看产品的具体情况和具体要求。通常，所选分离过程的分离效率能够满足产品的规格要求即可。一味追求过高的分离效率，则需要采用多种分离技术，以及多次重复该过程，相应的成本也会增加，那么分离过程就变得无经济价值。除此之外，还要考虑所选择的分离过程对其他不需要分离的组分是否具有排斥性。具有良好选择性的分离技术既能保证回收目标组分的高纯度，又能保证在脱除有毒和污染的组分时不至于把原料中的有用组分也除掉。

2. 产品质量

分离技术能直接影响产品的色、香、味、营养及感官等品质，合适的分离方法是产品质量的保证。例如，在生产茶饮料时，茶叶中的多酚物质是保留下来的，而为了保证茶饮料中不产生沉淀物，生物碱及茶蛋白是需要脱除的。

3. 产品的安全性

应用分离技术从食物中分离获得的产品，或者是对食品进行加工时，必须要保证符合食品卫生的要求，同时对原有的食品原料不应造成污染，不产生有毒、有害物质，并有利于原料的综合利用。

4. 简化生产工艺

一项好的先进的食品分离技术应该可以简化食品的生产工艺，缩短分离过程的周期，有利于提高生产效率和减少食品原料在生产过程中变质的可能性。例如，利用双水相萃取木瓜蛋白酶时，原液中大量杂质蛋白能够与其他固体物质一起被除去，与其他提取分离方法相比，双水相萃取法更简单可行。

5. 降低能耗，节省成本

能源问题是当今世界非常关注的一个问题，所有工业过程都应考虑能耗问题，低能耗的技术往往是最有前途的技术。现代食品分离技术可以在常温下进行，过程中无相变，如反渗透和超滤分离技术，因而能大大地降低能耗，有助于降低生产成本，提高经济效益。另外，由于新型的分离技术简化了生产工艺，能节省生产设备和生产场地的投资，降低生产成本。

在具体选择一种分离技术时，几乎很难做到同时满足以上几点，有时甚至是互相矛盾的，这就要求人们对采用的分离方法进行多方面的分析、论证，做出综合的评价，以便正确选择。

第七节 食品分离技术的发展趋势

食品分离技术与生物化学、化工分离技术等科学技术的发展是紧密联系的。许多化工单元操作相继被引入食品工程中，并且已经变成了食品加工过程中的主要工序。近二三十年来，食品分离技术及生物化学等科学技术取得了长足的发展，主要表现在以下 4 个方面：一是传统的分离技术在理论上和应用上都有了很大程度的发展；二是分离技术已经从实验室规模拓展到工业应用的规模；三是生物大分子如多糖、蛋白质、酶等组分的分离技术有了较大的进展；四是出现了许多新型的分离技术，如膜分离技术中的超滤技术、反渗透技术、膜分离技术及超临界流体萃取技术等。

1. 传统分离技术得到很大程度的发展

随着科技的进步，人们生活水平的提高，对分离技术的期望也越来越高，社会的发展与需求为传统分离技术的发展和更新提供了可能及途径，促使其从实践到理论，再从理论到实践，不断地提高和完善。对蒸馏、吸附、结晶、萃取、沉淀等传统分离方法进行研究，在机制、数学模型、计算方法及设备的改进、工艺最优化选择、节能等方面取得了很大进展。例如，通过应用计算机、多种数学模型、程序和方法进行计算，以及优化工艺参数等措施，使蒸馏过程的效果十分显著。

2. 实验室规模分离技术的放大和应用

过去许多实验室的制备和分析，虽然具有较好的分离效果，但是由于分离过程、分离设备的放大及成本方面的问题，这些分离技术难以达到工业规模。近年来，这方面已有新的突破。例如，凝胶色谱和离子交换等分离技术已实现工业应用。早在 20 世纪 70 年代，芬兰就有科学家采用色谱技术从甜菜糖蜜中回收蔗糖。再如，分子印迹技术虽然可以获得纯度较高的生物活性物质，但由于所处理的样品量极小，因此一直作为实验室的分析手段，最近将分子印迹技术与其他材料制造技术和纳米技术相结合，制备出了多种具有独特物理响应和靶向识别性能的先进功能材料，使此项技术朝着制备分离技术和生产应用方向发展。

3. 生物大分子分离技术取得较大进展

随着食品工业的发展，化工单元操作不断向食品工业渗透并在食品加工领域得以实践和提高，形成了适应食品加工特殊要求的新型分离技术，如膜分离、泡沫分离、超临界气体萃取、电泳分离及色谱分离等。传统的化学分离方法一般只能分离小分子，而对于大分子则无能为力。由于超滤、电泳、凝胶色谱和亲和色谱技术的出现，生物大分子的分离得到了更广泛的实际应用，产品的质量得到了极大的提高。其中，应用较广、成效最显著的要算膜分离技术，其在食品中的果汁浓缩，速溶咖啡、速溶茶的生产及酶的提取等方面都有应用。由超滤法代替传统的碱提酸沉法从大豆中分离大豆蛋白，不仅可以有效地改进产品质量，还可以大大提高蛋白质的得率，节能环保。

思 考 题

1. 选择分离方法有哪些原则？
2. 食品分离过程有什么特点？
3. 评价一种食品分离技术是否优良，可从哪几个方面来考虑？
4. 试述食品分离技术在食品工业中的重要性及食品分离技术的未来发展趋势。

主要参考文献

邓立，朱明. 2007. 食品工业高新技术设备和工艺［M］. 北京：化学工业出版社.

黄惠华，王娟. 2014. 食品工业中的现代分离技术［M］. 北京：科学出版社.

罗世芝. 2005. 食品加工领域的高新技术革命［J］. 食品与药品，7（1）：59-62.

王雨洁. 2020. 传统发酵食品的安全性以及微生物纯种分离技术在传统食品中的应用前景［J］. 现代食品，（20）：89-91.

翁家钏，许润炜，李颖. 2016. 果胶的提取及分离纯化技术的研究进展［J］. 现代食品，12（12）：24-27.

于文国，卞进发. 2010. 生化分离技术［M］. 北京：化学工业出版社.

张海德，李琳，郭祀远. 2001. 结晶分离技术新进展［J］. 现代化工，（5）：13-16.

赵桐桐，张冬昊，郭振福，等. 2019. 低共熔溶剂液相微萃取技术测定5种杀菌剂农药残留分析方法［J］. 现代食品科技，35（8）：281-286.

郑建仙. 1999. 现代食品工业的发展趋势［J］. 中国商办工业，（8）：31-33.

郑云芳，王晓雯，钟丽琪. 2017. 膜分离技术在果蔬加工中的应用［J］. 现代食品，（8）：10-11.

周春平，丁晓娟，杨昌炎，等. 2006. 超临界CO_2络合反应分离痕量重金属离子的研究进展［J］. 现代食品科技，27（4）：248-250.

第二章 食品工业中的膜分离技术

第一节 概 述

膜分离是指不同粒径分子的混合物在通过半透膜时，实现选择性分离的技术。该技术出现在 20 世纪初，迅速崛起于 20 世纪 60 年代。由于其兼有分离、浓缩、纯化和精制的功能，又有高效、节能、环保、分子级过滤及过程简单、易于操作等特征，目前已被应用于食品、生物、医药、环保、化工、水处理等领域，产生了巨大的经济效益和社会效益，已成为当今分离科学中最重要的技术手段之一。

1748 年，德国的耐克特（A. Nelkt）发现水能自然地扩散到装有乙醇溶液的猪膀胱内，首次发现了"半透膜"，揭示了膜分离现象，即液体中溶剂与某些溶质可以透过，另一些物质不能透过。1861 年，施密特（A. Schmidt）发现当溶液用比滤纸孔径更小的棉胶膜或赛璐玢膜过滤时，如果对接触膜的溶液施加压力并使膜两侧产生压差，那么它可以过滤分离溶液中如细菌、蛋白质、胶体那样的微小粒子，这种过滤精度要比通常的滤纸过滤高得多。1907 年，比奇荷尔德（H. Bechhold）将这种现象定义为"超过滤"。此后，一些国家又相继用各种高分子材料研制了具有不同用途的超过滤膜，并由美国默克密理博公司首先进行了商品化生产，将各种形状的大面积的超过滤膜放在耐压装置的膜组件中。但是直到 20 世纪 60 年代中期，膜分离技术才被应用在工业上（表 2-1）。

表 2-1   20 世纪膜科学发展史（王湛，2019）

年份	科学家	事件
1748	耐克特（Abble Nelkt）	水能自发地穿过猪膀胱进入乙醇溶液，发现了渗透现象
1827	迪特罗谢（Dutrochet）	"渗透"名词的引入
1831	米切尔（Mitchell）	气体透过橡胶膜的研究
1855	菲克（Fick）	发现气体扩散定律，制备了早期的人工半渗透膜
1861	格雷姆（Graham）	发现气体通过橡皮有不同的渗透率，发现渗析现象
1867	陶布（Taube）	制成了第一张合成膜
1886	范特荷甫（Van't Hoff）等	渗透压定律
1906	卡伦贝格（Kahlenberg）	观察到烃/乙醇溶液选择透过橡胶薄膜
1911	唐南（Donnan）	唐南平衡
1917	科伯（Kober）	"渗透汽化"名词的引入
1920	曼戈尔德（Mangold）等	用赛璐玢和硝化纤维素膜观察了电解质与非电解质的反渗透现象
1922	巴赫曼（Bachman）等	微孔膜分离极细颗粒，为初期的超滤和反渗透
1930	特奥雷尔（Teorell）等	进行了膜电势的研究，奠定了电渗析和膜电极的基础
1944	科尔夫（Kolff）	初次成功使用了人工肾
1950	朱达（Juda）等	合成膜的研究

续表

年份	科学家	事件
1960	洛布（Loeb）和索里拉金（Sourirajan）	用相转化制备了非对称反渗透膜
1968	李（Li）	发明了液膜
1980	凯德特（Cadotte）和彼得森（Peterson）	用界面聚合法共同研制出具有高脱盐率的反渗透超薄复合膜
1986	罗马膜蒸馏讨论会	对膜蒸馏过程的专业术语进行了讨论
1989	山本（Yamamoto）	发明了浸没式膜生物反应器

随着我国膜科学技术的发展，相应的学术、技术团体也相继成立，对规范膜行业的标准、促进膜行业的发展起着举足轻重的作用。半个世纪以来，膜分离完成了从实验室到大规模工业应用的转变，成为一项高效、节能的新型分离技术。由于膜分离技术本身具有的优越性能，产业界和科技界把膜分离过程视为工业技术改造中的一项极为重要的新技术。

20世纪80年代以来，我国膜技术跨入应用阶段，同时也是新膜分离过程的开发阶段。在这一时期，膜技术在食品加工、海水淡化、纯水制备、医药、生物、环保等领域得到了较大规模的开发和应用。特别是在食品工业领域，膜技术被应用于乳制品、果蔬汁、发酵食品、功能性成分、糖等的加工与制备，具有广阔的应用前景。

第二节　膜的分类及表征

膜分离技术是一种常温下无相变，高效、节能，具有分离、提纯、浓缩效果的技术。其基本原理是利用自然或人工合成的、具有选择透过性的薄膜，以外界能量或化学位差为推动力，对双组分或多组分体系进行分离、分级、提纯或富集。对于液相分离，可用于水溶液体系、非水溶液体系、水溶胶体系及含有其他微粒的水溶液体系。分离膜多数是固体，也可以是液体，其共同之处是对被分离的体系具有选择透过性。

一、膜的分类

1. 按膜的材质分类

（1）有机高分子膜：根据制备膜的高分子材料，可分为聚烯烃类、聚乙烯类、聚丙烯腈、聚砜类、芳香族聚酰胺、含氟聚合物等。有机高分子膜的成本相对较低，造价便宜，膜的制造工艺较为成熟，膜孔径和形式也较为多样，应用广泛，但在运行过程中易污染、强度低、使用寿命短。

（2）无机膜：是由无机材料，如金属、金属氧化物、陶瓷、多孔玻璃、沸石、无机高分子材料等制成的半透膜。

2. 按膜的孔径分类

根据膜孔径的大小，以压力驱动型膜为例，可将其分为微滤膜、超滤膜、纳滤膜、反渗透膜等，如图2-1所示。

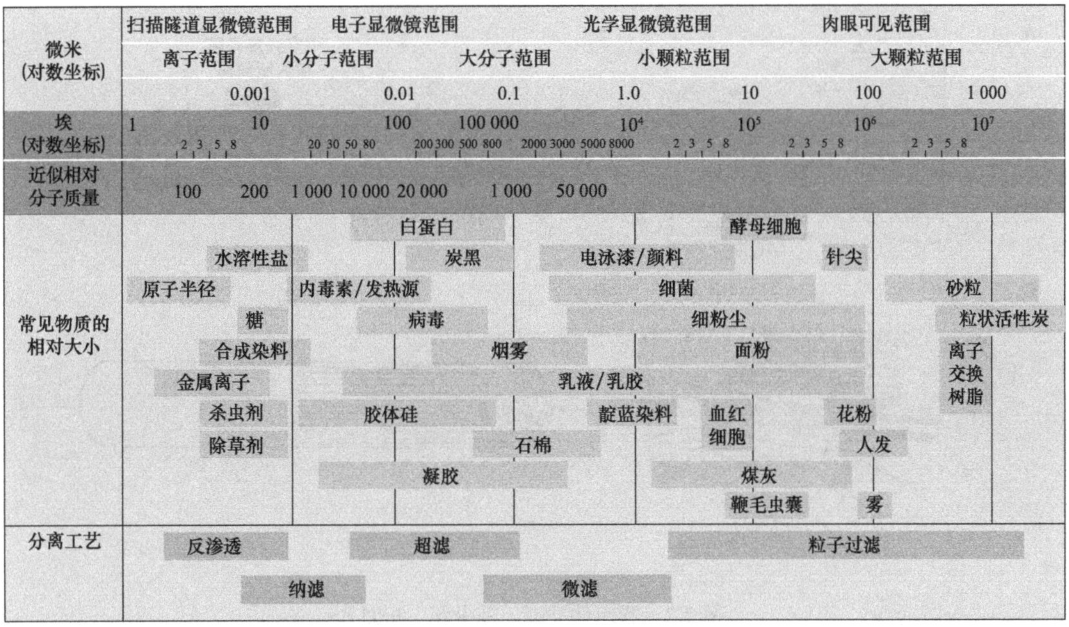

微米 (对数坐标)	扫描隧道显微镜范围		电子显微镜范围		光学显微镜范围		肉眼可见范围	
	离子范围	小分子范围		大分子范围	小颗粒范围		大颗粒范围	
	0.001	0.01		0.1	1.0	10	100	1 000
埃 (对数坐标)	1　　　　10		100　　100 000		10^4	10^5	10^6	10^7
	2 3 5 8	20 30 50 80	200 300 500 800	2000 3000 5000 8000	2 3 5 8	2 3 5 8	2 3 5 8	2 3 5 8
近似相对 分子质量	100　　　200	1 000 10 000 20 000		1 000　　50 000				

图 2-1　压力驱动型膜的分类和特性

3. 按膜组件分类

为了便于工业化生产和安装，提高膜的工作效率，在单位体积内实现最大的膜面积，通常将膜以某种形式组装在一个基本单元设备内，在一定的驱动力下，完成混合液中各组分的分离，这类装置称为膜组件。

工业上常用的膜组件形式包括板框式（plate and frame module）、卷式（spiral wound module）、圆管式（tubular module）、中空纤维式（hollow fiber module）等，如图 2-2 所示。前两者使用平板膜，后两者使用管式膜。圆管式膜直径＞10.0 mm；毛细管式膜直径为0.5～10.0 mm；中空纤维式膜直径＜0.5 mm。

二、膜的表征

膜的性能包括膜的分离性能、透过性能和物理化学稳定性等。

1. 膜的分离性能

膜必须对被分离的物质具有选择透过能力。对于任何一种膜分离过程，分离效率和扩散通量是评价分离膜性能的两个关键指标。但是，这两者也存在着矛盾，扩散通量大的，分离效率就会低，而分离效率高的，扩散通量就会小。膜的分离能力主要取决于膜材料的化学特性和膜结构形态，同时也与压力、温度、物料特性等操作条件有关。不同膜分离过程的分离性能指标有所差异，比如微滤和超滤常以膜的最大孔径、平均孔径或切割分子质量等为分离性能指标，反渗透膜常以脱盐率作为膜的分离性能指标。

2. 膜的透过性能

膜的透过性能首先取决于膜材料的化学特性和分离膜的结构形态，操作因素对膜透过性能的影响比对膜分离性能的影响要大。透水率、过滤速率和反离子迁移数等可以分别作为反渗透、微滤和电渗析膜分离过程的透过性能指标。

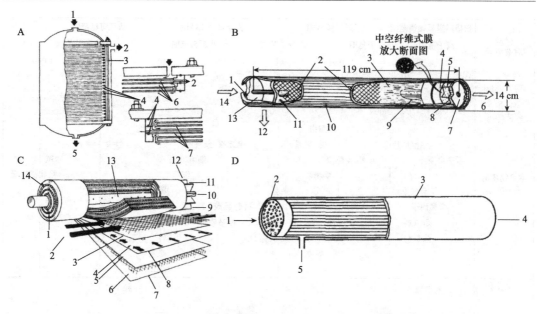

图 2-2　膜组件类型（陈少洲，2005）

A. 板框式（1. 原料, 2. 膜透过液, 3. 系紧螺栓, 4. 圆环密封, 5. 浓缩液, 6. 膜, 7. 多孔板）; B. 中空纤维式（1、8. 圆环密封, 2. 流动网格, 3、11. 中空纤维式膜, 4. 环氧树脂管板, 5. 支撑管, 6. 渗透液出口, 7、13. 端板, 9. 供给水分布管, 10. 壳, 12. 浓缩水出口, 14. 供给水进口）; C. 卷式（1、14. 进料, 2. 料液穿过流道隔离件流动, 3、5. 膜, 4. 透过液收集器材, 6. 料液流道隔离件, 7. 外套, 8. 透过液流动, 9、11. 浓缩液, 10. 透过液出口, 12. 防套筒伸缩装置, 13. 透过液收集孔）; D. 圆管式（1. 料液, 2. 圆管, 3. 外壳, 4. 浓缩液, 5. 过滤液）

3. 膜的物理化学稳定性

膜的物理化学稳定性主要是由膜材料的化学特性决定的, 包括耐热性、耐酸性、抗氧化性、表面性质（荷电性或表面吸附性等）、亲水性、疏水性、电性能、机械强度等。

第三节　微滤膜分离技术

一、概述

微滤（microfiltration, MF）又称微孔过滤, 是一种精密的过滤技术。微滤膜分离技术始于 19 世纪中叶, 是以静压差作为推动力, 利用筛网状过滤介质膜的"筛分"作用进行分离的膜过程。在静压差的推动下, 小于膜孔的颗粒透过膜, 大于膜孔的颗粒则被截留在膜表面, 粒径不同的颗粒得到了分离。微滤的作用相当于过滤。与常规过滤相比, 微滤膜孔径相对较大、孔隙率高, 因而阻力小、过滤速率快, 实际操作压力也较低。

微滤主要从液相或气相物质中截留微米及亚微米的细小悬浮物、微生物、污染物等, 以达到净化、分离和浓缩的目的。微滤可截留 0.08~1 μm 的颗粒, 微滤膜允许大分子有机物和无机盐等通过, 但能阻挡住悬浮物、细菌、部分病毒及大颗粒胶体通过, 微滤膜两侧的运行压差（有效推动力）一般为 0.01~0.2 MPa。

二、基本原理

尽管普遍认为微滤的分离机制类似于"筛分", 但微滤膜在这种"筛分"过程中起到了决定性作用。不同的膜结构决定了不同的截留机制。微滤膜中有两种结构被普遍接受：一种是"筛分"膜，另一种是"深层"膜。"筛分"膜拥有理想的圆柱形孔，在膜上的许多圆柱形孔中，部分孔垂直于膜表面且随机分散。而"深层"膜的膜孔是弯曲而不规则的，其膜表面也十分粗糙。"深层"膜中的一部分孔与膜表面平行。

一般认为"筛分"膜的分离机制是膜表层截留，主要通过三种方式实现：①机械截留，微孔滤膜拦截大于膜孔径或与膜孔径相当的微粒；②吸附截留，微粒通过物理化学作用而被滤膜吸附，当微粒尺寸略小于膜孔时也可被截留；③架桥截留，微粒相互推挤堆积，导致许多微粒无法进入膜孔或滞留在孔中，形成微粒桥完成截留，如图 2-3A 所示。对于"深层"膜，一般认为颗粒被截留在膜孔内部，而不是膜表面，如图 2-3B 所示。

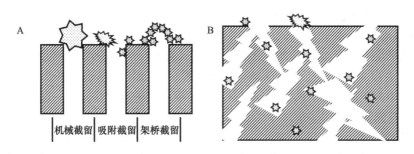

图 2-3 微滤膜各种截留机制示意图（张彬声，2016）

A."筛分"膜截留过程；B."深层"膜截留过程

微滤主要采用两种操作方式，即死端操作（dead-end）和错流操作（cross-flow），如图 2-4 所示。死端操作的特点是原料液置于膜的上游，在压差的推动下，溶剂和小于膜孔的颗粒透过膜，比膜孔大的颗粒被截留。通过在上游侧加压或在下游侧抽真空的方式，可产生微滤需要的压差。在死端操作中，随着时间的延长，被截留物将在膜表面聚集形成污染层，且随着微滤的进行不断增厚，过滤阻力也随之增加。在操作压力不变的情况下，扩散通量随之下降。因此，死端操作是间歇的，必须进行周期性清洗。不过由于其具有简单易行的特点，适用于在小规模场合初步检测膜的性能。若在工业上应用，则建议在固体含量低于 0.1% 的情况下使用。

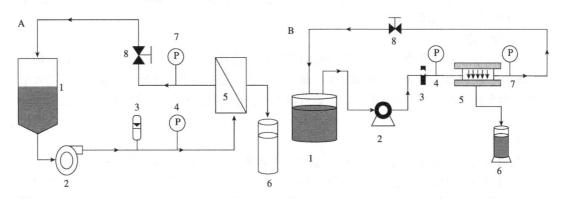

图 2-4 微滤的不同操作方式（蔡铭，2020）

A. 死端操作；B. 错流操作；1. 进料罐；2. 增压泵；3. 流量计；4、7. 压力表；5. 微滤膜；6. 量筒；8. 进料阀

错流操作是工业中最常见的一种微滤操作方式。原料液沿切线方向流过微滤膜表面。在压力作用下，溶剂和小于膜孔的颗粒通过膜，大于膜孔的颗粒则被截留形成污染层。但与死端操作不同的是，料液流经膜表面时会产生高剪切力，可使沉积在膜表面的颗粒扩散返回料液主体，被带出微滤组件。过滤导致颗粒的沉积速率与流速产生的剪切力引发的颗粒返回主体的速率达到平衡，污染层不再增厚而保持在一个较薄的水平，因此膜通量可以在较长时间内稳定在一定的水平。污染层的厚度与压力有关，也与流速有关。为了使膜污染的程度最小，要合理搭配压力和流速（柏斌和潘艳秋，2012）。

三、微滤过程影响因素

影响微滤的因素除膜本身特性外，还有物料溶液在膜表面的流速、跨膜压差、温度、浓度、操作时间等（张雪艳等，2021）。

1. 料液浓度

在相同操作条件下，当料液浓度增大时，膜表面沉积的溶质增加，滤饼层增长速率加快，提高了膜表面的渗透压，加重了浓差极化现象，从而使流量迅速降低，膜通量随之下降，浓差极化阻力不断增加。因此，选择合适的料液浓度进行微滤，在一定程度上能有效缓解膜污染，保持膜通量相对稳定。

2. 跨膜压差

在一定范围内增加跨膜压差有利于过滤过程，增大膜通量。但随着跨膜压差的进一步增大，溶质在膜表面沉积和生成滤饼层的速率也加快。这加重了膜表面的浓差极化现象，从而加大了过滤阻力，降低了溶剂传质的驱动力，减弱了通量增大的程度。甚至在跨膜压差超过一定范围时，膜通量也不再增大，趋于稳定状态或开始下降。

3. 膜面流速

随着膜面流速的增加，微滤膜通量呈递增趋势，且二者呈正相关，而膜阻力与膜面流速则基本呈负相关。流速的增大，促进了溶质的对流扩散，抑制了其在膜表面的沉积，有效减弱了料液在膜表面的浓差极化现象，使得微滤过程中浓差极化阻力降低，污染阻力明显下降。

4. 膜孔径

膜孔径的选择不仅是控制微滤过程的关键，也是影响微滤对不同大小微粒选择性的重要因素。因此，分析膜孔径对水通量的影响，对选择膜孔径具有重要作用。随着膜孔径的增大，微滤过程中的水通量呈增加趋势。

5. 操作温度

黏度反映了液体黏性的大小，膜的渗透量随黏度的减小而增大，而黏度一般随温度的升高而减小，所以提高温度可以获得较大的膜通量。在一定条件下，过滤温度越高，分离效果越好。但是在实际生产中还需要考虑到运行成本，选择合适的操作温度对整个微滤过程十分重要。

6. 操作时间

膜通量的变化随时间的延长会经历通量迅速下降、通量趋于平稳、通量再次下降3个阶段。物料与膜刚接触时，迅速产生堵塞和膜污染，形成了浓差极化和边界层效应。在压力和流速保持不变的条件下，膜的吸附污染不再增加，浓差极化程度增加得很小，通量趋于一定值。随着物料的进入，进一步加剧了浓差极化现象，凝胶层厚度增加，导致通量大幅下降。

四、主要设备

微滤膜分离过程中的主要设备包括微滤膜、增压泵、流量计、压力表、进料阀、管道和清洗系统等，如图 2-4 所示。

1. 微滤膜

微滤膜是微滤设备中的核心组件。微滤膜根据成膜材料分为无机膜和有机高分子膜，无机膜又分为陶瓷膜和金属膜，有机高分子膜又分为天然高分子膜和合成高分子膜；根据膜的形式又分为平板膜、圆管式膜、卷式膜和中空纤维式膜。根据制膜原理，有机高分子膜的制备方法分为溶出法（干-湿法）、拉伸成孔法、相转化法、热致相法、浸涂法、辐照法、表面化学改性法等。无机膜的制备方法主要有溶胶-凝胶法、烧结法、化学沉淀法等。

2. 增压泵

微滤以压差为推动力进行过滤，当原水的水压不能满足过滤需求时，系统需要增压泵加压，以实现微滤膜的分离作用。微滤过程所需压强为 0.01～0.2 MPa，所以整个微滤过程中需要专门的增压泵。增压泵一般采用 24 V 直流电源，由水位开关或压力开关进行控制。

3. 清洗系统

清洗系统主要由储液箱、净水箱、循环泵组成，采用气水混合清洗的还包括空压机。清洗系统分为物理清洗和化学清洗。物理清洗依靠水流将污垢从膜表面除去。化学清洗则用循环泵将储液箱内的清洗液送入系统，进行循环清洗和浸泡，靠化学试剂的作用去除膜表面的污垢。

4. 配套仪表

水流量采用流量计来计量，流量计有转子流量计、浮子流量计、电磁流量计、针式流量计等。此外，配套仪表还有压力传感器、温度传感器、超压保护系统、超温保护系统等。

五、微滤过程关键问题

微滤过程中最主要的两个问题就是膜污染和浓差极化。它们是导致膜通量下降的重要原因，国内外许多专家、学者对膜污染和浓差极化的形成机制从理论上进行了分析，取得了较深刻的理性认识。虽然膜污染和浓差极化在过滤过程中不可能完全避免，但是通过采取合适的控制方法，可以使膜污染大大减小。

1. 膜污染

微滤膜污染是指处理水中的微粒、胶体粒子、溶质分子或细菌与微滤膜之间存在物理化学作用，从而在微滤膜表面及膜孔中沉积，使膜孔堵塞或变小，导致过膜阻力增大、膜通量下降等现象。广义的微滤膜污染不仅包括由吸附、膜孔堵塞引起的污染（不可逆污染），还包括由浓差极化形成的凝胶层（可逆污染），两者共同造成运行中膜通量的衰减，如图 2-5 所示。膜污染主要表现在膜通量逐渐下降、物质截留率逐渐下降和膜两侧的压差逐渐增大三个方面。

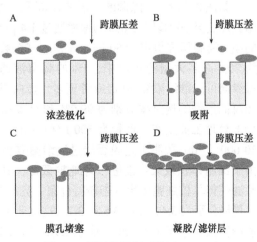

图 2-5 膜污染机制（陈思，2019）

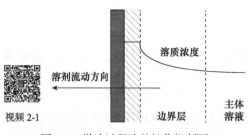

视频 2-1

图 2-6　微滤过程浓差极化机制图

2. 浓差极化

膜分离过程中，由于膜的选择透过性，溶剂从膜体的高压侧向低压侧渗透，而大部分溶质被膜体阻拦。浓差极化的机制如图 2-6 所示，在高压侧从膜表面到溶液主体间形成递减的浓度梯度的现象称作浓差极化。浓差极化增大了微滤膜两侧的渗透压，在同等操作条件下，系统的驱动力下降使膜的工作效率大幅降低，严重时使膜过滤不能进行。而且，在许多情况下，正是浓差极化导致了膜污染。微滤过程中，在压力驱动下，水等小分子物质可自由透过膜，而大分子溶质则被截留，于是在膜的表面造成溶质积累。最终导致膜表面附近溶液的浓度升高，在浓度梯度的作用下，溶质反向扩散回主体溶液，经过一段时间，浓度分布达到一个相对稳定的状态，从而在边界层中形成一个垂直于膜方向的由流体主体到膜表面浓度逐渐提高的浓度分布，最终导致通透量的大幅度下降。

六、微滤在食品工业中的应用

1. 微滤在乳品工业中的应用

50 多年来，乳品企业一直采用巴氏杀菌或者超高温杀菌来消除有害微生物。即便加热能够杀死大多数的微生物，但是某些耐热微生物及酶的残留仍会改变乳中成分，缩短货架期。超高温瞬时灭菌乳（UHT 乳）的热处理过程可能使营养成分有所损失及带来某些蒸煮味道而越来越不受消费者的认可，并且巴氏杀菌乳的保质期又较短。

微滤技术现在已经成为乳品工业中替代加热处理而生产乳品的一种有效方式。但是受到下面的两点限制：①细菌与孢子的直径同脂肪球等颗粒相近，因此不可能对全乳进行微滤；②细菌和孢子的直径与酪蛋白相近，因此需要一种特定尺寸的膜来保证乳成分不发生变化，可采用 0.8~1.4 μm 的陶瓷膜。

如图 2-7 所示，除菌的工艺参数如下：脱脂乳加热至 50℃以 7.2 m/s 的速率通过 1.4 μm的膜，跨膜压强恒定为 50 Pa，体积缩减系数为 20。许多大型的生产中，5% 的截留液通过渗滤可以继续浓缩 10 倍或者更多。蛋白质和总固形物的透过率分别为 99.0% 和 99.5%。

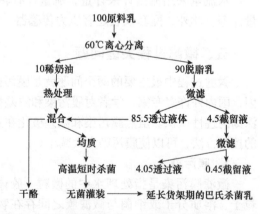

图 2-7　牛奶微滤膜除菌工艺流程（孔凡丕，2011）

10 h 处理工业生产的通量为 500 L/（h·m²）。微滤可使细菌数降低 3.5 个数量级，也就是说 20 000 个 /mL 脱脂乳过膜后透过液细菌数小于 10 个 /mL。能够耐受巴氏杀菌的芽孢型细菌由于细胞体积较大也能够很好地被截留，其降低的数量级大于 4.5。以往的研究结果表明，微滤使得单核细胞增生性李斯特杆菌、流产布氏杆菌、伤寒沙门氏菌、结核分枝杆菌降低的数量级分别为 3.4、4.0、3.5 和 3.7。这也证明即便是牛场对原料乳有所污染，微滤脱脂乳的致病菌数量也小于 1 个 /mL。埃尔韦尔（Elwell）报道微滤可使细菌数降低 3.79 个数量级，若再进行巴氏杀菌，数量级会继续降低 1.84 个数量级，也就是说将微滤与巴氏杀菌相结合，其细菌数降低了 5.63 个数量级，仅为 0.005 个 /mL。

2. 微滤在啤酒生产中的应用

在啤酒生产过程中，通常采用高温瞬时杀菌或者巴氏杀菌，而采用硅藻土过滤的方法除去杂质。高温杀菌会破坏啤酒原有的风味，而硅藻土过滤的方法存在着环境污染等问题。微滤技术则可以在常温下除去啤酒中残留的细菌，从而可以有效地保持鲜生啤酒的原始风味，同时除去混合啤酒中的悬浊物，包括酒花树脂、单宁、蛋白质等，改善啤酒的口味和透明度。在啤酒微滤过程中，为了提高过滤性能，通常采用在过滤前加入絮凝剂的方法，使各种杂质聚集沉淀下来。聚乙烯吡咯烷酮（polyvinyl pyrrolidone）是最常用的絮凝剂，用以去除啤酒中的多酚（polyphenol）。

目前，应用微孔滤膜过滤啤酒，大多在发酵液经过硅藻土过滤或者板框过滤后，再采用 2～3 级串联过滤，其过滤流程如图 2-8 所示。第一级滤件一般采用较大孔径的深层滤芯（如 1 μm 的超细聚丙烯纤维滤层滤芯等），主要是为了保护终端膜滤芯，延长终端膜滤芯寿命，降低运行费用。终端膜滤芯是

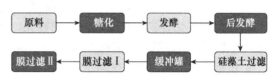

图 2-8　鲜生啤酒生产过程中膜过滤流程
（蔡少彬，2014）

关键部件，一般采用 0.22 μm 或 0.45 μm 孔径的复合滤芯，可以是耐酸碱的聚偏氟滤膜、聚砜类膜或耐强碱的尼龙膜，也可以是纤维素类膜等。采用两层不同孔径的膜复合而成的滤芯，其外层可滤去颗粒较大的胶体及酵母菌，减轻后层膜的负担，从而提高了啤酒过滤的质量和速度。终端膜的孔径和材质直接影响到鲜生啤酒的口味与保质期。

颇尔（Pall）公司开发了一系列应用于啤酒生产过程中的膜工艺，图 2-9 为该工艺示意图。在啤酒过滤、澄清、灭菌，以及废弃酵母中的啤酒回收工段均引入了微滤膜技术。另外，在无菌水生产、二氧化碳气体净化等工段也使用了微滤膜技术。

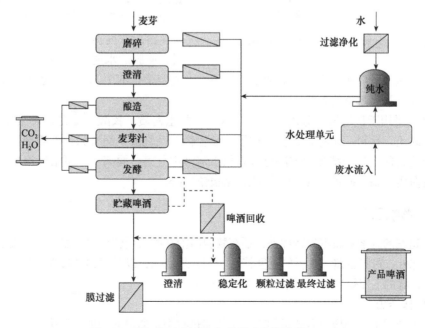

图 2-9　颇尔公司啤酒生产流程（宋伟杰等，2010）

近年来，国内许多厂家如浙江钱江啤酒集团股份有限公司、青岛啤酒股份有限公司、北京燕京啤酒集团公司引进了德国、日本的设备和滤膜，用于生产纯生啤酒，均显著提高了经济效益。

第四节　超滤膜分离技术

一、概述

超滤（ultrafiltration，UF）以膜两侧的压差作为驱动力，以超滤膜作为过滤介质，在较小压力下实现溶液中物质的分离。超滤膜孔径为 1.5 nm～0.2 μm，可分离蛋白质、淀粉、天然胶等大分子化合物。超滤过程无相转化，在常温下进行，因此尤其适用于分离热敏性物质。一般而言，超滤过程能在 60℃以下、pH 为 2～11 的条件下长期连续进行。

在超滤过程中，压力推动水溶液流经膜表面。超滤膜表面密布着许多细小的微孔，这些微孔允许小于膜壁微孔孔径的物质透过而成为透过液，而原液中粒径大于微孔孔径的物质则被截留在膜的进液侧，成为浓缩液，最终实现对原液的纯化、分离和浓缩。超滤是一个动态过滤过程，即在流动状态下完成分离。溶质仅在膜表面有限沉积，超滤速率随着时间的延长而减缓并趋于平衡，但通过清洗可以恢复。

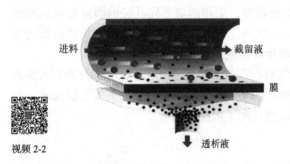

视频 2-2

图 2-10　超滤膜及其截留和透过物质机制

二、基本原理

超滤膜分离过程的原理与微滤膜类似，在外界压力作用下，水中胶体、颗粒和分子质量相对较高的物质被超滤膜截留，而水和小分子溶质可透过膜（图 2-10）。在超滤过程中，由于被截留杂质在膜表面不断积累，会产生浓差极化和膜污染现象，当膜面溶质浓度达到某一极限时即生成凝胶层，使膜的水通量急剧下降，这在一定程度上限制了超滤的应用。为此，需通过试验研究，确定最佳的工艺和运行条件，最大限度地减轻浓差极化和膜污染的影响。

超滤主要用于从溶液中分离大分子化合物（如蛋白质、核酸、淀粉、天然胶等）、胶体分散液（黏土、颜料、矿物料、乳液粒子、微生物）及乳液（润滑脂、洗涤剂、油水乳液）。采用先与适合的大分子结合的方法也可以从水溶液中分离金属离子、可溶性溶质和高分子物质（如蛋白质、酶、病毒），以达到净化、浓缩的目的。

三、影响因素

影响超滤的因素除膜本身特性外，还有物料溶液在膜表面的压力、温度、浓度、操作时间等因素。此外，跨膜压差、物料的阻塞特性、预处理情况，以及膜的透过性、致密性、电特性等也影响超滤的工作效果（马军军和杭岑，2019）。

1. 操作压力

在一般情况下，操作压力的增加有助于超滤过程中水通量的增加。但是，当超滤过程在膜表面形成浓差极化现象导致出现凝胶层后，操作压力的增加并不能增加水通量，反而会加剧溶质在凝胶层上的积聚，增加凝胶层厚度，急剧增大系统阻力，直至积聚的溶质量与从凝胶层扩散到溶液主体的溶质量相等为止。因此，形成凝胶层后，系统压力的增加对超滤效率无益。通常，把刚形成凝胶层时的操作压强称为临界压强，在超滤过程中应控制操作压强低于临界压强。

2. 操作温度

操作温度主要影响操作料液的黏度，在膜的材质和所处理料液允许的条件下，提高操作温度有利于增加传质效率，从而提高水通量。在实际操作中，由于膜面阻力的能耗及机械摩擦等原因，料液温度通常会随超滤的进行而自行增加，故一般不需要人为升高温度。

3. 料液浓度

料液浓度直接影响过滤速率。超滤的通量与浓度的对数呈直线关系。一般来讲，随着料液浓度的增高，料液的黏度会升高，超滤时形成极化层的时间会缩短，从而使超滤的速率降低，效率也降低。因此在超滤时应注意控制料液的浓度。随着超滤的进行，主体液流的浓度逐渐增加。此时黏度变大，使凝胶层厚度增加，从而影响水通量。因此对主体液流应规定最高允许浓度。

4. 膜面流速

膜水通量随着膜面流速的提高而增加。提高膜面流速，可以使膜面液流的湍流加剧，有利于防止和改善膜表面的浓差极化，使膜的水通量增加。但是，提高膜面流速使工艺过程中泵的能耗加大，增加了运转费用。因此，应将料液膜面流速控制在适宜范围，一般情况下，超滤料液流速为 1～3 m/s。

5. 操作时间

随着超滤过程的进行，膜面逐渐形成凝胶极化层，这导致膜水通量下降。当超滤运行一段时间，膜的水通量下降到一定水平后，需要进行膜清洗，这段时间为一个运行周期。具体操作时间与料液性质、膜组件的水力特性及膜的特性有关。

6. 膜孔径大小

应选择与料液中目标成分的大小一致的超滤膜。孔径过大，则分离效果不好，杂质含量过高，影响澄清度和稳定性。孔径过小，有效成分透过率较低，损失较大。

四、主要设备

超滤系统的设备主要包括超滤膜、增压泵、减压阀、超滤清洗装置、配套仪表、阀门、管道等，具体系统同微滤近似。

1. 超滤膜

超滤技术的关键是超滤膜。超滤膜是一种用于超滤过程，能将一定大小的高分子胶体或悬浮颗粒从溶液中分离出来的高分子半透膜。以压力为驱动力，膜孔径为 1～100 nm，属非对称性膜类型。孔密度约为 10/cm，操作压差为 100～1000 kPa，适用于脱除胶体级微粒和大分子，能分离浓度小于 10% 的溶液。

2. 增压泵

超滤膜以压差为推动力，当进料液的水压不能满足过滤需求时，系统需要使用增压泵加压，以实现超滤膜分离过程。由于超滤膜的工作压力较低，一般小于 0.7 MPa，故在系统设计时，一般选用离心泵，选择离心泵的主要依据是扬程、流量、泵体材质，其次是泵的体积、外观造型和价格等。根据超滤系统设计中所需要的进水工作压力、跨膜压差和通水流量来选择泵的扬程和流量。一般水泵的扬程和流量应等于或略大于设计供水量和工作压力，以保证超滤系统正常运行。根据进料液的情况来选择合适的泵体材质，其材质不能与进料液中的成分产生反应，也不能有溶解现象。当原料液的 pH 为 6.5～8.5 时可选用铸铁泵体；当原水为海水时，应选耐海水腐蚀的塑料泵体；医药和食品工业水处理则选择不锈钢泵体。

3. 减压阀

当进料液水压大于系统设计水压时，要对进料液进行减压。一般采用可减静压的减压阀，减压阀减压的精度视超滤系统而定。同时，根据进料液选择合适材质的减压阀，一般可选铜、不锈钢、塑胶等材质。

4. 配套仪表

水流量采用流量计来计量，常用的有转子流量计、浮子流量计、电磁流量计等。在超滤系统中大多采用玻璃浮子（转子）流量计，优点主要是显示直观、价格低，一台超滤系统最少需要设置两个流量计。

五、过程关键问题

同微滤过程相似，超滤法处理的液体多数含有水溶性生物大分子、有机胶体、多糖及微生物等。这些物质极易黏附和沉积在膜表面，造成严重的浓差极化和膜污染，这是超滤过程中最关键的问题。

六、超滤技术在食品加工中的应用

超滤作为一种膜分离技术，在食品工业中的应用主要有：酒的澄清、除菌；催熟酱油；醋的除菌、澄清、脱色；发酵液的提纯精制；果汁的澄清；糖汁和糖液的回收；乳清蛋白的回收；脱脂牛奶的浓缩等。现举例介绍如下。

1. 超滤在乳品处理中的应用

在奶酪生产过程中会产生大量乳清。据统计，仅美国每年就会产生 $2.5 \times 10^7 \text{ m}^3$ 乳清，因而乳品处理成为超滤最大的应用领域。如图 2-11 所示，通过超滤可得到含蛋白质 10% 的浓缩液，若对其喷雾干燥，可得到含蛋白质 65% 的乳清粉，在面包食品中可代替脱脂奶粉。若将其进一步脱盐，则可得到蛋白质含量高于 80% 的产品，可用于婴儿食品。而含乳糖的渗透液经浓缩干

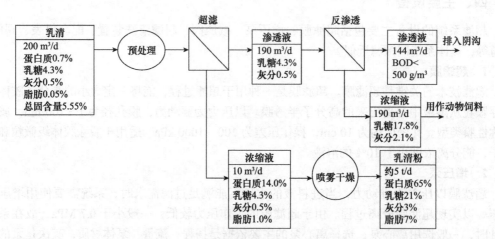

图 2-11　超滤过程处理乳清（田旭，2018）

BOD. 生化需氧量

燥后可用于动物饲料。在乳清超滤中可以采用各种不同形式的组件，其中最大膜面积为 1800 m²，乳清日处理量为 1000 m³，通常在 50℃ 条件下操作。膜渗透流率最初大于 1 m/d，当乳清浓缩为原先的 1/10 后，其黏度大于 0.002 Pa·s，膜渗透流率降至 0.5 m/d，因而其浓缩极限在很大程度上取决于膜污染和乳清浓缩液黏度的增加。超滤应用于食品工业最重要的问题是每日的清洗和灭菌。一般先碱洗，然后酸洗，最后用次氯酸钠溶液灭菌。膜寿命可达 1 年以上。

　　一种新的奶酪生产工艺是先将脱脂牛奶用超滤浓缩至原先的 1/4～1/3，然后再将其浓缩液用于发酵中生产奶酪，见图 2-12。这种奶酪生产工艺因其极大的优越性被逐渐推广。用处理过的浓缩液生产奶酪，其得率可提高 20% 以上，据保守估计可节约 6% 的牛奶。此外，乳糖从牛奶中被除去而使奶酪味道更加鲜美，最后还减少了乳清的处理量。

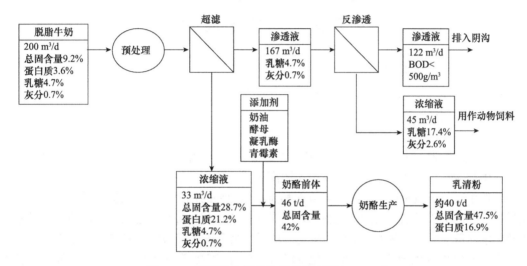

图 2-12　带超滤的奶酪生产工艺（葛岭，2011）

BOD. 生化需氧量

2. 超滤在果汁澄清中的应用

　　从苹果中榨取的新鲜果汁，由于含有果胶等化合物而呈现浑浊状态。传统方法是采用酶、皂土和明胶使其沉淀，然后取上清液过滤而获得澄清的果汁，如图 2-13A 所示。通过超滤来澄清果汁，只需先部分脱除果胶，可减少酶的用量，省去皂土和明胶，节约了原材料，并且省工省时，如图 2-13B 所示，同时果汁回收率也有所提高，可达 98%～99%。此外，超滤处理的果汁质量也有所提高，浊度只有 0.4～0.6 NTU（传统工艺为 1.5～3.0 NTU）。又因超滤可无热除去果汁中的菌体，因而可延长果汁的保质期。

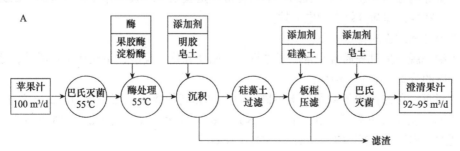

图 2-13　果汁澄清新旧工艺的比较（王又蓉，2007）

A. 传统工艺；B. 超滤新工艺

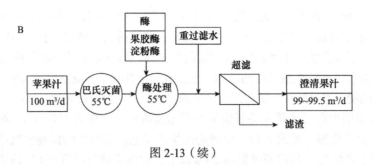

图 2-13（续）

第五节 纳滤膜分离技术

一、纳滤的发展概况

纳滤（nanofiltration，NF）是一种介于反渗透与超滤之间的新型压力驱动膜分离过程，具有较高的截留能力和分离效率。纳滤技术最早是为了适应工业软化水的需求及降低处理成本而发展起来的一种膜分离技术。纳滤膜的截留相对分子质量为 200～2000，膜孔径约为 1 nm，适宜分离大小约为 1 nm 的组分，故得名"纳滤"。纳滤在常温下进行，无相变，无化学反应，不破坏生物活性，其在水软化、不同价态阴离子分离和高、低相对分子质量有机物分级，以及中、低相对分子质量有机物除盐等方面都显示出独特的优势。由于纳滤膜的截留相对分子质量在数百或上千量级，再加上电荷作用的影响，成本相比传统工艺更低，因而被广泛应用于超纯水制备、食品、化工、医药、生化、环保、冶金等领域的各种浓缩和分离过程。

我国对纳滤膜的研究始于 20 世纪 80 年代末，国家海洋局杭州水处理技术研究开发中心、中国科学院大连化学物理研究所、中国科学院上海原子核研究所相继开发出了醋酸纤维素（CA）膜、三醋酸纤维素（CTA）纳滤膜、磺化聚醚砜（s-PES）涂层纳滤膜和芳族聚酰胺复合纳滤膜等，在膜组件方面也开发出卷式和中空纤维式纳滤膜组件，并对其在水软化、染料和药物中除盐及特种分子分离等方面的应用进行了研究，取得了大量成果，大大推进了我国在纳滤膜方面的研究与应用（李祥等，2014）。

二、纳滤过程的特点

纳滤膜具有特殊的孔径范围，且在制备时经过某些特殊处理（如复合化、荷电化），因此具有较特殊的分离性能。纳滤膜的一个显著特征是膜表面或膜中存在带电基团，因此纳滤膜具有两个特性，即筛分效应和电荷效应。

纳滤膜分离过程的特点如下。

（1）纳滤膜分离过程通常在常温下进行，无相变和化学反应，不破坏生物活性，适合于热敏性物质的分离、浓缩、纯化。

（2）对不同价态的离子截留效果不同，对二价和高价离子的截留率明显高于单价离子。对阳离子的截留率按下列顺序递增：H^+、Na^+、K^+、Mg^{2+}、Ca^{2+}、Cu^{2+}。对阴离子的截留率按下列顺序递增：NO_3^-、Cl^-、OH^-、SO_4^{2-}、CO_3^{2-}。

（3）对离子的截留受离子半径的影响。在分离同种离子时，离子价数相等时，离子半径越小，膜对该离子的截留率越低。离子价数越大，膜对该离子的截留率越高。

（4）纳滤分离精度介于反渗透和超滤之间，特别适宜截留分子大小在 1 nm 以上的物质，一般认为纳滤的截留相对分子质量为 200～1000，能够截留相对分子质量大于 200 的有机小分子，实现高相对分子质量与低相对分子质量有机物的分离、有机物与无机物的分离和浓缩。

（5）纳滤膜分离过程与微滤、超滤、反渗透膜分离过程一样，是以压差为驱动力的不可逆过程。纳滤的推动力压强一般为 0.5～2.0 MPa，操作压强低，超低压纳滤膜的操作压强只有 0.5 MPa。

（6）纳滤膜大多数是复合膜，除 CA、CTA 纳滤膜外，分离层和支撑层的化学组成不同。

三、纳滤过程的分离特性

在以化学势（压差、浓度差等）为推动力的作用下，溶液以非耦合方式通过分子扩散的形式通过膜，假设如下（理论基础是亨利定律和菲克定律）。

（1）将膜的活性层看作无缺陷的致密均质膜。

（2）溶剂和溶质在表面都有溶解性，且服从亨利定律。

（3）膜两侧化学势变化是连续的，且界面处的溶质吸附和解吸速率远大于通过膜的扩散速率。

（4）溶剂和溶质在膜内的扩散情况符合菲克定律。

（5）膜内的压力分布是均匀的，穿过膜的化学势可以用浓度差表述，而且膜对压力的传送与液体相同。

根据菲克定律，可以获得溶剂扩散通量和溶质扩散通量的表达式。

溶剂扩散通量 J_V（m/s）可以表示为

$$J_V = A\left(\Delta p - \sigma \Delta \pi\right) \tag{2-1}$$

式中，A 为溶剂的渗透系数；Δp 为膜内压差；$\Delta \pi$ 为渗透压差；σ 为膜对特定溶质的截留系数，表明膜对溶质的选择性。对于给定的膜，A 为常数。σ 取值为 0～1，$\sigma=0$ 时，无选择性；$\sigma=1$ 时，膜为理想状态，没有溶质通过，选择性最好；$0<\sigma<1$ 时，存在溶质传递。溶剂为水时，A 可以表示为

$$A = \frac{D_W c_W V_W}{RT \Delta x} \tag{2-2}$$

式中，D_W 为水在膜中的扩散系数；c_W 为膜中水浓度；V_W 为水偏摩尔体积；Δx 为膜厚度；R 为摩尔气体常数；T 为热力学温度。对于纳滤过程，A 为 $3 \times 10^{-3} \sim 2 \times 10^{-2}$ m³/（m²·h·bar[①]）。

溶质扩散通量 J_S［mol/（m²·s）］可以表示为

$$J_S = -\left(\omega \Delta x\right)\frac{dc}{dx} + (1-\sigma)J_V c \tag{2-3}$$

式中，ω 为溶质的渗透系数；c 为溶质的浓度；x 为溶质在膜内的扩散距离。将式（2-3）微分式沿膜厚方向积分可得到膜的截留率随溶剂透过量的变化关系，即得著名的 Spiegler-Kedem 方程，可以表示为

$$R = 1 - \frac{c_p}{c_m} = \frac{\sigma(1-F)}{(1-F\sigma)} \tag{2-4}$$

[①] 1 bar = 1×10^5 Pa

式中，$F = \exp\left[-J_V(1-\sigma)/\omega\right]$；$R$ 为膜对溶质的本征截留率；c_p 为膜的透过液浓度；c_m 为原料液侧膜与溶液的界面处浓度，通常 c_m 很难直接测出，常用主体浓度 c_b 来代替，可以表示为

$$R_E = \left(1 - \frac{c_p}{c_b}\right) \times 100\% \qquad (2\text{-}5)$$

式中，R_E 为表观脱除率；c_b 为原料液的主体浓度。由式（2-4）可知，溶质截留系数 σ 的值相当于溶剂通量无限大时的截留率。膜特征参数可以通过实验数据进行关联求得，即根据式（2-1）由纯水透过实验确定膜的纯水渗透系数，根据式（2-4）对某种溶质的截留率随溶剂透过通量的实验数据进行关联确定膜的反射系数、溶质渗透系数。另外，如果已知膜的结构参数，可以直接通过式（2-2）确定纯水渗透系数。

四、纳滤的传质机制

纳滤同超滤和反渗透一样，均以压差为驱动力，但其传质机制有所不同，超滤膜由于孔径较大，传质过程主要为筛分效应；反渗透膜的孔径相对最小，其传质过程为溶解-扩散过程（由静电效应引起）。纳滤膜存在纳米级微孔，孔径介于超滤膜和反渗透膜之间，且大部分带负电荷，不同类型纳滤膜的分离机制不同。纳滤膜对离子的截留性能主要是由离子与膜之间的唐南（Donnan）效应或电荷效应引起的，使膜对不同离子具有选择性透过能力；纳滤膜对中性不带电荷的物质（如乳糖、葡萄糖、麦芽糖、抗生素、合成药等）的截留是根据膜的纳米级微孔的筛分作用实现的。

纳滤膜分离电解质溶液时的分离机制可以用唐南效应、空间电荷模型（space charge model）、固定电荷模型（fixed charge model）、静电排斥和立体阻碍模型等加以解释。

1. 唐南效应

唐南效应可以解释纳滤膜为什么即使在很低的操作压力下，仍然具有脱盐能力。

当含有固定电荷的纳滤膜与电解质溶液中的离子接触时，会在其间发生静电作用，达到平衡时，膜相中的反离子（与膜所带电荷相反）浓度比主体溶液中的离子浓度高，而同性离子的浓度却较低，从而在主体溶液与膜之间产生唐南电势梯度，该作用阻止了反离子从主体溶液向膜相的扩散和同性离子从膜中向主体溶液的扩散。这种现象称为唐南平衡。

纳滤膜以唐南平衡为基础，用来描述荷电膜的脱盐过程，一般纳滤膜多为荷电膜，当受压力驱动电解质溶液接近膜表面时，唐南电势梯度排斥反离子进入膜，同时保持电中性，同性离子也被排斥。唐南效应对稀电解质溶液中离子的截留尤其明显，同时由于电解质离子的电荷强度不同，膜对离子的截留率存在差异，对于多价同性离子，截留率会更高。但是，多价反离子的共离子较带单价反离子的共离子的截留率要低，这可能是多价反离子对膜电荷的吸附和屏蔽作用造成的。小孔隙的膜受电荷的影响小，当孔隙变大后，这种效应就变得更为重要了。当孔隙非常大时，电荷效应就成为高电荷膜截留率的决定因素，这在离子交换膜中显得更为突出（Bowen et al., 1997）。

2. 空间电荷模型

空间电荷模型最早由 Osferle 等提出，是表征膜对电解质及离子截留性能的理想模型（图 2-14A）（岳昕阳等，2021）。

基本假设为：①膜的孔径均一；②电荷均匀分布在通道表面；③离子看作点电荷，离子大小的空间效应可以忽略；④离子浓度和电势能在径向分布不均匀。

理论基础为：Nernst-Plank 方程（描述离子通过荷电膜的传递）；Poisson-Boltzmann 方程（描述离子浓度与电位的关系）；Navier-Stokes 方程（描述离子通过荷电膜的体积通量）。通过空间电荷模型可以预测膜的通量和截留率等参数。

3. 固定电荷模型

固定电荷模型假设膜为一个凝胶相，其电荷分布是均匀的（图 2-14B）。由于固定电荷模型最早由特奥雷尔（Teorell）、迈耶尔（Meyer）和西弗斯（Sievers）提出，因而通常又被称为 Teorell-Meyer-Sievers（TMS）模型。

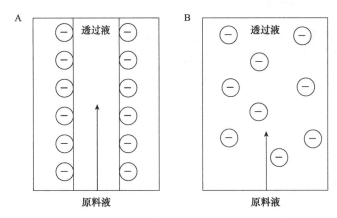

图 2-14 空间电荷模型（A）和固定电荷模型（B）（尚伟娟等，2006）

基本假设为：①膜是均质无孔的；②在膜中的固定电荷是均匀的；③假定离子浓度和电势梯度在传质方向具有一定的梯度。

理论基础为：空间电荷模型和 Spiegler-Kedem 方程。

通过固定电荷可以计算某一电解质溶液中溶剂在膜中的渗透系数和溶质的渗透系数，从而得到截留率随膜的体积、流速的变化关系。一般认为，固定电荷模型是空间电荷模型的简化形式。与空间电荷模型相比，用固定电荷模型计算得到的截留率数据要大，这可能是由于在空间电荷模型中，积累在荷电毛细管壁附近的反电荷离子屏蔽了电势能的作用，使电荷离子更容易进入毛细管通道，引起截留率变小（Childress and Elimelech，2000）。

4. 静电排斥和立体阻碍模型

王晓琳等将细孔模型和 TMS 模型结合起来建立了静电排斥和立体阻碍模型（the electrostatic and steric-hindrance model），可简称为静电位阻模型。静电位阻模型假定膜分离层由孔径均一、表面电荷分布均匀的微孔构成，其结构参数包括孔径、孔隙率、孔道长度（即膜分离层厚度）和体积电荷密度等。根据上述参数，对于已知的分离体系，就可以运用静电位阻模型预测各种溶质（中性分子、离子）通过膜的传质分离特性。纳滤膜分离非电解质溶液时的分离机制可以用非平衡热力学模型、溶解-扩散模型、细孔模型等加以解释。

五、纳滤膜的特性

1. 纳滤膜的分类

纳滤膜按膜材料是否带电荷，可分为荷电纳滤膜和疏松反渗透膜（不带电荷）两类。

（1）荷电纳滤膜是指膜中含有固定电荷，当将荷电纳滤膜置于电解质溶液中时，膜内的电荷会对电解质溶液中的离子产生电荷效应，从而使膜对不同离子具有选择透过性，这类纳滤膜主要有 ES 系列、NS-300、NF-50、NF-70、ATF-30、ATF-50、NTR-7400 系列、UTC-20HF、UTC-60、SU-700 等。不同荷电纳滤膜所带电荷不同，大多数荷电纳滤膜中荷电基团为带负电子的磺酸根及羧酸根。

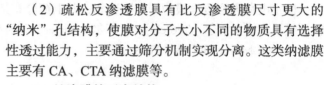
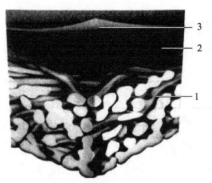

（2）疏松反渗透膜具有比反渗透膜尺寸更大的"纳米"孔结构，使膜对分子大小不同的物质具有选择性透过能力，主要通过筛分机制实现分离。这类纳滤膜主要有 CA、CTA 纳滤膜等。

2. 纳滤膜的形态结构

纳滤膜多为非对称结构，有整体非对称结构和复合结构之分，整体非对称结构是指皮层与多孔支撑层由同种材料构成，这类纳滤膜包括由相转化法制备的 CA-CTA 纳滤膜和磺化聚砜、聚醚砜纳滤膜等；复合纳滤膜品种较多，复合层和支撑层是不同材料构成的，在分离时，复合层主要起分离作用，这类纳滤膜包括 NF 系列、NTR 系列、UTC 系列、ATF 系列等。图 2-15 为 Film Tec 聚哌嗪类复合膜的非对称结构。

图 2-15　Film Tec 聚哌嗪类复合膜的非对称结构

1. 聚酯材料增强无纺布，厚约 120 μm；
2. 聚醚砜材料多孔中间支撑层，厚约 40 μm；
3. 聚酰胺材料超薄分离层，厚约 0.2 μm

3. 纳滤膜材料

纳滤膜材料分为高分子材料（表 2-2）和无机材料两大类。

表 2-2　主要纳滤膜材料及其性能（贾志谦，2012）

型号	制造商	材质	制法	NaCl脱除率/%	MgSO₄脱除率/%	纯水通量/[L/(m²·h)]	供液浓度/(mg/L)	pH范围	最高使用温度/℃	最高操作压强/MPa
NF40HF	Film Tec	芳香族聚酰胺	界面缩聚	4	95	4.3	2000	2～11	45	4.1
NF50	Film Tec	芳香族聚酰胺	界面缩聚	50	>95	72	2000	2～11	45	4.1
NF70	Film Tec	芳香族聚酰胺	界面缩聚	80	>95	36	2000	3～9	45	1.7
NF90	Film Tec	芳香族聚酰胺	界面缩聚	90	—	540	2000	—	—	—
NS-100	Film Tec	聚哌嗪酰胺	界面缩聚	—	—	—	—	—	45	—
NS-300	Film Tec	聚哌嗪酰胺	界面缩聚	50	97.7	53	5000	3～9	45	—
NTR-7410	Nitto	磺化聚醚砜	相转化	15	9	500	5000	1～13	80	3.0
NTR-7450	Nitto	磺化聚醚砜	相转化	51	92	92	5000	1～13	80	3.0
NTR-7250	Nitto	聚乙烯醇（PVA）缩聚	缩聚	60	99	60	2000	2～8	40	3.0
NTR-725HF	Nitto	聚乙烯醇（PVA）缩聚	缩聚	40	90	75	2000	2～8	40	3.0
NTR-729HF	Nitto	聚乙烯醇（PVA）缩聚	缩聚	92	99	36	2000	2～8	40	3.0
SU-200HF	Toray	芳香族聚酰胺	界面缩聚	50	95	150	1500	3～10	40	1.5
SU-500	Toray	芳香族聚酰胺	界面缩聚	97	99	20	500	2～9	45	4.2
SU-600	Toray	芳香族聚酰胺	界面缩聚	63	99.2	18	1000	2～9	45	4.2
SC-200S	Toray	芳香族聚酰胺	界面缩聚	65	99.7	40	1000	2～11	45	4.2
SC-L200R	Toray	CA	相转化	85	99	20	1500	4～7	35	3.0

纳滤膜材料的分类如下。

（1）纤维素类：用于纳滤膜的醋酸纤维素主要为 CA_{398} 及三醋酸纤维素（CTA）。CTA 具有较好的力学强度和优异的生物降解性，热稳定性高。将 CA 同 CTA 共混采用相转化法可得到性能优良的纳滤膜。

（2）聚砜类：聚砜类纳滤膜材料主要包括聚砜（PSF）、聚醚砜（PES）、磺化聚砜（SPS）、磺化聚醚砜（SPES）、聚苯砜（PPS）和聚芳酯等。聚砜结构上的 S 原子与苯环构成共轭体系，热稳定性和化学稳定性优异，聚砜是超滤膜和微滤膜的主要膜材料，也可以用于纳滤膜，用作支撑膜材料。

（3）聚酰胺类：聚酰胺类纳滤膜材料主要包括芳香族聚酰胺（PA）、聚哌嗪酰胺（PIP）等。复合纳滤膜的皮层结构通常是通过界面聚合的方法形成的聚酰胺类聚合物，荷电基团为带负电子的磺酸根及羧酸根，因此形成的是荷电型纳滤膜。

（4）聚乙烯醇缩合物：聚乙烯醇缩合物主要包括聚乙烯醇与多元酸或多醛的缩合物，是复合型纳滤膜皮层的材料。

（5）无机材料：无机纳滤膜材料主要包括陶瓷材料，如氧化铝、氧化锆、氧化硅、氧化钛等，还有碳分子筛膜、不锈钢膜、多孔玻璃膜等。无机膜具有优良的热稳定性、化学稳定性和机械性能。但无机纳滤膜的研究目前还不成熟。

4. 纳滤装置

与反渗透、超滤装置一样，纳滤膜组件的主要形式有板框式、圆管式、卷式及中空纤维式 4 种类型。卷式、中空纤维式膜组件具有膜填装密度大、单位体积膜处理量大等特点，常用于水的脱盐软化等处理过程，而板框式和圆管式膜组件多用于含悬浮物、高黏度体系的处理。工业上应用最多的是卷式纳滤膜组件，它占据了绝大多数水脱盐和超纯水制备的市场。图 2-16 是常见的三级纳滤膜工艺。

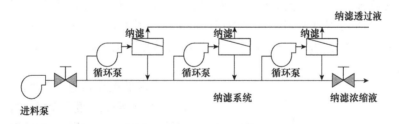

图 2-16 三级纳滤膜工艺（Peeva et al.，2014）

六、纳滤膜的污染

1. 无机污染

$CaCO_3$ 垢主要是由化学沉降作用引起的。通过朗格利尔指数（LSI）的核算也表明要处理水的 LSI 值大于零，则有结垢的倾向。SiO_2 胶体颗粒主要是由胶体富集作用决定的。总体上可认为膜的无机污染符合两步机制，即成核和长大。

2. 有机污染

膜的特性如表面电荷、憎水性、粗糙度，对膜的有机吸附污染及阻塞有重要影响。极性有机物在纳滤膜表面上的吸附可能以氢键作用、色散力吸附和憎水作用进行。这些表面活性剂吸附层的形成，使水分子要透过膜就必须消耗更高的能量。正是这个增加的活化能，最终导致通量下降。

对于非极性的、憎水性的有机物（如高碳烷烃）对膜的污染，可解释如下：首先，憎水性有机物与水间的相互作用使这些扩散慢的有机物富集在膜表面，即高分子低扩散性的有机物（表现为憎水性）会浓缩在膜表面；其次，高分子有机物的浓差极化也有利于它们吸附在膜表面；最后，水中离子（主要是 Ca^{2+}）与有机物官能团相互作用，会改变这些有机物分子的憎水性和扩散性。

3. 微生物污染

一般膜进水的溶解性总固体（TDS）是产水的 10 倍左右，同时由于边界层效应和生物黏垢的形成，进水在膜表面上为非均匀混合，使得进水中的有机物、无机物更容易浓缩在膜上，膜表面的这种特殊物理化学与营养环境将影响那些最终在膜表面生长的微生物。弗莱明（Flemming）等根据不同的膜对微生物表现出不同生物亲和性的特性，提出了微生物污染的四阶段学说：第一阶段，腐殖质、聚糖脂与其他微生物的代谢产物等大分子物质的吸附过程，导致在膜表面形成一层具备微生物生存条件的膜；第二阶段，进水的微生物体系中，黏附速率快的细胞形成初期黏附过程；第三阶段，在黏附后期，后续大量不同菌种的黏附、胞外聚合物与生物膜的早期发展，形成了微生物的群集和生长；第四阶段，在膜表面形成了一层生物膜，造成膜的不可逆阻塞，使产水阻力增加（张晋瑄，2021）。

七、纳滤膜在食品工业中的应用

1. 低聚糖的分离与精制

低聚糖是由两个以上单糖组成的碳水化合物，相对分子质量有数百至几千，主要应用于食品工业，可改善人体内的微生态环境，提高人体免疫功能，降低血脂，抗衰老、抗癌，具有很好的保健功能，因而得到越来越广泛的应用。

天然低聚糖通常是从菊芋或大豆中提取的，大豆低聚糖从大豆乳清中分离得到。松原（Matsubara）等研究了从大豆乳清废水中提取低聚糖，因为大豆乳清废水中含有一定量的低聚糖。他们用超滤分离去除大分子蛋白质，反渗透除盐和纳滤精制分离低聚糖，大大地提高了经济效益。

合成低聚糖则通过蔗糖的酶化反应来制取。为了得到高纯度低聚糖，需除去原料蔗糖和另一产物——葡萄糖。但低聚糖与蔗糖的分子质量相差很小，分离很困难，通常采用高效液相色谱法（HPLC）分离。高效液相色谱法不仅处理量小，耗资大，并且需要大量的水稀释，因而后面浓缩需要的能耗也很高。采用纳滤膜技术来处理可以达到与高效液相色谱法同样的效果，甚至在很高的浓度区域实现三糖以上的低聚糖（GFn）同葡萄糖（G）、蔗糖（GF）的分离和精制，而且能大大降低操作成本。

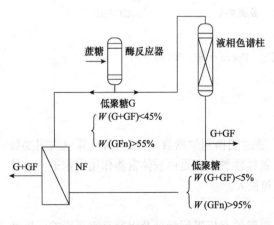

图 2-17　合成低聚糖的纳滤膜分离法与高效液相色谱法的比较示意图（王晓琳等，2000）

W. 质量分数

图 2-17 是合成低聚糖的纳滤膜分离法与高效液相色谱法的比较示意图。

2. 果汁的高浓度浓缩

果汁浓缩既可以减少体积，便于贮存和运输，又可以提高其贮存稳定性。传统上用蒸馏法或冷冻法浓缩，不但消耗大量的能源，还会导致果汁风味和芳香成分的散失。人们考虑利用膜技术来浓缩。但单一的反渗透法由于渗透压的限制，很难以单级方式把果汁浓缩到较高浓度。

考虑用反渗透膜和纳滤膜串联进行果汁浓缩，以获得更高浓度的浓缩果汁。市场销售的反渗透膜一般耐压 6~7 MPa，仅用反渗透进行果汁浓缩时，以实际果汁的溶质浓度（质量分数）表达的浓缩极限约为 30%。如果将反渗透与纳滤连用，如反渗透膜和纳滤膜的操作压力均为 7 MPa 时，能得到渗透压为 10.2 MPa、浓度为 40% 的浓缩液，见图 2-18。

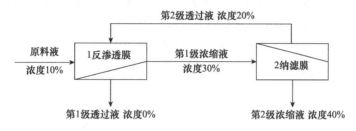

图 2-18　反渗透-纳滤串联高浓度浓缩系统（Hyde，2015）

第六节　反渗透膜分离技术

一、概述

反渗透（reverse osmosis，RO）是渗透的逆过程，以压差作为推动力，利用反渗透膜只能透过水分子（或溶剂）而截留离子或小分子物质的特点，进行液体混合物分离。由于反渗透膜非常致密，孔径在 0.1 nm 左右，因此能够有效地去除水中溶解的盐类、小分子有机物、胶体、微生物、细菌和病毒等。

从 1748 年德国耐克特（Nelkt）发现渗透现象以来，人类对渗透现象的研究已有 270 多年的历史。20 世纪 20 年代，范特荷甫（Van't Hoff）等建立了稀溶液理论和渗透压与其他热力学性能之间的关系，开始了对渗透的理论研究。1953 年，美国佛罗里达大学的里德（Reid）教授提出了反渗透法海水淡化方案。1960 年，美国的索里拉金（Sourirajan）和洛布（Loeb）教授开发出相转化法不对称膜制备新技术，并研制出第一张高通量和高脱盐率的醋酸纤维素不对称反渗透膜。洛布（Loeb）和米尔斯坦（Milstein）还用他们研制成功的醋酸纤维素反渗透膜成功组装了第一套实验室规模的板框式反渗透膜组件，在 10 MPa 下，1 m² 半透膜可制取淡水 259 L，从此反渗透作为经济可用的淡化水技术进入实用阶段，并为纳滤膜和超滤膜的分离技术奠定了基础。

我国反渗透研究始于 1965 年，20 世纪 70 年代研出中空纤维和卷式反渗透膜组件，1986 年醋酸纤维素非对称反渗透膜实现产业化，当时的技术水平与国际水平相距不远，但由于原材料及基础工业条件薄弱，生产的膜组件性能较差，生产成本高，没有形成规模化生产。20 世纪 90 年代以来相继从国外引进了 4 条芳香族聚酰胺复合膜生产线，设计生产能力

为 4.5×10^{6} $m^2/$ 年。进入 21 世纪以来，随着科学技术的交流和研究的深入，我国反渗透膜生产技术已日臻成熟，并完全掌握了整个制备工艺流程，所生产的反渗透膜的性能及应用技术更是接近国际先进水平。

二、反渗透过程的基本原理

当溶液与纯溶剂被半透膜隔开，半透膜两侧压力相等时，纯溶剂通过半透膜进入溶液侧使溶液浓度变低的现象称为渗透。此时，单位时间内从纯溶剂侧通过半透膜进入溶液侧的溶剂分子数目多于从溶液侧通过半透膜进入溶剂侧的溶剂分子数目，使得溶液浓度降低。当单位时间内，从两个方向通过半透膜的溶剂分子数目相等时，渗透达到平衡。如果在溶液侧加上一定的外压，恰好能阻止纯溶剂侧的溶剂分子通过半透膜进入溶液侧，则此外压称为渗透压。渗透压取决于溶液的系统及其浓度，且与温度有关，如果加在溶液侧的压力超过了渗透压，则使溶液中的溶剂分子进入纯溶剂内，此过程称为反渗透（图 2-19）。

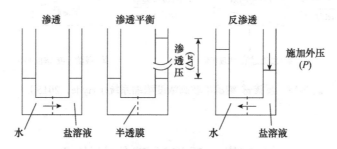

图 2-19　渗透、反渗透过程机制

反渗透膜分离过程是利用反渗透膜选择性地透过溶剂（通常是水）而截留离子物质的性质，以膜两侧的静压差为推动力，克服溶剂的渗透压，使溶剂通过反渗透膜而实现对液体混合物进行分离的膜过程。因此，反渗透膜分离过程必须具备两个条件：一是具有高选择性和高渗透性的半透膜；二是操作压力必须高于溶液的渗透压。

三、反渗透膜分离过程的特点

反渗透膜分离过程可在常温下进行，且无相变、能耗低，可用于热敏性物质的分离、浓缩；可有效地去除无机盐和有机小分子杂质；具有较高的脱盐率和水回用率；膜分离装置简单，操作简便，便于实现自动化；分离过程要在高压下进行，因此需配备高压泵和耐高压管路；反渗透膜分离装置对进水指标有较高的要求，需对原水进行一定的预处理；分离过程中，易产生膜污染，为延长膜使用寿命和提高分离效果，要定期对膜进行清洗。

四、反渗透过程的传质机制

学者针对反渗透过程的传质机制提出了不同解释，目前普遍认为，溶解-扩散理论能够较好地说明反渗透膜的透过现象。氢键理论、优先吸附-毛细孔流理论等也能够对反渗透膜的透过机制进行解释。

1. 溶解-扩散理论

朗斯代尔（Lonsdale）和赖利（Riley）等提出了溶解-扩散理论解释反渗透膜的脱盐作用。首先进行如下假定。

（1）膜表面无孔，是完整无缺陷的膜。

（2）溶剂和溶质经由两步通过膜：第一步，溶剂和溶质溶解于膜表面；第二步，在化学位差（常用浓度差或压差来表示）的推动下，溶剂和溶质扩散通过膜。

（3）在溶解-扩散过程中，扩散是控制步骤，并服从菲克定律。

溶剂和溶质的渗透能力不仅取决于扩散系数，而且取决于其在膜中的溶解度。对于电解质水溶液，溶质的扩散系数比水分子的扩散系数小得越多，高压下水在膜内的移动速率就越快，透过膜的水分子数量就比通过扩散而透过去的溶质数量多。在完全没有溶质透过膜的情况下，渗透通量 J_W 可用式（2-6）表示。

$$J_W = A(\Delta p - \Delta \pi) \tag{2-6}$$

式中，A 为溶剂的渗透系数；Δp、$\Delta \pi$ 分别为膜两侧的压差和溶液渗透压差。

当有少量溶质透过时，膜两侧真实的渗透压差不是 $\Delta \pi$，而是 $\sigma \Delta \pi$，其中 σ 是膜对特定溶质的截留系数，或称为反射系数，这时渗透通量可表示为式（2-7）。

$$J_W = A(\Delta p - \sigma \Delta \pi) \tag{2-7}$$

对于给定的膜，A 为水力学渗透系数，反映了没有浓差极化时纯水的通量。A 的大小与实验条件有关。

压力恒定时，若 μ_W 为水的黏度，则

$$A\mu_W = 常数$$

温度恒定时，

$$A = A_0 \exp(-\alpha \Delta p) \tag{2-8}$$

式中，A_0 为 $\Delta p = 0$ 时 A 的外推值；α 为常数。

溶质通量 J_S 可表示为

$$J_S = \frac{D_{AM}}{K_S \delta}(c_m - c_p) = \omega \Delta c_s \tag{2-9}$$

式中，c_m、c_p 分别为溶质在料液侧膜表面的浓度和在渗透产物中的浓度；$\Delta c_s = c_m - c_p$；D_{AM} 为溶质在膜中的扩散系数；K_S 为溶质在膜与溶液间的分配系数；δ 为膜厚；ω 为溶质渗透系数，$\omega = D_{AM}/(K_S \delta)$，反映了膜的溶质透过能力，压力与温度对它都有一定的影响。若膜的 A 值较小，则在很宽的压力范围内，$D_{AM}/(K_S \delta)$ 几乎是一个常数；对于 A 值较大的膜，随着压力的增大，$D_{AM}/(K_S \delta)$ 减小。在很宽的进料浓度和膜孔径范围内，$D_{AM}/(K_S \delta)$ 与进料液的浓度和流速无关。

2. 氢键理论

在醋酸纤维素膜中，由于氢键和范德瓦耳斯力的作用，大分子之间存在牢固结合的结晶区和完全无序的非结晶区。水和溶质不能进入结晶区，溶剂水充满在非结晶区，在接近醋酸纤维素分子的地方，水与醋酸纤维素羰基上的氧原子形成氢键，即所谓的"结合水"。在非结晶区较大的空间里（假定为孔），结合水的占有率相对较低，在孔的中央存在普通结构的水，不能与醋酸纤维素形成氢键的离子或分子可以通过孔的中央部分迁移，这种迁移方式称为孔穴型扩散。能和膜形成氢键的离子或分子与醋酸纤维素的氧原子形成结合水，以有序扩散的方式进行迁移，通过不断改变和醋酸纤维素形成氢键的位置进行传递。在压力作用下，溶液中的水分子和醋酸纤维素的活化点——羰基上的氧原子形成氢键，而原来结合水的氢键被断开，水分子解离出来并随之转移到下一个活化点形成新的氢键，通过一连串的氢键形成与断开，水分子离开膜的表面致密层进入膜的多孔层，又由于膜的多孔层含有大量的毛细管

水，故水分子可畅通地流到膜的另一侧（Reid and Breton，1959）。

氢键理论能够解释许多溶质的分离现象。该理论认为，作为反渗透的膜材料必须是亲水性的，并能与水形成氢键，水在膜中的迁移主要是扩散。但是，氢键理论将水和溶质在膜中的迁移仅归结为氢键的作用，忽略了溶质-溶剂-膜材料之间实际存在的其他各种相互作用力。

3. 优先吸附-毛细孔流理论

索里拉金等提出了优先吸附-毛细孔流理论。以氯化钠水溶液为例，溶质是氯化钠，溶剂是水，膜的表面选择性地吸收水分子而排斥氯化钠，盐是负吸附，水是正吸附，水优先吸附在膜的表面。在压力作用下，优先吸附的水分子通过膜，从而形成了脱盐的过程。这种理论同时给出了混合物分离和渗透性的一种临界孔径的概念。当膜表面毛细孔直径为纯水层厚度的 2 倍时，对一个毛细孔而言，将能够得到最大流量的纯水，此时对应的毛细孔径称为临界孔径。理论上讲，制膜时应使孔径为 2 倍纯水层厚度的毛细孔尽可能多地存在，以使膜的纯水通量最大。当膜毛细孔的孔径大于临界孔径时，溶液将从毛细孔的中心部位通过而导致溶质的泄漏（陈益棠，1984）。

在该理论中，膜被假定为有微孔，分离机制由膜的表面现象和液体通过孔的传质所决定。膜层有优先吸附水及排斥盐的化学性质，使膜表面及膜孔内形成几乎为纯溶剂的溶剂层，该层优先吸附的溶剂在压力作用下，连续通过膜而形成产液，其浓度低于料液。在料液和膜表面层之间形成浓缩的边界层。根据该理论，反渗透过程是由平衡效应和动态效应两个因素控制的，平衡效应是指膜表面附近呈现的排斥力或吸引力；动态效应是指溶质和溶剂通过膜孔的流动性，既与平衡效应有关，又与溶质在膜孔中的位阻效应有关。

依据这一理论，索里拉金等于 1960 年 8 月研制出一种具有高脱盐率和高通量的可用于海水脱盐的多孔醋酸纤维素反渗透膜。从此，反渗透开始作为海水和苦咸水淡化的技术进入实用装置的研制阶段。

4. 扩散-细孔流理论

舍伍德（Sherwood）等提出了扩散-细孔流理论，该理论是介于溶解-扩散理论与优先吸附-毛细孔流理论之间的理论。该理论认为膜表面存在细孔，水和溶质在细孔和溶解、扩散的共同作用下透过膜，膜的透过特性既取决于细孔流，也取决于水和溶质在膜表面的扩散系数。通过细孔的溶液量与整个膜的透水量之比越小，水在膜中的扩散系数比溶质在膜中的扩散系数大得越多，则膜的选择透过性越好。

五、反渗透膜的材料和分类

在反渗透膜分离技术中，膜材料的研究是一个重要课题。反渗透膜一般要具备以下性能：高脱盐率、高透水率；具有高力学强度和良好的柔韧性；化学稳定性好，耐氯及酸、碱腐蚀，抗微生物侵蚀；抗污染性能强，适用 pH 范围广；制备简单，造价低，原料充足，便于工业化生产；耐压性和气密性好，可在较高温度下使用。

目前主要的反渗透膜材料有醋酸纤维素类、芳香聚酰胺类和聚哌嗪酰胺类。醋酸纤维素反渗透膜为非对称膜，尽管在耐碱性、耐细菌性、通量等方面不如聚酰胺膜，但因其具有优良的耐氯性、耐污染性而被使用至今。芳香族聚酰胺可分为线性芳香族聚酰胺与交联芳香族聚酰胺，前者为非对称膜，后者为复合膜。这类膜因具有高交联密度和高亲水性，以及具有优良的脱盐率、通量、耐氧化性、有机物去除率和二氧化硅去除率等优点，可用于对去除溶质性能要求高的超纯水制造、海水淡化等方面。聚哌嗪酰胺类可分为线性聚哌嗪酰胺膜与交联聚哌嗪酰胺膜，后者已有产品上市。该膜具有通量大、耐氯、耐过氧化氢的特点，可用于对脱盐性能要求高的净水处理和食品等方面。

六、反渗透膜组件

反渗透装置的形式主要取决于膜组件的结构形式和组件的组装方式，目前世界上反渗透膜组件的结构形式主要有板框式、管式、螺旋式、中空纤维式等类型。

1. 板框式反渗透膜组件

板框式是最早开发的一种反渗透膜组件，它采用平板膜，仿板框式压滤机制造而成。从结构形式上分，板框式反渗透膜组件主要有系紧螺栓式和耐压容器式两种。板框式反渗透膜组件的主要应用是浓缩含大量悬浮固体的液体和食品、饮料及制药行业中的高黏度液体。其分离过程如图 2-20 所示。

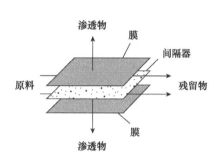

图 2-20　板框式反渗透膜组件分离过程

与其他形式的反渗透膜组件相比，板框式反渗透膜组件具有以下优点：①组装比较简单；②膜的更换、清洗、维护比较容易；③膜组件结构紧凑；④可简单地增加膜的层数以增大处理量；⑤在同一设备中可视需要组装不同数量的膜，容易实现膜组件的模块化；⑥膜组件组装简单、坚固，可适用于压力变动较大的现场操作；⑦原液流动截面积较大，压力损失较小，原液流速可高达 1～5 m/s，不易污染。由于板框式反渗透膜组件的膜面积较大，流体湍流时易造成机械振动，因此对膜的力学强度要求较高。同时，密封边界线长，制造技术含量高，膜组件越大，对各种零部件的加工精度要求也越高，增加了装置的成本。另外，板框式反渗透膜组件的流程比较短，再加上原液流道的截面积较大，因此单程的回收率较低，达到一定的浓缩要求所进行的循环次数就比较多，从而要求泵的容量增大，能耗相应增加，在间歇操作时容易造成温度上升。由于板框式反渗透膜组件的压力损失小，可采用多段操作的形式增大回收率。

2. 管式反渗透膜组件

管式反渗透膜组件有内压式、外压式、单管式和管束式等，外压式将膜装在耐压多孔管外，或将铸膜液涂刮在耐压微孔塑料管外，水从管外透过膜进入管内（图 2-21）。外压式由于需要耐高压的外壳，且进水流动状况差，一般很少用。内压式装置与外压式装置相反，加压下的料液从管内流过，透过膜所得产品水收集在管外侧。管式反渗透膜组件的优点有：①能够处理含有悬浮固体的溶液；②机械清除杂质比较容易；③流动状态好，流速易控制；④安装、拆卸、换膜和维修方便；⑤控制合适的流动状态可防止浓差极化和膜污染。

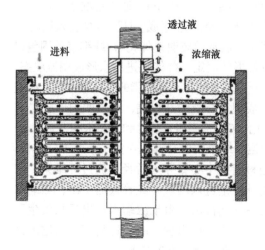

图 2-21　管式反渗透膜组件（李川竹，2016）

3. 螺旋式反渗透膜组件

螺旋式反渗透膜组件最早由美国通用原子公司（Gulf General Atomic Co.）于 1964 年开发

成功。该装置中间为多孔支撑材料，两边为膜，末端是冲孔的塑料管，两层膜的边缘与多孔支撑材料密封成一个膜袋（收集产品水），在膜袋之间再铺上一层隔网，然后沿中心管卷绕这种多层材料（膜＋多孔支撑层＋膜＋进料液隔网），就形成一个螺旋式反渗透膜组件（图2-22），将卷好的螺旋式反渗透膜组件放入压力容器中，就成为完整的螺旋式反渗透膜组件。实际使用中是将几个螺旋式反渗透膜组件串联起来，放入一个压力筒中，其中料液与中心管平行流动，浓缩后从另一端排出，反渗透产品水则穿过多孔支撑材料收集起来，由中心管排出。

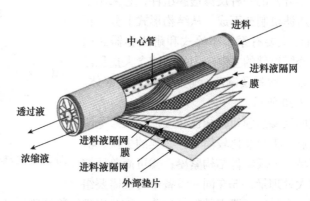

图 2-22　螺旋式反渗透膜组件（安耿宏等，2012）

螺旋式反渗透膜组件的主要优缺点如下。

优点：压力导管的设计简单，结构紧凑，安装容易；进料流道相对敞开，易抗污染。

缺点：容易产生浓差极化的趋势，不适宜用于含悬浮固体料；压力消耗高；再循环浓缩困难。

4. 中空纤维式反渗透膜组件

20世纪60年代末，美国杜邦（DuPont）公司、陶氏化学（Dow）公司及日本的东洋纺（Toyobo）公司相继制成了中空纤维式反渗透膜及中空纤维式反渗透膜组件。中空纤维式反渗透膜外径为 50～100 μm 或 15～45 μm。通常情况下，数十万甚至上百万根中空纤维弯成"U"形并装入圆柱形耐压容器中（通常用玻璃钢外壳），纤维束外围包以网布，以使形状固定，并能促进原水形成湍流状态，纤维束的开口端密封在环氧树脂的管板中，该管板被机械加工成中空纤维的开口端，在其四周形成"O"形环槽，用"O"形圈阻止盐水和产品水相混合。

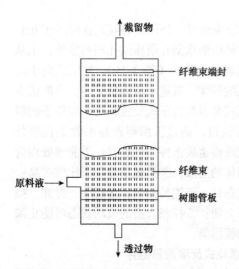

图 2-23　中空纤维式反渗透膜组件
（Usta et al.，2018）

在中空纤维束的中心轴处安置一个原水分配管，加压的进料液由中心管导入后径向流过纤维束，产品水透过纤维壁进入内腔，经管板而引出，浓缩水从容器的另一端排出。由于浓缩水流出后只发生了很小的压降，故可作为后续级的进料液，以增加回收率和加大系统容量（图2-23）。

中空纤维式反渗透膜组件的主要优点如下。

（1）膜比表面积高，一般可达 16 000～30 000 m²/m³。

（2）中空纤维本身可以受压而不破裂，不需要支撑材料。

（3）单元回收率高。

同时，中空纤维式反渗透膜的制膜技术复杂、管板制作困难、预处理要求高等缺点限制了中空纤维式反渗透膜组件的应用。

表 2-3 对各种结构形式反渗透膜组件的优缺点和应用范围进行了比较。

表 2-3　各种反渗透膜组件的优缺点和应用范围比较

类型	优点	缺点	应用范围
板框式	组装简单，结构紧凑、牢固，能承受高压，易实现模块化，性能稳定，工艺成熟，换膜方便	膜比表面积小，单程回收率较低，液流状态较差，易造成浓差极化，设备制造费用高，能耗大	适用于每天产水百吨以下的水厂及含悬浮固体或高黏度液体产品的浓缩、提纯等，已商业化
管式	料液流速可调范围大，浓差极化较易控制，流道通畅，压力损失小，易安装，易清洗，易拆换，工艺成熟	单位体积膜面积小，设备体积大，装置成本高，管口密封较困难	适用于建造中小型水厂及医药、化工产品的浓缩、提纯，已商业化
螺旋式	结构紧凑，膜比表面积很大，组件通量大，工艺较成熟，设备费用低，可使用强度好的平板膜	浓差极化不易控制，易堵塞，不易清洗，换膜困难，密封困难，不宜在高压下操作	适用于大型水厂，已商业化
中空纤维式	膜比表面积最大，不需外加支撑材料，设备结构紧凑，制造费用低	易堵塞，不易清洗，原料液的预处理要求高，换膜费用高	适用于大型水厂，已商业化

七、反渗透膜分离技术的应用

反渗透膜分离技术除在苦咸水和海水淡化领域应用外，近几年在食品、医药、电子工业、电厂锅炉用水、环保等领域的应用日益扩大，在浓缩、分离、净化等方面的潜力也在深入挖掘。反渗透膜分离技术不仅显示了技术上的可行性，也显示了经济上的优越性。下面举两个例子简要介绍。

1. 海水脱盐

反渗透装置应用于海水脱盐，处理已达到饮用级的质量。但海水脱盐成本较高，这是因为用反渗透进行海水淡化时，因海水含盐量较高，除特殊高脱盐膜以外，一般均需要采用二级反渗透系统脱盐。海水经 Cl_2 杀菌、$FeCl_3$ 凝聚处理及双层过滤器过滤后，调节 pH 至 6 左右。对耐氯性能差的膜组件，在进反渗透装置之前还需用活性炭脱氯或用 $NaHSO_3$ 进行还原处理。目前，在天津、山东长岛及浙江等地已经建立了反渗透海水淡化示范工程，取得了良好的效果（孙彬荃等，2021）。

2. 食品工业

1）奶制品加工　　采用反渗透与超滤相结合的方法可对分出奶酪后的乳浆进行加工，将其中所含的溶质进行分离，得到主要含有蛋白质、乳糖及乳酸的浓缩组分，同时对含盐乳清进行脱盐处理，减少了环境污染。斯托夫化学（Stauffer Chemical）公司采用这种超滤与反渗透相结合的技术，回收乳清蛋白的年处理量规模已达近百万吨（刘娜等，2014）。

2）果汁和蔬菜汁加工　　采用蒸发法浓缩果汁会造成各种挥发性醇、醛和酯的损失，造成浓缩汁质量降低，采用反渗透膜组件可在常温下对果汁及蔬菜汁进行浓缩加工，可保持原有营养成分和口味特性。

第七节　电渗析膜分离技术

一、概述

利用半渗透膜的选择透性来分离溶质中不同的粒子（如各种离子）的方法称为渗析。渗析时需外加电场，溶液中的电离粒子（如各种离子）通过半透膜而迁移，从而与其他离子分开的现象称为电渗析。利用外加电场进行透过膜作用的提纯和分离物质的技术称为电渗析法。

1950 年前后，电渗析作为一种新技术吸引了很多学者的关注，最初被用于海水的淡化处理获得了较为干净的水资源，现被广泛应用于造纸、医药、轻工、化工工业，其中制备纯水和在环境保护中处理"三废"（废气、废液、废渣）应用最为广泛，如用于酸碱回收、电镀废液处理及从工业废水中回收有用物质等。

1863 年，迪布兰福（Dubrunfaut）制成了第一台膜渗析器，进行盐与糖的分离。这是人们对电渗析技术的起源式研究，后续的电渗析技术都以此为起点。1903 年，莫尔斯（Morse）等将透析器放入电极内，意外地发现这样做可以促进分离，打开了电渗析的序幕。1924 年，泡利（Pauli）采用化工设计的原理改进了莫尔斯的装置，尽管他们的膜都是非离子性的，但是这些工作为电渗析的开发起到了先导作用。

我国技术发展起步较慢，从 1958 年起开始从事电渗析技术的研究和开发，60 年代初即已有小型装置投入试验。1965 年在成昆铁路上安装了第一台苦咸水淡化装置。70 年代以来更有快速的发展。目前膜产量达到 $4.5 \times 10^5 \ m^2$，占世界产量的 1/3。日产数千吨的苦咸水淡化装置和日产 200 t 的海水淡化装置已投入运行。已制定电渗析技术的国家标准，这促进了电渗析技术的应用和推广（张维润，1995）。

二、基本原理

在外加直流电场的作用下，电解质溶液中的离子选择性地通过离子交换膜，两种离子从而得到分离，最后通过处理得到两种不同的溶液，这是一种特殊的膜分离操作。离子交换膜只允许一种电荷的离子通过而将另一种电荷的离子截留。由于带电粒子有正、负两种，离子交换膜也有阴、阳两种。其中只允许带正电荷的阳离子通过的膜称为阳离子交换膜，简称阳膜；只允许阴离子通过的膜称为阴离子交换膜，简称阴膜。想要达到良好的分离效果，两种膜应在电渗析器内成对交替平行排列。

如图 2-24 所示，各种不同的离子膜间隙构成一个个小室，通过两端加上电极，施加方向与膜平面垂直的电场，然后将含盐料液均匀地分散在各室中。溶液中的离子在电场作用下发生左右迁移，产生不同的迁移效果。如图 2-24 所示，一种隔室是左边为阳膜，右边为阴膜。设施加一个从左向右的恒压电场，在这种条件下，在一个室内的阳离子就会向阴极移动，遇到右边的阴膜，因为无法通过而被截留下来。而另一侧，阴离子往阳极移动，遇到左边的阳离子交换膜也被阻断。而相邻两侧室中，左室内阳离子可以通过阳膜进入此室，右室内阴离子也可以通过阴膜进入此室。这样，此室的离子浓度增加，故称为浓缩室。另一种隔室是左边为阴膜，右边为阳膜。在此室的阴、阳离子都可以分别通过阴、阳膜进入相

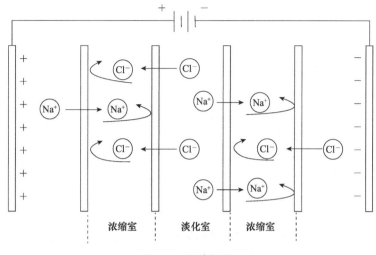

图 2-24　电渗析原理

邻的室，而相邻室内的离子则不能进入此室，这样室内的离子浓度低，称为淡化室（王湛，2019）。

两侧电极上会发生如下氧化还原反应。

阴极：还原反应 $2H^+ + 2e^- = H_2\uparrow$（这样会使阴极室的溶液逐渐变成碱性导致电极结垢）。

阳极：氧化反应 $4OH^- = O_2\uparrow + 2H_2O + 4e^-$（这样会使阳极室内的溶液呈酸性导致电极被腐蚀）。

电渗析膜是荷电膜，与荷电膜所带的电荷性相同的离子称为同名离子，电荷性相反的离子称为反离子。在电渗析过程中，有一项重要的传递过程，就是反离子的迁移方向与浓度梯度的方向是相反的。除此之外，电渗析中还有如下传递过程，它们在电渗析的过程中伴随发生。

（1）同名离子的迁移：由于膜的结构和制造并非达到理论上完美的程度，再加上实际情况中膜外溶液浓度过高的影响，部分阳离子会有机会通过阴膜，阴离子同理，从而出现同名离子的迁移，造成了逆分离效果。同名离子的迁移方向与浓度梯度的方向相同，它降低了电渗析的分离效率，但与反离子的迁移相比，其迁移量一般很小。

（2）浓差扩散：在浓缩室和淡化室之间，溶液存在一定的浓度差，这会导致电解质由浓缩室向淡化室渗透，其扩散速率随两室浓度差的增加而增加。

（3）水的渗透：其原理和上述浓差扩散类似，不同之处在于扩散推动力为渗透压差，因而水的部分是从淡化室向浓缩室的反方向渗透，会造成各种室之间的浓度发生不符合分离期望的变化，不利于溶液的分离。

（4）水的电渗透：离子在溶液中会发生水合作用，反离子和同名离子在迁移时都携带着一定量的包裹水，在迁移的过程中两者并未分开，浓缩的浓度因此降低。一般每通过 19 300 C 电量，就会迁移 $1\sim5$ mol 的水。

（5）渗漏：由于膜的两侧存在压差而发生水力渗漏。

三、影响因素

根据电渗析的原理，在直流电场的作用下，溶液中的不同离子通过离子交换膜从而和其他离子分开。例如，淡化处理以达到脱盐的目的。因此，电流、电压是判断电渗析是否能完成目标任务的内在因素。而流量与溶液的初始浓度也是影响淡化效率的重要因素（段兆铎，2019）。

1. 电流

电作为最主要的传质推动力，在进行电渗析过程中，电流是脱盐过程中决定性的因素，会直接影响速率的大小。通过在电渗析过程中增大电流密度，溶液酸碱浓度会迅速增大，而且脱盐的效率也会相应增加。在使用高电流强度时，浓差极化会随之产生，电流强度的变化会受到限制，如果出现操作电流强度高于浓差极化的极限电流强度，往往会出现效率下降、能耗上升、pH 发生不规则改变、产生大量气泡（水电解）、具有其他场、膜发生沉淀结垢和堵塞等不良现象，严重影响电渗析的正常运行，电渗析效率下降，并且会缩短电渗析器的使用寿命。

2. 电压

因为电极间的电阻是一定的，加大电极两端的电压，通过溶液的电流就越大，在单位时间内通过离子交换膜的离子相应大量增加，脱盐效率也会随之增大。但是电压不能过大，因为电流增大的同时，浓差极化现象会随之产生，增加不必要的能耗。

3. 流量

若流量超过限度，在电渗析过程中，膜堆会受到很大的冲击，寿命因此受到影响；若流量过小，处理效率较低，也会造成膜堆沉淀。

4. 溶液的初始浓度

在处理一定的盐溶液时，提高溶液的初始浓度和增加极室中盐溶液浓度，会增加离子浓度，减小到达相同电流时所需的操作电压，从而降低能耗。

四、过程特点

电渗析过程具有以下主要特点。

（1）在电渗析过程中不会发生相变，从热力学可知，其能耗比有相变的过程低。另外，电渗析的能耗主要用于使溶液中的电解质离子发生迁移运动，因而和溶液浓度呈正相关。从脱盐的角度看，电渗析的能耗比离子交换低得多。

（2）装置拆装简便，价格低廉，维修方便，电渗析器的结构为板框式，很容易叠加组合，串联和并联的组合也很方便，可以在单台机器上调节水量和脱盐率。

（3）装置使用寿命长，电渗析器的大部分部件是用高分子材料制成的，绝缘性好，耐腐蚀，不会磨损。离子交换膜的寿命也比微滤、超滤和反渗透膜长得多。唯一易损坏的部件是电极，但选择好的材料后也可以用相当长的时间。

（4）整个过程没有或者较少排放污染物，属于清洁生产过程。

（5）用于水的脱盐时，原水的回收率高，可以重复使用，节约了水源，减少了动力消耗，节省了预处理费用。

五、设备结构

电渗析器的主要结构包括阴离子交换膜、阳离子交换膜、隔板、电极框和电极等，其按一定的需求分层排列，排列后用压紧装置压紧（图 2-25）。

1. 离子交换膜

离子交换膜是指具有离子交换性能的、由高分子材料制成的离子交换薄膜（也有无机离

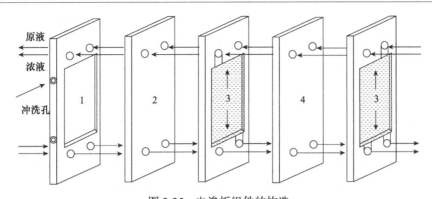

图 2-25　电渗析组件的构造
1. 电极；2. 阳离子交换膜；3. 隔板；4. 阴离子交换膜

子交换膜，但使用不普遍）。其与离子交换树脂类似，都是在高分子骨架上连接一个活性基团，但合成方式、作用机制和方式及效果有很多不一样的地方。

1）分类　　按活性基团分为阳离子交换膜和阴离子交换膜。按材料性质分为有机离子交换膜和无机离子交换膜。按膜的结构分类如下。

（1）异相膜（或称非均相膜）：由粉末状的离子交换树脂加黏合剂混炼、拉片、加网热压而成。树脂分散在黏合剂中，因而其化学结构是不均匀的。由于黏合剂是绝缘材料，因此膜电阻大，选择透过性也差，但制作简易，机械强度高，价格便宜。随着均相离子交换膜的推广，非均相离子交换膜的生产曾经大为减少，但近年来又趋于活跃。

（2）均相膜：是将活性基团引入一惰性支持物中制成的。它没有异相结构，本身是均匀的。其化学结构均匀，孔隙小，膜电阻小，不易渗漏，电化学性能优良，在生产中应用广泛；但制作复杂，机械强度较低。

（3）半均相膜：也是将活性基团引入高分子支持物制成的，但两者不形成化学结合。其性能介于均相离子交换膜和非均相离子交换膜之间。

对离子交换膜的要求如下。

（1）有良好的选择透过性，实际上此项性能不可能达到 100%，通常在 90% 以上，最高可达 99%。

（2）膜电阻应小于溶液电阻。若膜电阻太大，则由膜本身引起的电压降就会较大，从而减小电流密度，对分离不利。

（3）有足够的化学稳定性和机械强度。

（4）有适当的孔隙度，一般要求孔隙度为 0.5～1 μm。

（5）能适当地溶胀。

2）电极应具备的条件　　有良好的化学和电化学稳定性，最好既能耐阳极氧化，又能耐阴极还原。这样，同一种材料既可做阳极又可做阴极。导电性能好，电阻小。机械性能好，便于加工，价格不太贵。常用的电极材料有石墨、铅、不锈钢、钛、铂等。

2. 几种不同的电渗析技术

1）倒极电渗析器（electrodialysis reversal，EDR）　　根据电渗析的原理，每隔特定时间（一般为 15～20 min），正、负电极极性相互倒换，能自动清洗离子交换膜和电极表面形成的污垢，以确保离子交换膜工作效率的长期稳定及淡化水的水质。

倒极电渗析器的使用，大大提高了水回收率，延长了运行周期。倒极电渗析器的缺点是其结构较为复杂，故障排除较困难，抗干扰性较差，对安装地点的环境要求较高，使得倒极电渗析的应用在一定程度上受到限制。

2）填充床电渗析器（electrodeio-nizattono，EDI）　填充床电渗析器是将电渗析与离子交换法结合起来的一种新型水处理方法，通常是在电渗析器的淡化室隔板中装填阴、阳离子交换树脂，结合离子交换膜，在直流电场作用下实现去离子过程的水处理技术。

3）液膜电渗析器（electrodialysis liquid membrane，EDLM）　电渗析器中的固态离子交换膜用具有相同功能的液态膜来代替，就构成液膜电渗析工艺。它能够将化学反应、扩散过程和电迁移三者结合起来，液膜电渗析比传统的电渗析具有更好的分离效果。

4）双极膜电渗析器（electrodialysis bipolar membrane，EDBM）　双极膜是一种新型的离子交换复合膜，在直流电场作用下，双极膜可将水解离，在膜两侧分别得到氢离子和氢氧根离子，能够在不引入新组分的情况下将水溶液中的盐转化为对应的酸和碱。双极膜电渗析器的优点是过程简单，能效高，废物排放少。

六、电渗析技术在食品工业中的应用

1. 在酱油脱盐方面的应用

学者的研究表明，利用电渗析技术脱盐时，温度过高，会影响风味；温度过低时脱盐效率也会随之降低。通过实验，在酱油淡化室、浓缩室放置换热器，将温度控制在（20±4）℃，极水、淡化室、浓缩室回流量分别控制为每小时 150 m³、450 m³、450 m³，各室压力保持平衡，利用等体积自来水作为浓缩室，采用电压恒压模式。从脱盐率的趋势来看，在脱盐的前 20 min，脱盐率增加的趋势明显，但在 30~60 min 时趋向于平缓，在后期脱盐率趋向于平稳。前期淡化导电离子较多，随着脱盐过程的进行，浓缩中盐含量不断富积，离子迁移速率逐渐减小。在脱盐过程中可以发现，在脱盐前期，氨基酸损失率基本没有变化；但是到后期，氨基酸损失率幅度会逐渐增加。这是由于运行后期，酱油中部分氨基酸会在电场作用下带上正电荷或负电荷，透过膜层，造成氨基酸损失较多。另外，随着脱盐过程的进行，淡化室中的水不断地以"水合离子"形式发生迁移，溶液体积不断减小，导致淡化室中虽然存在氨基酸损失，但是淡化室中氨基酸浓度不断增加，浓度差使氨基酸渗透漏过膜进入浓缩室，通过电渗析脱盐的同时也使酱油氨基酸含量有所提高。

2. 在鱼露加工方面的应用

经过不断努力，现在有学者利用电渗析技术成功地将鱼露脱盐。然而电渗析技术不仅从鱼露中去除盐，还会使其损失重要的风味物质，但具有鱼香味的二甲基硫、二甲基二硫和二甲基三硫等含硫类物质仍然能高于人类感觉的阈值，且物质种类并未发生改变，鱼露风味不会因为这种变化而损失。利用该技术可以让传统发酵鱼露的原有物质不会被破坏，避免为了延长保质期而使用大量或者是超量的防腐剂，甚至可以避免使用防腐剂，而能够较长时间的保藏，因而受到消费者的好评。鱼露的脱盐达到盐含量的 20% 左右，其中氨基态氮的损失率为 8%，在尽量脱盐的基础上保证损失率相对较低，同时鱼露的体积变化不显著。电渗析脱盐会进一步发展，通过选择性能优良的离子交换膜，调整电渗析电压、电流参数，从而减小水的电迁移和氨基氮损失，以及鱼露的体积损失和物质成分的损失。通过技术借鉴，具有高度含盐量的酱油和蚝油等调味品可以通过电渗析的方法来达到减盐的目的，也可为从肉类、海鲜和蔬果中提取天然物质提供借鉴。

第八节 膜分离在食品工业中应用的问题与前景

一、膜分离技术的发展概况

膜分离技术是化学工业发展至现代的一项高新技术，有着十分广阔的应用领域。一份美国发布的官方文件指出：电器的应用改变了 18 世纪整个工业进程，而膜分离技术会在 20 世纪和 21 世纪改变之前电器的原貌。膜分离技术的应用范围可以说是非常广阔，以至于覆盖面没有其他技术可以超过它。可以说，只要是设计物料以流体状态运行的生产过程，膜分离技术都有用武之地。所以，在日本东京召开的国际膜会议指出：在 21 世纪的食品工业中，膜分离过程扮演着战略角色（Xu et al.，2019）。

从 20 世纪 50 年代开始到 1967 年，以研制聚乙烯异相离子交换膜为主。自 1967 年开始，异相离子交换膜在上海化工厂正式投入生产，以此为契机，这种势头很快就带动起一批电渗析器厂的兴起和发展。很快，中国自己的膜工业兴起并发展。

在我国，膜分离技术发展了 30 多年，因其操作简单，传播广泛，经济环境效益显著而发展神速。截至 20 世纪末，世界膜市场的总产值约有 20.4 亿美元，到 21 世纪初，就发展到了 44.1 亿美元；7 年时间，增加了 1 倍多。现在，美国的陶氏化学、海德能（日东电工）、流体系统及日本的东丽、东洋纺等公司基本控制了反渗透膜产品的世界市场；而美国的密理博（Millipore）公司、盖尔曼（Gellman）公司、蛋白技术公司（PTI）、安得公司（AMF）及英国的颇尔（Pall）公司等则占据了超滤、微滤膜产品世界市场的大部分份额。

目前，我国的膜市场，反渗透膜产品以进口为主，年销售额超过了 2000 万美元；而国内反渗透膜产品，包括引进的生产线，年产值不超过 100 万美元，仅占市场份额的 5%。超滤、微滤膜产品的形势好一些。高档超滤、微滤膜产品主要还是靠进口；但中低档产品的膜市场，则被国内企业靠价格优势而占有。二者的销售之和约在 4000 万美元。电渗析用离子交换膜的年销售额约为 250 万美元，主要由上海化工厂和杭州临安有机化工总厂等国内 5 家生产厂供货。气体分离膜产品的年销售额约为 800 万美元；其中，以中国科学院大连化学物理研究所为主的国内产品占一半。其他膜品种，包括液膜、渗透蒸发、膜蒸馏及无机膜等，多在试产试用中，还未形成规模（刘露，2019）。

二、膜分离技术面临的问题

1. 技术水平低

20 世纪 80 年代中期，醋酸纤维素反渗透膜被国家高度重视并加大开发力度，国家科技攻关研制成功，但是因性能欠佳，上市效果不好。而且国际市场的反渗透膜也被其他国家占领，我国自主研发的膜效果不好，尚未批量生产。几条反渗透复合膜生产线虽然可以生产，但还是因为性能问题而无法与国外先进企业竞争。超滤、微滤等膜产品，虽能满足一些市场需求，但多属中低档产品。造成这种状况的根本原因，除理论体系不完善以外，还有国家的整体工业技术基础发展跟不上国际水平，且国家资金投入不足等原因。

2. 膜的品种少

我国膜技术落后的另一表现是膜的种类太少，不能满足特质化生产线的需求，与国际水准尚有差距。

目前，我国能自主生产的反渗透交换膜只有以醋酸纤维素为主成分的膜；纳滤膜尚未批量生产。超滤、微滤膜在国外，对于不同的生产物已有 50 个左右膜品种；而我国只有聚砜、聚丙烯等 10 多个膜品种，所以高档产品仍然依赖进口。

电渗析用离子交换膜，我国仅有聚乙烯异相离子交换膜一个品种。而被用于面包制作的制碱工业中的全氟磺酸-羧酸离子膜，虽然有着 10 多年的科技攻关，但成果较少，不足以达到工业化水平。用于海水浓缩制盐的均相膜、一价离子选择透过离子交换膜等均不能生产。难以应付多种多样需求的单纯膜，是造成应用效益不高的重要因素。新品种膜的资金投入、研制开发和工业化之路，任重而道远。

3. 企业和产品的规模小

生产工厂的流水线规模小，人力、财力没有很大的投资，给开发和应用新技术带来了压力，重复的都是低水平劳作。企业的规模小，涉及范围多但是无法做到专、精，无特色，无法占据有利市场，发展自然难上加难。

产品的规模小，成本自然高；在关税逐步下调、进口膜产品大幅度降价的情况下，当然就丧失了竞争力。国外一条生产线，年产量在十几万支、几十万支膜元件，而国内只以千计之，相差甚远。国内原有的和近些年引进的几条反渗透膜生产线，多处于停产半停产状态，产量少、成本高是重要原因之一。

4. 应用效益差

膜技术是一项高效、节能的分离技术。用膜技术改造传统工艺，具有显著的经济和环境效益。但是在当前的情况下，我国膜技术的应用效益却大打折扣。原因之一是膜技术应用的时间短，缺乏必要的运行管理经验。特别是用于预处理的滤料、滤芯更换不及时，膜元件不按规定时间清洗，造成膜污染严重，大大缩短了使用寿命，提高了运行费用。原因之二是一些一哄而起、缺乏技术人才的工程公司，没有膜组件和工艺的设计经验；在选材、选料，特别是膜元件型号的选择上，多从省钱出发，往往造成装置结构和工艺不尽合理，影响系统运行的稳定性和膜元件的使用寿命（王莹，2017）。

三、膜分离技术的应用前景

1. 膜分离技术在乳制品中的应用前景

牛奶含有丰富的促进人体生长发育和保持健康的营养元素，是最理想的钙源，容易消化吸收、食用方便，是世界公认的自然界最接近完美的食物，人称"白色血液"，在人类膳食结构中占据重要地位。牛奶成分中各种物质的粒径大小不同，是膜分离的理想液体。20 世纪 60 年代，膜分离技术开始应用于乳品行业，目前仅次于在水处理中的应用，膜分离技术可以替代传统乳品工艺中的分离、蒸发或萃取工艺，且膜技术具有受热强度低、营养保留度高等优点。图 2-26 为牛乳中主要成分的膜分离过程特性。

牛奶浓缩是指利用特定工艺设备去除牛奶中的水分，提高总固含量占比，同时降低牛奶及其产品的包装、储存和运输成本。为了浓缩牛奶，根据热交换原理开发了闪蒸和降膜蒸发法，但这些方法可能会影响牛奶组成、流变特性和热稳定性，并且都具有较高的能耗。膜技术除具备牛奶浓缩功能外，也可以对酪蛋白、乳清蛋白、乳糖、矿物质等乳成分进行分级分离。目前，牛乳深加工研究将各种膜分离技术与电渗析、色谱分析及化学处理、酶处理相结合，分离、纯化功能性乳蛋白，从而得到高价值产品。

膜技术被引入食品工业已有 40 多年，应用的数量及膜的表面积都在迅速增长，主要原

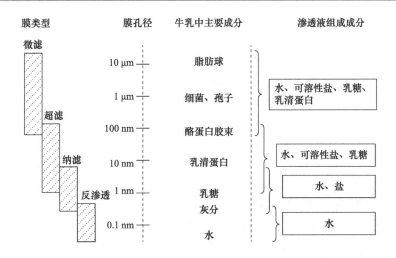

图 2-26　牛乳中主要成分的膜分离过程特性（任向东，2020）

因包括：①膜分离工艺可作为传统处理方法的替代品，在技术功能和营养价值方面，利用膜分离工艺既可节约成本，又可提升产品品质。②使用膜技术可以生产出特性优良的产品，而传统技术却无法实现。③膜分离技术被认为是绿色技术，能源利用率高且在膜分离过程中无须使用化学药品和添加剂，对环境和人体健康均有益处。④膜分离技术可以回收乳品废水中的有机物和营养物质，达到稀释废水和回收有价值组分的目的，且经特定膜过滤后的水可以回收用于生产活动。随着人们对膜分离技术的了解越来越全面，进一步提高膜分离工艺性能的技术正在开发和优化。此外，越来越多的膜生产商和科学家在寻找更便宜和更简单的方法来制造膜。所有这些因素都推动了膜在乳品及食品工业中的应用量不断扩大（任向东，2020）。

2. 膜分离技术在饮用水处理方面的应用前景

由于膜在分离过程中不发生相的变化，因此能耗较低。虽然在水处理过程中膜技术具有较高的适用性，但其是一门刚刚兴起的学科，正处于发展上升阶段，无论是理论上还是应用上都还需要不断探索、研发新的工艺和材料，将膜技术进一步发展和完善，使它在各个领域发挥更大的作用，更有助于早日实现我国水资源方面的可持续发展。

膜分离技术在水处理领域的优势非常明显，具有高效节能、操作简单、运行成本低、常温环境下即可操作完成等优点，在人们生活、工业生产、农业、医药化工等领域都有广泛应用。即使膜分离技术起步较晚，发展没有其他传统行业成熟，还没达到大规模产业化推广的要求，但是随着国家相关政策的制定和在相关部门的大力支持下，膜技术企业不断开发膜技术新型材料，研发、强化膜分离技术的研究不断深入，膜分离技术将在各个领域发挥更大的作用，为节约水资源、创造经济效益做出更大的贡献（周瑞琦，2018）。

第九节　食品工业中膜分离技术的应用案例

一、概述

膜分离技术是一种新兴的学科技术。1748 年法国科学家首次发现了动物膜，1960 年洛布（Loeb）和索里拉金（Sourirajan）制备出高性能非对称的醋酸纤维素反渗透膜，并首次用于海水的淡化，膜分离技术的研究逐步由实验室研究发展到工业应用（Baker，2010）。随着高分子材料科学的迅猛发展，膜技术被誉为20世纪末至21世纪中期最有发展前途，甚至可能将引起一次工业革命的重大生产技术。我国已经成为世界膜技术发展最活跃、膜工业增长最快、膜应用市场最大的地区之一，但在核心膜材料的研发与生产方面，与国际先进水平相比还有较大差距，高端膜材料基本依赖进口（万印华等，2015）。

在发酵和生物工程领域应用较为广泛的是酶制剂，几乎所有的微生物酶、动物酶、植物酶都用超滤来进行浓缩和精制，可将酶浓度浓缩近10倍，纯度从20%左右提高到90%以上。另一项用得比较成功的是生物胶——黄原胶的提纯和浓缩，超滤可去除黄原胶中的色素和蛋白质，并将黄原胶浓度从3%浓缩到9%左右。

在动植物蛋白的加工中最典型的是鸡蛋清和全蛋的浓缩。用反渗透进行蛋清的浓缩，固含量可从12%提高到20%，而用超滤浓缩蛋液，其固含量可从24%提高到42%。这在生产蛋清粉和全蛋粉的工艺中是唯一可降低能耗、提高喷雾塔产量的浓缩方法。

在各种食用胶的加工中主要有果胶、明胶和角叉菜胶等。超滤可将果胶和角叉菜胶浓缩至固含量3%以上，而明胶可浓缩至15%左右。浓缩食用胶的过程也是脱除灰分、色素及其他小分子杂质的过程。

膜技术在乳品工业中应用最早且规模最大。超滤和反渗透主要用于脱脂牛奶的浓缩和从干酪乳清中回收乳糖与乳清蛋白。据1988年统计，当时用于乳品工业的超滤膜已达15 000 m²，反渗透膜为45 000 m²。近年来，又用微孔陶瓷膜与巴氏灭菌相结合，使屋型奶的保质期从2周延长至1个月。

将膜分离技术应用在加工果蔬汁的过程中可以浓缩果蔬汁，并且使果蔬汁更加澄清。果蔬汁的浓缩能够有效地避免丢失有益成分，而且可以缩小体积，方便运输和储存，因此能够为企业节约很多成本。果蔬汁的澄清能够将细小的沉淀物和残渣清除干净，这样可以确保果蔬汁稳定、均一，后期不会出现浑浊或者变色等现象。在果蔬汁加工中应用膜分离技术，主要是根据膜两边的渗透压差来实现浓缩。在果蔬汁的浓缩环节，将膜分离技术和其他的传统技术有效结合，可以保留果蔬汁的原有营养成分，同时能够减少果蔬汁的生产成本。在果蔬汁的澄清环节，传统的澄清办法逐渐被膜分离技术代替，主要是应用其中的超滤技术，这样可以有效避免丢失果蔬汁中的营养成分，确保果蔬汁保持良好品质（张明玉和刘玉青，2018）。

传统的果汁澄清工艺主要有离心分离、酶解、硅藻土过滤及纸板过滤等工序，而采用超滤技术后基本省却了后面的3道工序，加工时间从原来的12 h缩短到2～4 h，果汁回收率将从80%～94%提高到95%～99%。果汁的澄清，尤其是苹果汁的澄清，有几十条大型生产线都采用了超滤技术。虽说绝大部分都是进口膜设备，但对提高苹果汁的香气、清亮度和稳定性都起到了很好的作用。

反渗透技术可在低温下操作，可以有效避免果汁在浓缩过程中发生褐变反应和芳香成分的挥发，能够保证果汁具有较好的营养价值和其原始感官品质。经过膜澄清得到的果汁比通过其他澄清方法得到的果汁透明度高、香味好，同时截留的果胶可进一步提纯利用。周家春等的研究表明，若用超滤生产苹果汁，可提高果汁得率，超滤后果汁得率最高可达98%。对果蔬汁进行超滤处理还可达到除去果汁中的苦味物质，提高果汁风味的目的（张鹏举等，2016）。

啤酒从最初采用微滤进行无菌过滤,发展到用反渗透生产浓缩啤酒和无醇啤酒,浓缩啤酒的酒精度可提高到 6%~7%,而无醇啤酒的酒精度可从 3%~5% 降至 0.1%。此外还用微滤来回收占啤酒产量 2%~5% 的罐底残液。微滤和超滤在果酒、黄酒、保健酒上的应用也不少,它脱除了酒中的果胶、蛋白质、发酵代谢物等,解决了由此产生的沉淀。微滤在生啤酒的除菌、保鲜方面用得也较多,其中既有国产膜组件,也有国外的膜组件,它们都取得了不俗的效果。

酱油生产过程中,过滤和灭菌是至关重要的两步。按惯例采用热灭菌,硅藻土过滤澄清所得的产品往往不尽如人意,如沉淀较多,灭菌不彻底,产生焦糊气味,灭菌器器壁结垢,造成环境污染等。食醋生产所面临的挑战与酱油一样,虽然醋的热灭菌温度比酱油低,但只能灭菌,依然解决不了食醋固有的浑浊问题。若仅仅依靠沉淀来达到澄清的目的,那么不仅沉降周期长,还要占用大量的容器设备。醋液中的大分子物质含量相对于酱油要少得多,其成分主要是乙酸、还原糖、少量不挥发酸和氨基酸等。因此,食醋较酱油更适合采用超滤来达到灭菌、降浊的目的,且效果十分理想(陈耿文等,2018)。

已有研究表明无机陶瓷材料的膜对食醋的过滤具有显著效果,只要操作和技术参数选择正确,处理后的醋液两年内不会出现浑浊现象。高璟和刘引娣(2014)分别采用膜孔径为 50 nm、80 nm、100 nm 的无机陶瓷膜对食醋进行过滤,研究结果表明,80 nm 的膜相对于另外两个过滤食醋时的膜通量较大且衰减较慢,最佳操作条件是跨膜压差 0.14 MPa、膜面流速 2.5 m/s,经此条件过滤后的食醋在储藏期不会出现返浑。另外,他们还对比了一步清洗和多步清洗污染膜的工艺,通过扫描电镜(SEM)技术对比发现,多步清洗工艺效果更好,膜通量恢复率高达 97%,可将污染膜上的绝大部分污染物有效去除。

二、应用案例

(一)在苹果汁精制加工中的应用

1. 工艺流程及特点

在国际浓缩果汁贸易中,柑橘汁、苹果汁和菠萝汁的贸易量依次占前三位,而苹果汁主要是以清汁形式进行贸易,其他两种则以浑浊型为主。因此果汁工业中膜分离技术应用领域的重点是苹果汁的澄清工艺。

超滤技术和传统技术澄清苹果汁的主要工艺流程如图 2-27 所示。

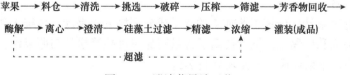

图 2-27　澄清苹果汁工艺

超滤澄清技术可以替代传统工艺中从酶解到浓缩之间的主要工艺步骤。陈颖等(2005)的实验表明,苹果汁经过超滤脱色处理,有机酸回收率为 98.3%,氨基态氮截留率为 1.67%。这说明超滤脱色对果汁的酸度、pH 及氨基态氮指标变化的影响不大,而对透光率、色值及浊度等指标而言均有较大幅度的提高。因此,利用超滤膜的选择透过性,可将色素物质从苹果汁中分离去除,并且能够有效地保留果汁的糖分及有机营养物质。超滤脱色苹果汁色值可达 85% 以上,而浊度指标小于 0.3 NTU。从试验结果来看,超滤脱色苹果汁是可行的,其结果如表 2-4 所示。

表 2-4　苹果汁有机酸回收率分析（陈颖等，2005）

项目	体积 /L	酸度	pH	有机酸含量 /%
苹果汁	180	0.34	3.73	61.2
截留色素	3.2	0.2	3.76	1.024

2. 超滤技术在苹果汁精制中的应用实例

目前已有多种形式的超滤膜组件用于澄清液态物料，如中空纤维式膜、卷式膜、板框式膜和圆管式膜。膜材料有无机膜（如氧化铝、氧化锆材料）和有机膜（如聚偏氟乙烯、聚砜材料等）。圆管式膜组件因料液通道截面最大，无须严格前处理就可直接处理固形物含量较高的果汁，考虑性价比等综合因素，果汁澄清用有机圆管式膜组件较为经济。

一种进口的用于果汁超滤澄清的圆管式膜组件，膜材料为聚偏氟乙烯，规格为单管内径 12.5 mm，长 2800～3000 mm，每组件由 19 根膜管组成。这种膜组件可在 pH 1.5～10.5、温度 1～55℃及表压 0.62 MPa（0.62 N/m²）的条件下工作，因而可用一般化学方法进行清洗。

果汁工业化生产用的超滤装置核心由 16～24 个组件串联构成，过滤面积约 53 m²。对于可溶性固形物 12°Brix 的苹果汁，设计渗透通量为 6～8 t/h。膜组件的正常使用寿命为 2～3 年。果汁澄清的超滤装置须有自动控制部分，主要是压力、温度、动力、自清洗和过浓度保护等参数的程序控制。

一般果蔬汁的 pH 为 2.5～5.0，超滤澄清应在酶解后进行，因为淀粉和果胶水解后可以降低果汁的黏度并提高渗透通量。为抑制膜表面悬浮物的沉积，减缓凝胶层增加的速率，生产上苹果汁是分批处理的。当截留液中的悬浮固形物达 45%（湿体积比）左右时，果汁通量已明显下降，此时应将浓缩的截留液用硅藻土过滤，分离残渣并及时清洗膜组件。如片面追求高的清汁得率，过分浓缩截留液可致使膜表面状况恶化，会给膜的清洗造成困难。

对苹果汁超滤澄清之后膜组件的清洗方法一般为：水洗→pH 10.5 的 NaOH 溶液清洗 0.5 h→水洗→200 mg/L 活性氯的次氯酸盐清洗 0.5 h→水洗至中性。在生产季节，每周还可用复合酶来强化清洗效果。例如，在水洗后先用 0.05%～0.10% 的 Novo58 号酶在 pH5、50℃条件下循环 1～2 h，再用前述方法清洗。对清洗水的要求是：浊度<1.0 NTU，铁含量<0.30 mg/L，铝含量<1.00 mg/L，锰含量<0.05 mg/L，钙含量<10.00 mg/L，硅含量<10.00 mg/L，且杂质和微生物指标合格。

正常的超滤苹果汁比传统工艺加工的化学成分更接近原果汁，传统工艺加工的苹果清汁成分因使用澄清剂和硅藻土，钙、镁离子含量明显超过超滤果汁与原果汁。传统工艺加工的苹果汁和超滤澄清苹果汁成分的比较见表 2-5。

表 2-5　传统工艺加工的苹果汁和超滤澄清苹果汁成分的比较（陈少洲，2005）

成分含量 / 指标	原果汁	超滤清汁	传统工艺清汁
含糖量 / 奥斯勒度（Oechsle）	58.60	57.97	56.74
总浸出物 /（g/L）	152.3	150.61	147.42
无糖总浸出物 /（g/L）	29.01	30.99	33.38
总糖 /（g/L）	123.29	119.62	114.04

续表

成分含量/指标	原果汁	超滤清汁	传统工艺清汁
转化糖/(g/L)	87.67	88.27	83.68
蔗糖/(g/L)	35.62	31.35	30.36
葡萄糖/(g/L)	20.90	22.02	19.69
果糖/(g/L)	66.77	66.25	63.99
葡萄糖/果糖	0.31	0.33	0.31
山梨醇/(g/L)	8.08	7.95	8.24
甲醛/(g/L)	4	4	4
苹果酸/(g/L)	8.84	8.69	8.60
柠檬酸/(g/L)	0.41	0.40	0.39
总可滴定酸(以苹果酸计)/(g/L)	7.7	7.6	7.0
抗坏血酸/(g/L)	39	33	23
pH	3.25	3.26	3.39
磷(P)/(mg/L)	68	66	65
磷酸盐(PO$_4^{3-}$)/(mg/L)	209	202	199
总酚/(mg/L)	—	583.5	554
钾/(g/L)	1.29	1.26	1.26
钙/(mg/L)	67.5	67.5	117.5
镁/(mg/L)	53.6	54.0	118.4
钠/(mg/L)	5.3	22.8	22.3
灰分/(g/L)	2.66	2.65	2.99
钾/灰分/%	48.50	47.62	42.10
脯氨酸/(mg/L)	46	45	42
色值(420 nm)	—	0.244	0.287
氨基酸			
天冬氨酸/(mg/L)	90.1	103.8	99.9
天冬酰胺/(mg/L)	318.9	355.7	346.5
丝氨酸/(mg/L)	17.8	20.3	20.3
谷氨酰胺/(mg/L)	18.0	18.0	18.0
甘氨酸/(mg/L)	—	3.0	—
苏氨酸/(mg/L)	9.8	9.8	9.8
丙氨酸/(mg/L)	16.0	16.0	19.2
精氨酸/(mg/L)	5.75	8.6	8.6
蛋氨酸/(mg/L)	3.4	—	—
缬氨酸/(mg/L)	7.6	10.2	7.6
苯丙氨酸/(mg/L)	9.4	9.4	9.4
异亮氨酸/(mg/L)	8.0	8.0	8.0
赖氨酸/(mg/L)	8.8	8.8	—
酪氨酸/(mg/L)	—	8.2	8.2

3. 经济效益分析

苹果加工能力为 10 t/h 的生产线，超滤澄清工艺生产支出（包括人工、动力、维修、清洗、水耗、酶、设备折旧等）为人民币 0.041 元 /L，而传统工艺的支出为人民币 0.14 元 /L，可节省支出 0.099 元 /L，以 10 t/h、每天 20 h 计，每年（生产 100/d）可节省支出人民币 205 万元 / 年。

4. 发展前景

超滤技术除应用于苹果汁澄清过滤以外，在梨汁、葡萄汁等果汁的生产上也有工业规模的应用。

（二）在从大豆乳清回收大豆低聚糖中的应用

大豆低聚糖在大豆中的含量约为 10%，通常是从制作大豆蛋白时排出的乳清中提取。大豆低聚糖浆是一种无色透明液体，甜味纯正，通常精制大豆低聚糖的甜度为蔗糖的 70%，水分活性接近蔗糖。大豆低聚糖主要有水苏糖、棉子糖等。因为人体内的消化酶不能分解水苏糖、棉子糖，所以其不能为人体提供能量。其黏度高于蔗糖和高果糖浆，低于麦芽糖浆；与其他糖浆一样，温度升高，黏度降低。大豆低聚糖浆具有良好的热稳定性、酸稳定性及酸性储存稳定性。因此，大豆低聚糖可应用于高温加热的罐头食品、酸性食品与饮料中；大豆低聚糖还具有抗淀粉老化作用，如添加到淀粉类食品中能延缓淀粉老化，防止产品变硬，延长货架期。

由膜分离法提取大豆蛋白后的大豆乳清回收大豆低聚糖的工艺流程如图 2-28 所示。

图 2-28　由膜分离法提取大豆蛋白后的大豆乳清回收大豆低聚糖的工艺流程

膜分离大豆蛋白后的大豆乳清用反渗透法浓缩至 10°Brix，加乳清固含量 8% 的 $CaCl_2$，用 Ca(OH)$_2$ 水乳液调 pH 至 6.8，80～100℃加热搅拌 10 min，冷却沉淀 15 h 后除去沉淀物，清液加入固含量 2% 的糖用活性炭，60～80℃加热搅拌 1 h 后过滤，滤液通过预先处理好的阴、阳离子交换柱，收集离子交换液，真空浓缩，得 48% 棕黄色寡糖浆。国外已生产出低聚糖含量为 90% 的高纯度大豆低聚糖，但目前我国还不具备工业化生产高纯度大豆低聚糖的条件，有待进一步的深入研究。

大豆乳清经过处理后，其各成分对比如表 2-6 所示。

表 2-6　大豆乳清处理前后成分对比（薛艳芳，2014）

样品	蛋白质含量 /%	总糖含量 /%	色值	氯离子浓度 / (g/L)	透光率 /%	灰分含量 /%
预处理液	0.244	0.954	314	1.772	68.4	23.37
原液	0.629	0.983	416	1.973	0.4	23.49

（三）在油脂脱胶精炼和脱色中的应用

油脂是人类不可缺少的食物组分，从植物油籽中提取的粗油，其主要成分是脂肪酸甘油三酯，俗称中性油，还含有少量游离脂肪酸，磷脂（胶），带色组分如叶绿素、类叶红素，甾醇，维生素 E，少量金属离子等。因此，需通过精炼除去粗油中的非脂肪酸甘油三酯组分得到精炼的食用植物油，以保证油的质量和贮藏的稳定性，同时油酸、磷脂、维生素 E 等组分还有其自身的价值，可通过化学和物理方法回收利用。

用膜分离技术改变传统精炼油的方法，目前已有新的进展，新膜法几乎可以用一步操作来简化全过程，此过程不仅可除去几乎所有的磷脂（胶），也可除去主要的色素和一些游离脂肪酸，工艺过程见图 2-29。

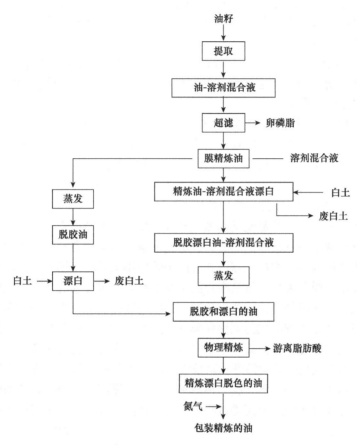

图 2-29 膜法精炼食用油工艺流程（陈少洲，2005）

1. 方法原理

理论上脂肪酸甘油三酯和磷脂有类似的分子质量，这使得它们难以用膜技术分离。然而磷脂是两性天然表面活性剂，在非极性溶剂如正己烷中会形成胶束，其相对分子质量超过20 000 或更大，分子大小为 20～200 nm，这就使得从油-溶剂混合液中根据相对分子质量大小用膜分离脱胶成为可能。

2. 过程方法

用超滤法，选择毛细管式、耐溶剂、耐油的膜组件装置，控制压力、温度、流量和油-溶剂混合液的浓度，在压力的推动下，正己烷、脂肪酸甘油三酯、游离脂肪酸及小分子物质透过膜，经蒸发除去溶剂，截留物为磷脂（胶）及少量游离脂肪酸和颜色组分。

膜分离透过液除脂肪酸甘油三酯外，还夹带少量的颜色组分，加少量的白土处理脱色，得到超滤、漂白、脱色的油，接着将油加热到 260℃，蒸馏除去残留油中的脂肪酸和臭味，得到精制的食用植物油。

3. 过程结果

膜分离过程中，油的回收率可达 97%～98%，磷脂的截留率为 99%。

用膜分离技术精炼植物油的主要优点如下。

（1）节省能源。传统精炼油的方法根据建厂时间、设备改造情况不同，能耗差别很大，用膜法与不同时期建厂的传统炼油法相比可节省过程能耗 10%～40%。

（2）减少中性油损失。省去脱胶过程及减少脱色所需白土用量，由皂脚夹带和白土吸留的中性油损失可减少约 80%。

（3）减少环境污染。省去碱炼，不需要再酸化，100% 省去脱酸、酸化和水洗过程中出现的废水流，由于膜分离过程可去除大多的颜色组分，漂白过程白土用量可至少降低 50%，从而也减少了废白土的处理量。

（4）适合物理精炼。脱臭、回收脂肪酸同时进行，对于高磷脂含量的大豆油，因磷脂在溶剂中的胶束化变得黏稠，不适用于物理精炼，经膜分离后使得油中的磷脂含量很低，因此可以用物理精炼脱酸、脱臭、脱色处理同时进行，大大地提高了油的质量。

物理精炼除直接可以得到较纯净的脂肪酸外，膜分离过程截留的磷脂（胶）经净化处理可以得到高附加值的卵磷脂，直接提高油精炼的经济效益。

在食品工业中，随着对高产品质量和低生产成本要求的不断提高，具有常温操作、能耗低、环境友好、分离效率高等优点的膜分离技术越来越受到生产者和研究者的关注，膜分离技术的开发和应用逐渐成为研究的热点，具有广阔的应用前景和市场潜力，未来将可能取代传统的低效分离技术。膜分离技术虽然在食品工业中有了一定程度的应用，但作为一门相对较新的技术，其仍有一些亟待解决的关键问题，在膜的选择性上，需要开发出功能高分子膜材料和无机膜材料。在膜渗透的抗污染性和膜分离过程强化上，还存在着膜通量的稳定性不高和产值比低的问题。此外，膜分离技术还较为普遍地存在着膜孔易堵塞、膜表面黏性附层等膜污染问题，如何有效地降低膜污染和延长膜寿命，还需要针对性地进行研究。

随着现代科学技术的不断发展，膜分离技术研究会不断深入，新型高效的膜材料将不断被开发出来，在膜分离技术的逐渐完善过程中，其在食品工业中的应用将更加广泛（罗世龙等，2021）。

思 考 题

1. 超滤的分离机制是什么？
2. 影响微滤的因素有哪些？
3. 试说明反渗透的分离机制。
4. 反渗透膜组件的性能指标有哪些？
5. 简述电渗析的原理。
6. 举出电渗析在食品方面应用的例子。
7. 阻碍我国食品行业膜分离的挑战有哪些？
8. 膜分离技术在食品工业里展现的特点有哪些？

主要参考文献

安耿宏, 林捷斌, 李贤辉, 等. 2012. 超声波在线监测卷式反渗透膜污染及清洗 [J]. 膜科学与技术, 32 (1): 86-91.

柏斌, 潘艳秋. 2012. 错流微滤制备动态膜过程中细微颗粒沉积机理 [J]. 化工学报, 63 (11): 3553-3559.

蔡铭, 谢春芳, 王夒, 等. 2020. 直接膜法与顺序膜法处理蓝莓汁的工艺比较 [J]. 食品与发酵工业, 46 (20): 148-153.

蔡少彬. 2014. 诺瑞特 XIGA 超滤膜技术在啤酒酿造水处理中的应用 [J]. 啤酒科技, 1: 29-30.

陈耿文, 庄奕超, 张灵芬, 等. 2018. 膜过滤分离技术在广式高盐稀态发酵酱油中的应用 [J]. 安徽农学通报, 24 (9): 131-134.

陈少洲. 2005. 膜分离技术与食品加工 [M]. 北京: 化学工业出版社.

陈思. 2019. 猴头菇多糖、低聚糖的膜法分离工艺研究 [D]. 杭州: 浙江工业大学硕士学位论文.

陈益棠. 1984. 优先吸附-毛细孔流理论 [J]. 水处理技术, (1): 68.

陈颖, 杜邵龙, 曾祥奎. 2005. 超滤脱色苹果汁应用工艺 [J]. 食品与发酵工业, 9: 142-144.

段兆铎. 2019. 膜分离技术在化工生产中的应用 [J]. 化工设计通讯, 45 (3): 155-179.

高璟, 刘引娣. 2014. 无机陶瓷膜过滤食醋及其污染膜清洗研究 [J]. 中北大学学报 (自然科学版), 35 (4): 444-448.

葛岭. 2011. 提高绵羊奶酪感官品质及山羊奶酪产率的生产关键技术 [D]. 哈尔滨: 哈尔滨工业大学硕士学位论文.

贾志谦. 2012. 膜科学与技术基础 [M]. 北京: 化学工业出版社.

孔凡丕. 2011. 微滤除菌技术提高乳品品质的研究 [D]. 北京: 中国农业科学院硕士学位论文.

李川竹. 2016. 基于运行模式改进的反渗 [D]. 北京: 清华大学硕士学位论文.

李祥, 张忠国, 任晓晶, 等. 2014. 纳滤膜材料研究进展 [J]. 化工进展, 33 (5): 1210-1218, 1229.

刘露. 2019. 膜分离技术的环境工程发展前景研究 [J]. 南方农机, 50 (14): 266.

刘娜, 彭黔荣, 杨敏, 等. 2014. 膜分离技术在食品废水处理和生产中的应用 [J]. 食品研究与开发, 35 (3): 114-118.

罗世龙, 张中, 韩坤坤, 等. 2021. 膜分离技术在食品工业中的应用研究进展 [J]. 安徽农业科学, 49 (6): 43-45.

马军军, 杭岑. 2019. 中空纤维超滤膜通量影响因素的实验研究 [J]. 交通节能与环保, 15 (3): 15-18.

任向东. 2020. 膜分离技术在乳品工业中的应用前景 [J]. 现代食品, 16: 55-60.

尚伟娟, 王晓琳, 于养信. 2006. 基于电荷模型的荷电膜传递现象的研究进展 [J]. 化工学报, 57 (8): 1827-1834.

宋伟杰, 陈国强, 苏仪, 等. 2010. 微滤技术在发酵工业中的应用 [J]. 生物产业技术, 4: 65-71.

孙彬荃, 张小磊, 邢丁予, 等. 2021. 海水淡化技术的发展和应用 [J]. 广东化工, 48 (18): 1-2, 28.

田旭. 2018. 膜技术集成对黄浆水乳清蛋白的高效分离 [J]. 食品科技, 43 (1): 81-87.

万印华, 沈飞, 苏仪, 等. 2015. 高性能膜分离材料、膜过程强化关键技术及装备的研制与应用 [J]. 科技促进发展, 3: 369-373.

王晓琳, 张澄洪, 赵杰. 2000. 纳滤膜的分离机理及其在食品和医药行业中的应用 [J]. 膜科学与技术, 20 (1): 29-36.

王莹. 2017. 膜分离技术在水处理中的应用 [J]. 环境与发展, 29 (5): 118-120.

王又蓉. 2007. 膜技术问答 [M]. 北京: 国防工业出版社.

王湛. 2019. 膜分离技术基础 [M]. 北京: 化学工业出版社.

薛艳芳. 2014. 大豆乳清低聚糖的超滤提取及纯化研究 [D]. 哈尔滨: 东北农业大学硕士学位论文.

岳昕阳, 马萃, 包戬, 等. 2021. 金属锂负极失效机制及其先进表征技术 [J]. 物理化学学报, 37 (2): 14-35.

张彬声. 2016. 可控微球的制备及其在多孔滤膜截留机制研究中的应用 [D]. 哈尔滨: 哈尔滨工业大学硕士学位论文.

张晋瑄. 2021. 生物-化学催化协同强化纳滤膜污染清洗研究 [D]. 北京: 中国科学院大学中国科学院过程工程研究所硕士学位论文.

张明玉, 刘玉青. 2018. 膜分离技术及其在食品工业中的应用 [J]. 现代食品, 2: 136-138.

张鹏举, 周显青, 张玉荣, 等. 2016. 膜分离技术在食品工业中的应用 [J]. 现代食品, 21: 60-63.

张维润. 1995. 电渗析工程学 [M]. 北京: 科学出版社.

张雪艳, 陆茵, 张颖, 等. 2021. 黄酒常温微滤工艺影响因素及除菌效果研究 [J]. 宁波大学学报 (理工版), 34 (1): 110-115.

周瑞琦. 2018. 膜分离技术在水处理中的应用研究 [J]. 环境科学与管理, 43 (12): 91-94.

Baker R W. 2010. Research needs in the membrane separation industry: Looking back, looking forward [J]. Journal of Membrane Science, 362(1/2): 134-136.

Bowen W R, Mohammad A W, Hilal N. 1997. Characterisation of nanofiltration membranes for predictive purposes—use of salts, uncharged solutes and atomic force microscopy [J]. Journal of Membrane Science, 126(1): 91-105.

Childress A E, Elimelech M. 2000. Relating nanofiltration membrane performance to membrane charge (electrokinetic) characteristics [J]. Environmental Science and Technology, 34(17): 3710-3716.

Hyde M. 2015. Membrane Technology and Engineering for Water Purification [M]. 2nd ed. Amsterdam: The the Chemical Engineer.

Peeva L, Burgal J, Valtcheva I, et al. 2014. Continuous purification of active pharmaceutical ingredients using multistage organic solvent nanofiltration membrane cascade [J]. Chemical Engineering Science, 116: 183-194.

Reid C E, Breton E J. 1959. Water and ion flow across cellulosic membranes [J]. Journal of Application Polymer Science, (1): 133-143.

Usta M, Morabito M, Anqi A, et al. 2018. Twisted hollow fiber membrane modules for reverse osmosis-driven desalination[J]. Desalination, 441: 21-34.

Xu G Y, Liao A M, Huang J H, et al. 2019. The rheological properties of differentially extracted polysaccharides from potatoes peels [J]. International Journal of Biological Macromolecules, 137: 1-7.

第三章 食品工业中的萃取技术

第一节 概 述

一、萃取的定义

萃取技术，一般称为溶剂萃取或液-液萃取（以此方式来将其区别于固液萃取，即浸取），也叫作抽提（广泛地应用于石油化工产品、石化炼制和石油化工业），主要是利用液体萃取剂进行组分分离的过程。通过萃取技术，能够将目标液体萃取物从固体或液态的混合物中分离。萃取与分离是一种很重要的物理操作，萃取物质不会产生化学反应。

萃取剂是指能够使被萃取物质极大程度溶解的流体。萃取剂连同溶质和少量原溶剂为萃取相，而另一相为萃余相，即含有少量溶质、溶剂和大量原溶剂。萃余相可以是固体，也可以是液体。

萃取作为一种常见的化合物纯化技术手段，相较于其他分离方法（沉淀法、离子交换法等）具有易提取、分离效率高、试剂消耗少、回收率高、可用于大批量生产、设备易简化操作、易自动化和连续化等优点。近几年，萃取在我国各专业领域中已经得到越来越广泛的应用。

二、萃取的原理

分离技术是一种利用目标萃取物在两种互不相溶（或微溶）溶剂中的溶解性或分配系数的不同，将目标萃取物从一个溶剂转移到另一个溶剂中的分离过程。经过反复多次精确地分离萃取，将绝大部分的目标萃取物通过多次提取分离出来。萃取过程中各成分在两相溶液中的分配系数差异越大，分离效果越好。

如果水提取液中目标物质具有较强的亲脂性，一般使用亲脂性有机溶剂进行操作。例如，苯、氯仿或乙醇等均可以用来实现两相之间有机物的完全提取。但如果目标物的有效成分是趋向亲水性的物质，在亲脂性的溶液中难以完全溶解，所以必须使用弱亲脂性的溶液。例如，在乙酸乙酯、丁醇、氯仿、乙醚中加入适量的乙醇或甲醇来提高其亲水性。对于某些黄酮类物质，则多使用乙酸乙酯和水进行萃取。

分配定律是萃取方法重要的理论依据。物质在不同类型的溶液中，溶解度存在差异。分配定律是指同时在两个不相溶的溶剂中，加入一种可溶的化学物质，它能分别溶解于两种溶剂中。并且，在一定的温度条件下，该物质与上诉两种溶液不发生分解、电解、缔合、溶剂化等相互作用时，无论加入物质的量是多少，它在两溶液层中的比例为固定值。

溶解在两相中的物质服从分配定律。也就是说在一定温度和压力的条件下，物质 A 在两相中分配达到平衡时，其浓度比为一常数，通常称为分配系数 K_d：

$$K_d = A(有机)/A(水) \tag{3-1}$$

分配定律应用于下列条件中：第一，溶质和溶剂之间的互溶度不受彼此影响；第二，分子的类型相同且不发生缔合或解离反应。

例如，含有 I⁻ 的 I_2，该溶液在 H_2O/CCl_4 分配，水溶液中不仅有 I_2 还有 I⁻，此时的分配系数并不是一个常数。在实际工作中，人们更加关注的是被萃物质分配到两个相中的实际总浓度，而不是它具体存在的型体。

$$分配比 D = CA（有机）/CA（水） \tag{3-2}$$

即在特定条件下，当萃取过程达到平衡状态时，被萃物质在有机相中的浓度占在水相中总浓度的比例。

三、常用的萃取设备

（一）混合澄清槽

混合澄清槽又称为混合澄清器，这种澄清机器设备最早被广泛使用于石油、化工等领域，主要由混合室和澄清室构成。在实际应用过程中，不同物料和溶剂借助搅拌器的作用进行混合，并对其进行传质，然后物料进入混合澄清室后，在电机重力推动作用下对其进行分离。在实际生产过程中，通常是将多个液体流串联组成多级混合澄清槽。在多级混合澄清槽内两相液流是逐级接触的，且两相的混合和澄清有明显的阶段性，所以通常称其为逐级接触式的萃取设备。目前混合澄清槽多数应用于萃取反应速率慢及对化学反应速率有较大影响的过程。

1. 混合澄清槽的优点

（1）分级效率高。由于两相在各类混合澄清槽中可以调控接触和分相，因此它们的分级处理效果显著。在工业中应用两相混合澄清槽的分级处理效果一般达到 90%～95%，在小型试验中往往可接近 100%。

（2）操作适应性强。适用于具有较大流比变化的物料，分散相和连续相可以进行相互转变，具有较大的可操作性和弹性。此外，各级的物料平衡不会受到物料运行中途突然停止的影响。

（3）制造简单。

2. 混合澄清槽的缺点

（1）溶剂存留量大。萃取溶剂的价格昂贵且一次性投入较大。

（2）水平安置占地面积大。

（3）每级都需要动力搅拌。

（二）非机械搅拌塔

1. 喷淋萃取塔

喷淋萃取塔是一种连续逆流萃取塔，由塔壳、分布器及导出装置构成。其中多重相一般为连续相，由塔顶底部快速引入，萃取后的整个塔底被液体或油滴部分填满，从塔底通过液体油滴群从密封管底部快速流出。轻相从逆塔底部通过导出液滴后，经过分散器将其快速分散并混合形成一个小液体油滴。液滴群与向下流动的重相逆流流动，在塔顶部位聚合成轻相液层。界面高度可以通过移动液封管的高度来调节。在工业装置中，则可以用重相排出管线上的阀门来调节界面。这种萃取塔的处理能力较大。两相密度差大，萃取塔的处理能力与两相密度差成正比，但与连续相黏度大小成反比。喷淋萃取塔的内部没有构件，这使得两相接触的时间比较短、传质系数小，造成连续相轴向混合严重等问题，因此喷淋萃取塔的萃取效率一般会很低。

由于结构简单、设备费用和维修费用低，喷淋萃取塔可以应用在一些要求不高的洗涤和溶剂处理过程中。对于高温、高压的溶剂脱沥青过程，喷淋萃取塔有时和静态混合器配合使用。据报道，一个用于丙烷脱沥青的喷淋萃取塔，塔径 2.7 m、塔高 24 m，使用效果良好。此外，它也可用于进料液中含有悬浮固体颗粒的情况和进行液-液直接接触热交换。

2. 填料萃取塔

填料萃取塔是使用最为广泛的萃取设备之一，它具有设备构造简洁、生产与设计安装过程简单等优势。另外，随着科技的进步，对新型填料的开发促使填料萃取塔的处理转化能力明显提高，传质器效率得以改善。因此，近年来，有关填料萃取塔的产业应用和科学技术研究已经取得了飞快发展。虽然固体填料萃取塔常常使用与气-液传质过程相似的填料，不过这种提取物质传递流程中对固体填料的质量要求与传统填料精馏过程、吸收流程有显著不同。卡弗斯（Cavers）曾指出在填料萃取塔内扩散相不能与固体填充材料表层直接浸润，因为一旦被液滴流动群浸入会直接导致液滴流动群的聚结和凝聚，从而产生沿着固体填充材料表层的扩散液流。分散相液滴群与连续相之间完成了在填充物表层萃取塔内的相际传质流程，因而在填充物表层浸润后产生的聚结现象，将明显降低其传质效果。史蒂文斯（Stevens）进一步指出气-液接触传质吸附过程中，如精馏和吸附等流程，通过液相学原理，液相随着填充物表面流动，而传质流程的相际界面与填充物被湿润的总表面积大小是密切相关的。所以，在气-液传质流程中优先选择比表面积较大且易于被溶液湿润的填料。但是，由于在气-液相提取流程中，填充物往往优先地被连续相所湿润，分散相也往往会以离散的液滴流动群的形态而增加或者减少。在液-液萃取过程中，填充物最主要的功能就是减少了连续相严重的对流现象及轴向返混，同时提高曲面积以有利于分散相的破碎与凝聚，并提高了物质传递速率。这样，尽管对比表面积较高的填料是有利的，但是它并不能像气-液接触过程一样具有决定性意义。

3. 转盘萃取塔

转盘萃取塔是一种机械搅拌萃取塔（rotating disc contactor，RDC），1948～1951 年由壳牌石油公司的阿姆斯特丹实验室成功研制开发。现在运行的转盘萃取塔大约有 700 个，其中最大的塔体直径约为 8 m，塔高约为 12 m，最大的塔体处理量可达 2000 m/h，最大流量是 40 m/（m² · h）。国内最大的转盘萃取塔的塔体直径为 2.8 m，塔高 25 m，总通量为 14～18 m³/（m² · h），在长期实践及应用研究过程中，转盘萃取塔的结构主体已经趋于定型，但各种关联式还不能准确地预示实际操作及实际使用情况，研究所的工作人员正在努力进行研究。

转盘萃取塔由带水平静环挡板的垂直圆桶组成。静环挡板是一个在中央开孔的平板，圆筒内被静环挡板分为许多的萃取室。萃取室的正中央有一个转盘，转盘的孔径小于静环挡板的孔径。转轴上平行地布置了一个转盘。这样一来，转盘和轴承就便于安置在塔内。萃取段位于静环挡板与静环液压涂挡板中间，主要是负责直接进行液-液传质萃取制备流程。最上方的静环挡板与塔顶中间，以及最下方静环挡板与塔底之间则直接构成了两个清除段，分别用以清除轻相与重相。

大孔筛板位于萃取段和澄清段中间，重相直接从筛板下部进入塔内，而轻相则从筛板上部进入塔内。筛板的主要功能在于通过减小液体搅动来提高澄清段的分相效率。转盘萃取塔与其他塔式萃取装置很相似，在实际工作时轻相和重相依次从塔底与塔顶流入转盘萃取塔内，与萃取塔的内部两相逆流接触。在转盘的作用下，分散相产生小液滴流的同时可增大两液间的传质面积。完成萃取过程后的轻相与重相，再依次从塔顶与塔底排出。

4. 离心萃取机

离心萃取机是一种快捷、高效的气-液分相萃取处理装置。就工作原理而言，离心萃取机、混合澄清槽、萃取柱等装置还是有一些不同的，前者通过离心作用使密度不同且互不相溶的两种液体实现分离，而后两者则主要是在引力场中对液体进行分相。其中的差别，一般用离心分离因数中的 α 来表示。

$$\alpha = \omega^2 r/g \tag{3-3}$$

式中，α 为离心力运动加速度和重力加速度的比值；ω 为旋转角速度；r 为旋转半径；g 为重力加速度。

离心萃取机工作时，α 值通常会达到几百到几千，少数则达上万。因为 α 值很大，所以分相迅速。分相能力加强，同时为增强物质混合、增进传质、减少传质时间提供了有利条件。因此，离心萃取机具备样品停留时间短、存留的液量较小等优点，既可以广泛应用于常规的提取系统中，也能够应用在某些有特殊要求的系统中。例如，在青霉素、链霉素等各种抗生素的提取生产过程中，为了保护萃取产品的稳定性，要求两相之间相互接触的时间也相对越短越好。在对核燃料后处理及后处理产生的废料进行再处理时，为了确保萃取装置与临界安全并有效减少萃取剂的辐照损伤，需要减短两相的接触时间，减少两相存留液量。此外，对于某些密度差较小的萃取体系或某些黏度较大的萃取体系，离心萃取机也较为适用。离心萃取机还可以被用来进行非平衡物的萃取，实现某些在传质速率上差别较大、平衡萃取过程中难以分离的物质的分离。自 20 世纪 30 年代离心萃取技术机组的原型设备问世以来，至今已有多种类型，在许多国家已经广泛应用于生物制药、冶金、废水处理、石油化工等许多工业技术领域，而微型离心萃取机是进行萃取工艺研究的高效设备。

四、萃取单元操作的基本原理

在液相目标物萃取的众多方法中，液-液萃取是一种较常见的方法。它通过向原混合液中（由溶质 A 与稀释剂 B 构成）加入经选取的某种液体溶剂（或称萃取剂）S 来萃取。假设该液体溶剂 S 和稀释剂 B 并不能完全互溶，且对原混合液中两组分存在着溶剂选择性，那么在搅拌混合之后会形成彼此接触的两相，经过较为充分的传质后停止搅拌，利用二者间的密度差就可使其分层并分离，即同时获得含溶质相对多和含稀释剂相对少的溶剂相-萃取相，使原混合液中进行了部分增浓或分散。

萃取操作可以弥补蒸馏操作的不足，并适用于如下情况。

（1）采用一般的精馏方式难以分离或者无法分开时，原混合物组分相对挥发率接近于 1，或者成为恒沸物，可以利用萃取操纵进行提取。

（2）原混合液具有热敏性组分，需要避免加热处理。

（3）由于待分离物浓度很低，而且又是重组分，用精馏进行分离时需要消耗大量化学热能的化合物系。

五、萃取过程的影响因素

萃取步骤可以被看成被萃物 M 在有机相和水相溶解的竞争。在水相分子内部存在氢键和范德瓦耳斯力，以 Aq-Aq 表示这种作用力。M 溶于水相，首先要打破水相中部分 Aq-Aq 结合，形成空腔结合 M，并成为 M-Aq 结合。同样的，在有机相溶剂分子中也存在着范德瓦耳斯力

（如溶液为 A、B 型，其分子间还存在着氢键），而这些相互作用也可利用 S-S 表达。

水相空腔作用能表示为 E_{Aq-Aq}，有机相空腔作用能表示为 E_{s-s}。

萃取时，如果 M 要溶于有机相，首先需要破坏某些 S-S 结合，从而生成空腔以容纳 M，并形成 M·S 结合，于是整个提取过程可通过式（3-4）描述。

$$S-S+2（M-Aq）\longrightarrow Aq-Aq+2（M-S） \tag{3-4}$$

如使用 E_{S-S}、E_{M-Aq} 及 E_{Aq-Aq} 分别代表破坏 S-S、M-Aq 及 Aq-Aq 所需的能量，M-S 代表结合所需的能量，那么萃取能 ΔE^θ 可以通过式（3-5）进行计算。

$$\Delta E^\theta=E_{S-S}+2E_{M-Aq}-E_{Aq-Aq}-2E_{M-S} \tag{3-5}$$

$$E_{Aq-Aq}=E_{Aq}\cdot A=K_{Aq}\cdot 4\pi R^2 \tag{3-6}$$

$$E_{S-S}=K_S\cdot A=K_S\cdot 4\pi R^2 \tag{3-7}$$

$$E_{Aq-Aq}-E_{S-S}=4\pi（K_{Aq}-K_S）R^2 \tag{3-8}$$

式中，A 为离子面积；K_{Aq} 和 K_S 为固定比例缔合常数；R 为离子半径。K_S 大小随各种溶剂种类而变化。在惰性溶液中，由于只产生了范德瓦耳斯力，因此 K_S 较小，特别是其中存在的非极性、不含易极化的 π 键，且分子质量又不大的溶剂的 K_S 最小。在受电子-给电子溶液中，由于氢键作用缔合，K_S 较大，特殊的情况是存在于交连氢键作用，缔合型溶液中的 K_S 最大。水是交联氢键缔合型溶液中氢键作用最强的物质，所以

$$K_{Aq}>K_S$$

令

$$\gamma=K_S/K_{Aq} \tag{3-9}$$

则

$$E_{Aq-Aq}-E_{S-S}=4\pi K_{Aq}（1-r）R^2 \tag{3-10}$$

$E_{Aq-Aq}-E_{S-S}$ 的值越大，表示空腔效应越大，更利于萃取。由此可见，在分子萃取中，其他条件一致的情形下，萃取物 M 的浓度越大越有利于萃取；R 值越大，空腔效应越显著。

（一）离子水化作用

从萃取能公式中可以看出，M 和水相相互作用能使 E_{M-Aq} 的值变大，不利于萃取。M 与水相的作用中，也会出现离子的水化效应，并随着离子势 Z^2/R 的增加而增加。

（1）在离子电荷效应中，电荷 Z 越大，则 E_{M-Aq} 越大，就会越不利于萃取。因此，可以用四苯基砷氯（C_6H_5）$_4AsCl^-$ 氯仿溶剂萃取出 MnO_4^-、ReO_4^- 等阴离子，但不能萃取 MoO_4^{2-} 等二价离子。

（2）离子半径效应对于电荷数相同的离子，半径 R 越大越易被萃取。例如，（C_6H_5）$_4AsCl^-$ 萃取 ReO_4^- 的过程，实际上是小半径的 Cl^- 进入水相，而水化弱的大离子 ReO_4^- 则进入有机相。

（3）水化功能相对较弱容易被萃取，是因为被萃物的水以不带电荷的中性分子形式出现。

（二）亲水性基团作用

亲水性基团是指能和水分子反应形成氢键的基团，如—OH、—NH$_2$、=NH、—COOH、—SO$_3$H 等。被萃取物 M 如果具有亲水性基团，其分配比要比不含亲水性基因者小得多，这主要是因为亲水性基因和水分子间形成氢键，使 E_{M-Aq} 增多，因而不利于提取。

（三）丧失亲水性作用

因为水溶性无机盐具有强烈的水化作用，当无机盐溶于水后，绝大多数离子化为金属阳

离子 M^{n+}，即不会被水萃取，从而破坏了它的水化作用，进而达到萃取目的。因此，为了达到提纯的目的，可以利用各种萃取剂破坏水化。

（四）溶剂氢键作用

一般来说，由于被萃物与溶剂间存在着氢键相互作用，因此有利于萃取的发生，如羧酸 RCOOH 在溶剂与水间的分配比随下列顺序递减：

$$TBP > R_2O > CHCl_3 > C_6H_5CH_3 > C_6H_6$$

其中磷酸三丁酯（TBP）的 P—O 键最易与 RCOOH 生成氢键。

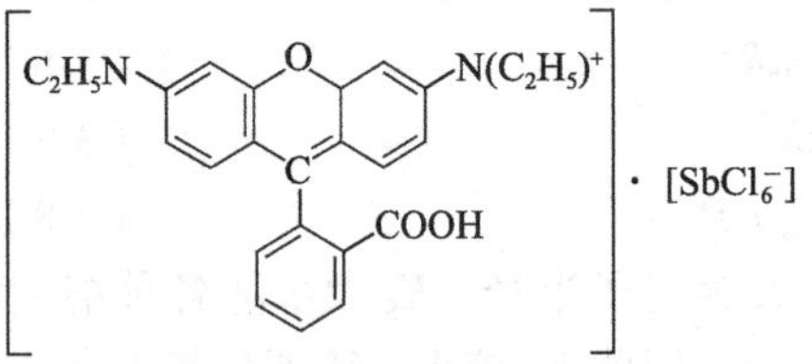

（五）离子缔合作用

铵盐、烊盐等阳离子可以和水相中的金属离子缔合并萃入有机相。例如，$SbCl_5H_2O$-HCl/ 罗丹明 B-苯体系（图 3-1）中，萃合物是离子对。

图 3-1 $SbCl_5H_2O$-HCl/ 罗丹明 B-苯体系
（马荣骏，2009）

第二节 食品工业中的萃取技术分类及特点

一、食品工业中的萃取技术分类

（一）按萃取机制分类

根据萃取机制可以将食品工业中的萃取技术分为物理萃取和化学萃取两种。物理萃取是指萃取剂与溶质间不会产生化学反应的萃取过程，化学萃取是指萃取剂与溶质间产生化学反应的萃取过程。根据萃取剂与溶质之间会发生化学反应的原理，可以把萃取剂与溶质之间的萃取分为络合反应、阳离子交换反应、离子缔合反应、带同反应和协同萃取系统中的加合反应 5 种类型。

1. 物理萃取

使用物理萃取，即简单分子萃取，可以实现将待萃取物组分按溶解度的不同分配在两相间，其中待萃取的组分以简单分子的形态分布，溶剂和被萃物不会引起化学反应。在抗生素和纯天然植物物质的高效生产中，物理萃取被广泛应用。

2. 化学萃取

1）络合反应 当萃取物以不带电的中性分子存在，萃取剂也以中性分子存在时，二者先通过络合结合成中性溶剂络合物，再实现相转移，最后进入有机相，这一完整过程称为络合反应。一般典型的络合萃取剂中含有中性含磷萃取剂，其按种类又可分为磷酸酯、次磷酸酯和三烷基氧化膦。

2）阳离子交换反应 阳离子交换萃取中，萃取物常以弱酸的形式存在于 HA 和 H_2A 中，金属离子在水相中以阳电离 M^{n+} 或者能解离为阳离子的络合离子形式存在。在萃取中，水相中的各种金属分子以 M^{n+} 而不是 H^+ 的形式从萃取剂迁移到萃取相中。

3）离子缔合反应 常见的金属萃取为离子缔合反应，它通常用于获得阴离子溶液。金属离子在水相中结合形成阴离子，而萃取剂和 H^+ 结合形成阳离子，最后两者形成离子缔合物，与有机相结合。一般萃取反应试剂的胺类化合物有伯胺、仲胺、叔胺及其季铵盐。

4）带同反应   某一个溶质从来不被用来萃取或很少被用来萃取，但如果是其与另一种溶质同时被萃取，会使分配系数显著增大，称为带同反应。

5）加合反应（协同萃取）   在由两种或两种以上萃取物构成的萃取系统中，萃取组分的分配系数显著大于每一萃取剂（浓度及其他条件皆相同）单独使用时的分配系数之和，即加合反应萃取。

（二）按目标物质的物理状态分类

按照萃取剂及原料的物理状态来分类，当萃取剂是液体时，如果含有目标产物的原材料也为液体，则称为液液萃取；如果萃取物是固态时，则称为液固萃取；当萃取剂选用超临界流体时，目标萃取物既可以是液态也可以是固态，称为超临界流体萃取。

1. 液液萃取

液液萃取法（溶剂萃取或抽提），是使用化学溶剂，将目标成分从液体中分离出来的过程。把选定的溶剂添加到液体混合物中，利用目标组分在溶剂中溶解度的不同达到分离萃取的目的。例如，用苯为溶剂从煤焦油中分离酚，以异丙醚为溶剂从稀乙酸溶液中回收乙酸等。液液萃取操作在实验中会用到分液漏斗等仪器，工业上在离心型萃取器、筛板塔、喷洒型萃取器、填料塔等设备中进行。

2. 液固萃取

液固萃取即"浸取"，分离该物质常以液体溶液为萃取剂。选定一个溶剂后将固体浸在其中，利用固体中各组分在溶剂中不同的溶解度，促使易溶解的组分溶解在萃取剂中，被应用于与固体物质分离。例如，可以用水或其他溶剂提取中草药中的有效成分；用某种溶剂浸取矿石中的稀有元素等。液固萃取通常在常温或加热、常压或加压条件下进行。

3. 超临界流体萃取

图 3-2 中展示了纯流体相变与温度、压力的关系。临界点 C 位于气液平衡曲线末端，超临界流体区为阴影部分。在等压状态下改变温度，或者在等温状态下改变压力，那么流体将从液态变为气态，或从气态变为液态。但在超临界流体区，如果温度不改变，或者一直都停留在临界点或临界点以上，就算有更大的压力，流体也不会被液化。它将会呈现非气非液状态即流体超临界状态。在这种状态下，

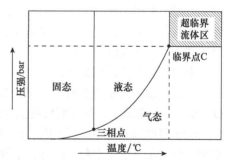

图 3-2 超临界流体相图（苏广训，2012）

流体的溶解度相似于液体，同时其扩散性质也与气体相似，并且更加容易在固体物料中萃取。因此，与传统工艺相比，这种萃取效率及相分离过程会快很多。

超临界流体萃取主要是依赖流体的密度变化实现物质分离的。通过调控系统的压力和温度可以改变萃取剂密度。例如，在其他条件相同时提高温度或压力，都能使超临界流体的溶解能力发生改变（温度产生的效应与密度产生的效应相抵消）。超临界流体作为一种萃取剂，与传统的液体萃取过程差不多。但是当体系环境恢复到正常温度、压力时，萃取物料里的流体溶剂的残留几乎可以忽略，这是普通流体萃取不具有的优点。

（三）按料液与溶剂的接触程度和流动情况分类

从料液与溶剂的接触程度和流动情况来看，可将萃取运行流程分成单级萃取、多级错流萃取和多级逆流萃取。

1. 单级萃取

单级萃取是最简便的萃取形式，该形式可以通过间歇或连续操作实现。该方法萃取工艺简便，适合于萃取剂分离能力大、分离效果好及分离要求不高的情况。其缺点是没有彻底分离，萃取液浓度并没有很高，溶质残留较多。

2. 多级错流萃取

多级错流萃取的过程是将原料溶液依次通过每一级混合槽，将最后一级的萃余相与萃取相依次流入溶剂回收装置。具有高萃取率的优点，但萃取剂原料用量较大，溶剂的污水处理量也较大，因此能量的耗损也将变大。

3. 多级逆流萃取

多级逆流萃取的主要过程是将原料溶剂 F 由第一级加入，再进行各种萃取，最后形成不同级别的萃余相，溶质 A 含量则逐渐降低，最终由 N 级排除；从第 N 级加入的萃取剂则在每一级中依次与萃余相反向接触并进行多次萃取，溶质含量逐步上升，最终从第一级排除。最后的萃取相 E 被送到溶剂分离装置，以分离出溶剂和中间产物，实现溶剂循环利用；最后的萃余相 R 被送至溶剂回收装置分离溶剂并进行处理。多级逆流萃取能得到溶质浓度极高的萃取液及含有溶质浓度极低的萃余液，且萃取剂用量少，被广泛应用在工业中。这适合于需要将原料液中的两组分彻底分离以满足工艺需要的情况。

（四）按萃取剂分类

萃取剂一般都是有机溶液，萃取剂品种很多，主要有以下 4 种：①酸性萃取剂，如羧酸、磺酸、酸性磷酸酯等；②中性络合萃取剂，如醇激素、酮类、醚类、脂类、醛型和烃族；③碱性萃取剂，如伯胺、叔胺或者季铵盐；④螯合萃取剂，为羟肟类化合物或金属离子对（胺类）的萃取试剂。

萃取剂选择的原则如下。

（1）萃取剂分子至少有一个萃取功能基与萃取物反应产生萃合物。常用的萃取功能基有 O、N、P、S 等原子。萃取剂目前主要是以氧原子为功能基。

（2）萃取剂分子中必须具有长链烃或芳香烃类，可以促使有机溶剂更易溶解螯合物及萃取剂，但又不易溶于水相。此外，萃取剂碳链增长的同时，油的溶解性也会随之变强，更易于和被萃取物质生成难溶于水而易溶于有机溶剂的大分子聚合物。而若碳链过长及碳原子数量太多，则不适合用作萃取剂，所以萃取剂相对分子质量在 350～500 为宜。

（3）原料液和萃取物之间的选择性好、互溶度较低、萃取量大。萃取剂的选择性是指萃取剂对于原料溶液中组分的溶解性不同，用分离因数 β 表示。萃取剂的选择性与分离因数成正比。

（4）原料液与萃取剂中组分的相对挥发度要大，使萃取剂的经济性好且容易回收。

（5）被分离混合物和萃取剂之间的差异较为适中，如密度差异、黏度差异、界面张力，则更易发生分层。对无外加能源的装置，较大的密度差会加快分层，使设备的生产能力更强。

（6）热稳定性和化学稳定性对于萃取剂是至关重要的。其应操作安全，对机械设备的腐蚀程度小，价格便宜，污染小，来源充分。

二、食品工业中的其他萃取技术及特点

在液体提取物中，按照萃取剂类型和形式的不同，它可以分为膜萃取、双水相萃取、反胶束萃取和超临界流体萃取等。

1. 膜萃取技术的特点

膜萃取没有相的分散和聚结过程，膜间混合物既不分离也不结晶，不会直接发生液液两相的流动，减少了在液体中的夹带损失，也解决了单纯液液萃取过程容易产生乳状液而造成分离过程不彻底的弊端。膜萃取技术作为新兴的样品预处理技术具有溶剂用量少、选择性高、富集倍数高、操作简便等特点。目前膜分离技术被广泛应用于果汁饮品中农药残留测定中。

1）支持液膜萃取（supported liquid membrane extraction，SLME）　支持液膜的结构，可以看作两个水相中夹有一层有机液膜相形成的三相萃取系统，分为中空纤维支撑液膜萃取与平板式支撑液膜萃取。SLME 可被用于食品工业中从果汁中萃取草甘膦及其代谢物。

2）微孔膜液液萃取（microporous membrane liquid-liquid extraction，MMLLE）　MMLLE是两相系统，其萃取液是与固定在多孔憎水性膜（如聚四氟乙烯膜）膜孔中的有机溶剂相同的溶液，疏水膜可以有效地将水相与有机相隔开，有机溶剂和样品通道在膜的两侧，呈中性分子状态的待萃取物被萃取后通过液层扩散至含有相同有机溶剂的通道中，待萃液流速快而萃取液流速缓慢或停止，从而使萃取富集完成。

3）中空纤维膜液相微萃取（hollow fiber based liquid-phase microextraction，HFLPME）　HFLPME 被分为两相和三相体系，萃取原理与 SLME 和 MMLLE 相同，它的设备更加简单小型。三相 HFLPME 一般以水相为萃取液。催化萃取（CEP）、反相高效液相色谱（RHPLC）可用于萃取检测离子化产物；HFLPME 两相萃取液为有机溶剂，可用 HPLC 或气相色谱（GC）进行测定。

4）固相膜萃取（solid phase microextraction，SPME）　继固相柱萃取技术后，SPME被进一步开发和应用。该装置主要是在载体上包被或将膜材料涂渍，当萃取目标物质后，用少量溶剂洗脱、解吸，最后用仪器进行分析。由于膜介质的横截面积大、传质速率快，样品通量处理可以获得的富集倍数较高。

2. 双水相萃取技术的特点

双水相萃取技术是由两个互不相溶的大分子溶液或者互不相溶的盐溶液和高分子溶液构成。其具有传质速率快、分相时间短、能耗低、分离过程少、有害物质残留量小及保持生物活性物质特性等特点，被广泛地应用于细胞生物学、生物工程、医药化学等领域。

分离蛋白质、多糖、维生素、矿物质、酶、食品色素及香味物质时都可以使用双水相萃取技术。双水相萃取技术还可用在分离食品甜味剂、着色剂、食品中有害残余物等方面。

该技术的含水量较高，萃取是在接近正常温度和生理环境体系中进行的，生物活性物质不会失活或变性；全部过程于常温常压条件下进行，时间短、操作适度；不存在有害物质残留，不挥发性产物一般作为凝聚相，操作环境对身体没有伤害；能进行萃取性生物转化，且酶在高聚物溶液中比在缓冲液中更稳定、活性更大，因为生物反应和生物产物提取同时进行，尤其适于连续生产；回收率高，提纯倍率达 2～20 倍，可大大提高分配系数和萃取专一性。因此，双水相萃取被广泛应用于生物工程、食品工业等领域。

3. 反胶束萃取技术的特点

由亲油疏水非极性尾和亲水疏油的极性头两部分所组成的分子称为表面活性剂。溶于水中的表面活性剂，浓度超过临界胶束浓度（CMC）时，凝聚物将被产生，即正常胶体。有机溶剂溶解表面活性剂时，当表面活性剂浓度超出临界胶团浓度时，凝聚物会在有机相中产生，称之为反胶束。反胶束体系是一种透明、热力学稳定的动态平衡体系。自由能主要来源于两亲分子形成胶束过程中偶极子 - 偶极子相互作用；还会有一些损失在胶束化过程中产生；此外，金属配位键和氢键作用等都会参与反胶束化作用。在反胶束中，极性头朝内，非极性尾朝外排列形成亲水内核，简称"池"，可以使蛋白质和氨基酸及极性物质被溶解。

某些有机溶剂所不能溶解的物质可以通过反胶束体溶解，包括生物碱、蛋白质、抗生素、氨基酸、短肽、核酸、黄酮类等生物物质。在反胶团的屏障防护下，这些物质不会直接与有机溶剂接触，保存了生物物质的活性，进而实现物质的溶解与分离。

脂肪与大豆蛋白同时分离的操作中可以使用反胶束技术实现。目前，工业化的生产仍具有环境污染严重、蛋白质不可逆变性等缺点。反胶束萃取技术具有工序简便、条件温和、蛋白质不变性、纯度高、易于解决环境污染问题、溶剂与表面活性剂可重复利用、成本低等优点，可以提高企业的经济效益。

4. 超临界流体萃取技术的特点

通过调节超临界流体的压强与水温可以改变其蒸汽压与溶解度，以便将物质分离，故超临界流体萃取综合了溶剂萃取和蒸馏的功能与特点。

溶质在较高压力下在流体中被溶解；通过提高温度或降低压力来实现流体的密度减小及溶解能力的减弱。依据流体密度随着温度和压力值改变的特点，把需要分离的物料与超临界流体接触形成流动相，其中的某些成分被溶解，通过改变温度和压力，把萃取物按照溶解能力、沸点、分子质量的大小顺序溶解出来，达到去除有害成分、萃取有效成分的目的。

在啤酒、烟草、植物籽油、色素、咖啡等食品生产中都广泛应用了超临界流体萃取技术。与常规萃取法相比，超临界流体萃取技术的费用较高，但有机物质的残留少，萃取简便；其中，超临界 CO_2 萃取技术可实现辣椒脱辣，在保持天然色素的品质中也有广泛应用。

第三节　超临界流体萃取原理及技术特点

一、超临界流体概述

物质有气、固、液三种状态，三种状态在不同温度及特定压强下可以相互转化。但除去上述三种较为熟知的物质状态，物质还有等离子、超临界等特殊的状态。以水为例，假设密闭的金属容器里装有一定量的水，且该容器足够坚固，如果对这个容器不断地进行加热，一个个水分子在获得能量后就会逸出水面形成蒸汽，聚集在容器的上方产生一定压力。随着温度的上升，蒸发汽化过程的不断进行，水面上的空间越来越拥挤（水分子的密度越来越高），压力越来越大，水面越来越低。当温度升高到某个数值时，容器中的水将全部汽化，水面消失，此时的压力达到最大。根据科学实验测定，此时容器中的温度为374.2℃，压力为22.0 MPa。假如通过管道和压缩机向这个容器输入水蒸气（假设该水蒸气的温度为374.2℃或以上），会增加容器的密度、促使压力上升，但不会使水分子发生任何改变。现有研究表明，当水的温度超过374.2℃时，水分子具有足够的能量抵抗压力升高所带来的压迫，保持水分子之间的距离恒定。水分子之间的距离随压力升高而缩小，密度随压力升高而增大，但无论压力多高，水分子之间都会保持一定距离。即使此时水蒸气所受压力大到使其密度与液态的水相接近，依然不会液化。因此，把此时的温度（374.2℃）称为水的临界温度，与之相对应的压强（22.0 MPa）称为水的临界压强。水的临界温度和临界压强构成了水的临界点。超临界水的形成条件是水处于温度超过374.2℃、压强超过22.0 MPa的超临界状态。超临界状态下水是特殊的气体，其密度接近液态水且保留着气体的性质，又称为"稠密的气体"。为了与水的一般形态区别，称之为"流体"。

（一）超临界流体的基本定义

众所周知，临界状态下的纯物质有其特定的临界温度（T_c）和临界压强（P_c），当温度和压力大于临界温度与压力时，便处于超临界状态，超过物质本身的临界温度和临界压强状态时的流体即称为超临界流体（SCF）。

（二）超临界流体的性质

汉内（J. B. Hannay）和霍格斯（J. Hogarth）早在1879年的英国皇家学会上就证明过超临界流体具备很强的溶解能力。后经过大量的实验证明，人们发现超临界流体具有很多优异性能。

1. 超临界流体具有传递性质

表3-1中列举了超临界流体和其他流体的传递性质，与液体萃取相比，超临界流体萃取可以更快地完成传质，达到平衡，促进高效分离过程的实现。

表3-1　超临界流体与其他流体的传递性质（张德权，2005）

性质	气体 （101.325 kPa，15～30℃）	超临界流体		液体 （15～30℃）
		T_c，P_c	T_c，$4P_c$	
密度 /（g/cm³）	（0.6～2）×10⁻³	0.2～0.5	0.4～0.9	0.6～1.6
黏度 /［g/（cm·s）］	（1～3）×10⁻⁴	（1～3）×10⁻⁴	（3～9）×10⁻⁴	（0.2～3）×10⁻²
扩散系数 /（cm²/s）	0.1～0.4	0.7×10⁻³	0.2×10⁻³	（0.2～3）×10⁻⁵

2. 超临界流体对固体或液体具有溶解能力

超临界流体的溶解能力与密度有很大的相关性，物质在超临界流体中的溶解度C与超临界流体密度ρ之间的关系可表示为

$$\ln C = m \ln \rho + K \tag{3-11}$$

式中，C为物质在超临界流体中的溶解度；ρ为超临界流体密度；m为系数，为正值；K为常数，与萃取剂、溶质的化学性质有关。

（三）超临界流体的种类

二氧化碳、乙烷、丙烷等是最为常见的超临界流体。表3-2列举了可供使用的超临界流体的临界性质。

表 3-2　一些常用的超临界流体的临界性质（张德权，2005）

物质	沸点 /℃	临界点数据		
		临界温度（T_c）/℃	临界压强（P_c)/MPa	临界密度（ρ_c）/（g/cm³）
二氧化碳	−78.5	31.06	7.39	0.448
甲烷	−164.0	−83.0	4.6	0.16
乙烷	−88.0	32.4	4.89	0.203
乙烯	−103.7	9.5	5.07	0.20
丙烷	−44.6	97.0	4.26	0.22
丙烯	−47.7	92.0	4.67	0.23
正丁烷	−0.5	152.0	3.80	0.228
正戊烷	36.5	196.6	3.37	0.232
正己烷	69.0	234.2	2.97	0.234
甲醇	64.7	240.5	7.99	0.272
乙醇	78.2	243.4	6.38	0.276
异丙醇	82.5	235.3	4.76	0.27
苯	80.1	288.9	4.89	0.302
甲苯	110.6	318.0	4.11	0.29
氨	−33.4	132.3	11.28	0.24
水	100	374.2	22.0	0.344

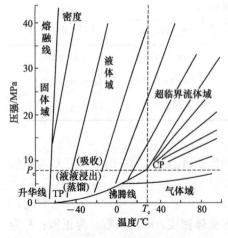

图 3-3　CO_2 的相平衡图（李洪玲，2010）
CP. 临界点；TP. 三重点；P_c. 临界压强
（7.39 MPa）；T_c. 临界温度（31.06℃）

二、超临界 CO_2 流体

（一）超临界 CO_2 流体的定义

超临界 CO_2 是介于气体和液体之间的一种流体，其密度接近液体，黏度约为水黏度的 5%，接近气体，故其表面张力极低且拥有较其他液体高的扩散系数，从而具备极强的渗透能力。

（二）超临界 CO_2 流体的性质

1. 超临界 CO_2 流体的基本性质

有研究证明，CO_2 的临界温度（$T_c=31.06$ ℃）是超临界溶剂临界点中最接近室温的，其临界压强（$P_c=7.39$ MPa）也相对适中，且 CO_2 的临界密度（$\rho_c=0.448$ g/cm³）是常用超临界溶剂中最高的（合成氟化物除外）。

图 3-3 为 CO_2 的相平衡图，TP 为气、液、固三重点（$P=0.525$ MPa，$T=−56.7$℃），CP 为气、液的临界点（$P_c=7.39$ MPa，$T_c=31.06$℃）。

图 3-4 表示 CO_2 在超临界区域及附近的压力（P）与密度（ρ）及温度（T）间的关系，纵坐标为压力比 P_r（$=P/P_c$），横坐标为密度比 ρ_r（$=\rho/\rho_c$），以温度比 T_r（$=T/T_c$）为参变量。阴影线所围部分 $T_r=1\sim1.2$（31$\sim$92℃）、$P_r=0.8\sim4$（5.8$\sim$30.0 MPa）、$\rho_r=0.5\sim2$（0.24$\sim$0.94 g/cm³），为常用的流体萃取区域。

它们之间的关系还可以用状态方程式来推导与计算。

此式是由范德瓦耳斯方程（van der Waals equation）推导而得的，称为索阿韦-雷德利希-邝方程（Soave-Redlich-Kwong equation，SRK 方程），其中 V 为摩尔容积，a、b 为物质本身的参数，可由临界值算得。由式（3-12）算得的值与试验测定的结果十分相近。

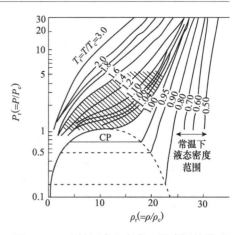

图 3-4　CO_2 的压力和密度、温度间的关系（潘群，2007）

$T_c=304$ K，$P=7.39$ MPa，$A=0.448$ g/cm³

$$P=\frac{RT}{(V-b)}-\frac{a(T)}{V(V+b)} \tag{3-12}$$

纯 CO_2 在 40℃条件下的密度 ρ、黏度 η、自扩散系数 × 密度（$D_{11}\times\rho$）值与压力 P 的关系见图 3-5。

图 3-6 表示 CO_2 的自扩散系数 D_{11}（图中实线表示）（42℃）和苯在 CO_2 中的扩散系数 D_{12}（41℃）与 CO_2 的密度 ρ 和压力 P 的关系，图中还给出了气相（G）和液相（L）扩散系数的一般取值范围（阴影部分）。

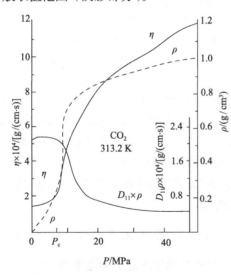

图 3-5　CO_2 密度 ρ、黏度 η、自扩散系数 × 密度（$D_{11}\times\rho$）值与压力 P 的关系（40℃）（董泽亮，2009）

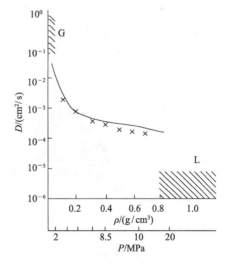

图 3-6　CO_2 的自扩散系数 D_{11} 和苯在 CO_2 中的扩散系数 D_{12} 与 CO_2 的密度 ρ 和压力 P 的关系（董泽亮，2009）

2. 超临界 CO_2 流体的溶解性能

溶剂化效应是指超临界状态下的流体具有溶剂性质的现象。溶质的性质、溶剂的性质、流体的压力和温度等因素都会影响超临界 CO_2 流体的溶解能力。

为了定性地测定超临界 CO_2 流体的溶解性能,斯塔尔（Stahl）等提出了一种确定"溶质初始被萃取压力"的方法。该实验在温度低于 40℃、压强 0～9 MPa 条件下测定出了一系列化合物被萃取的初压。

通过大量实验,总结出了如下关于超临界 CO_2 流体溶解度的经验规律。

（1）在 7～10 MPa 较低压强内可萃取出极性较低的碳氢化合物和类脂有机化合物。

（2）引入极性基团（如—OH、—COOH）将加大萃取过程的难度。

（3）在 40 MPa 压强以下,强极性物质不可能被萃取出来。

（4）相对分子质量越高的化合物,越难被萃取。

（5）在不同的压力下,可以使混合物中相对挥发度较大或极性（介电常数）有较大差别的组分得到分馏。

三、超临界流体萃取

SCF 因其独特的物理化学特性,常被作为优异的溶剂、化合物分离介质等,引起了国内外学术界的普遍关注。此外,其在对物质中有效化学成分的分离方面也起到了巨大的作用,特别是在非极性、极性天然化合物的分离过程中得到了良好的应用。

（一）超临界流体萃取技术的基本原理

超临界流体萃取技术的工作原理主要是依赖流体的密度变化,而密度的改变可以通过系统的压力和温度调控,如在等温状态下提高压力或者压力恒定条件下提高温度,都能改变超临界流体的溶解能力（但温度过高会部分抵消密度提高的效应）。在高密度、高溶解能力下进行目标成分的溶出,在压力或温度的敏感区,调整压力或温度,使流体密度下降,溶解能力随之下降而将溶解于流体中的目标成分析出。实际操作中,超临界流体作为一种溶剂从物料中萃取溶质,与传统的液体萃取过程差不多。但是,当系统条件恢复到常温常压时,残留在萃取物料里的流体溶剂少得几乎可以忽略,这是超临界流体萃取的一大优势所在。

超临界流体萃取过程中,被萃取的组分在溶剂里的溶解性随着温度和压力的变化而变化。溶质的溶解性要比我们通常根据理想气体定律中所预测的 10 倍级数还要大。因此,溶质在超临界流体中的溶解过程是蒸气压与溶质、溶剂之间相互作用的结果。这说明固体溶质在超临界流体中的溶解性并不仅仅是简单的压力作用的结果。

（二）超临界流体萃取技术的特点

1. 流体的相变与压力和温度的关系

超临界流体是处于临界点（临界温度和临界压力）以上的流体,在这种条件下,在较高压强的作用下,流体也始终保持固有状态不会浓缩为液体。图 3-7 为 CO_2 流体介质在固体 - 气体 - 液体 - 超临界流体之间的相变与压强、温度之间的关系。对于 CO_2 来说,此时温度 $T=$（216.58±0.01）K,压强

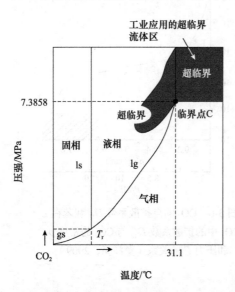

图 3-7 CO_2 流体介质的相变与压强、
温度之间的关系（陆九芳,1994）

$P=5.185\times10^5$ Pa，在三相点，三相呈平衡状态而共存；在温度 $T<216.58$ K，无论有无压强变化，CO_2 均为固体；在 $T=216.58\sim304.2$ K 时，当 $P>5.185\times10^5$ Pa 时，CO_2 为液相；在 $P=5.185\times10^5\sim73.858\times10^5$ Pa，$T=216.58\sim304.20$ K 时，CO_2 为气相；蒸汽压曲线 lg 终止于临界点 C [$T_c=304.20$ K（约31.1℃），$P_c=73.858\times10^5$ Pa]。在临界点以上，液、气形成连续的流体相区，即图中的灰色区域。

水的相变也可以找到相应的压强和温度范围。各种流体都有相应的临界压强、临界温度。

2. 超临界流体的性质

超临界流体的密度与液体相近，扩散性却远大于液体，黏度与普通气体相近，渗透性极佳，有较理想的传递能力和溶出效果，能够实现高效的分离过程。

3. 超临界流体的溶解能力与压力的关系

超临界流体对待分离组分的溶解性能随着超临界流体密度的增大而提高。

4. 超临界流体的溶解能力与温度的关系

在超临界流体萃取过程中，温度对流体的溶解度也有着关键性的影响。根据流体密度、溶解度与压力、温度之间的相互关系，可以选择压力或温度区段（即在流体密度变化的压力或温度敏感区）进行有效调控。

5. 超临界流体萃取过程的特点

超临界流体萃取在工业上应用的优点主要在于：过程易于控制，超临界流体的密度和溶质的溶解性可通过调控压力或温度来改变，易于做到；有利于环境保护，由于大部分的操作使用无毒的萃取剂，如二氧化碳、乙醇和水等介质，而不是有机溶剂，溶剂回收简单且不易燃烧；对热敏性成分而言，处理过程较温和；产品中没有或很少有溶剂残留，符合卫生法规的要求；芳香性物质得以较好地选择性萃取及分馏分离。不足之处主要集中于：此方法有较高的压力要求；对介质的压缩致使其循环和回收都较为困难，能源浪费严重，不利于节能减排；超临界流体萃取技术即一种高压技术，使用时必须配备相符的高压设备，这对安全性提出了较大的挑战且不利于节约成本。

（三）超临界流体萃取技术的工艺流程

1. 超临界流体的选择

由于超临界流体的溶解性与介质及组分的极性有较大关联，因此可用于工业上的超临界流体，应对目标分离组分有优良的溶解能力。介质的极性也可以通过夹带剂的添加进行调整；介质具备良好的选择性，提高超临界介质选择性的主要原则是介质的化学性质与待萃取成分的极性和化学性质应尽可能相似；超临界流体应该具备稳定的化学性质，无毒性，无腐蚀性，不易燃烧，不易爆炸；超临界流体的操作温度应接近于常温，并使操作温度低于待分离组分的分解温度，以减少压缩机的动力消耗，节约能源，有利于环保和保护目标成分；来源方便，价格便宜。

常用的超临界流体有 CO_2、SO_2、C_2H_6、C_2H_4、C_3H_8、C_4H_{10}、C_5H_{12}、氟利昂等。这些萃取剂中以 CO_2 最为常用，对食品工业上的分离尤为重要。

2. 超临界流体萃取分离流程

超临界流体萃取的物料可以是液体状态，也可以是固体状态。

超临界流体通常是通过对流体介质的绝热压缩获得的。根据超临界流体密度调控的方法，可将萃取流程分为等温变压、等压变温及吸附三种，如图3-8所示。

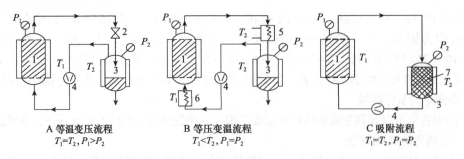

图 3-8　超临界流体萃取的三种典型流程（陈耀彬，2010）

A 等温变压流程　　　　　B 等压变温流程　　　　　C 吸附流程
$T_1=T_2, P_1>P_2$　　　　　$T_1<T_2, P_1=P_2$　　　　　$T_1=T_2, P_1=P_2$

1. 萃取槽；2. 膨胀阀；3. 分离槽；4. 压缩机；5. 加热器；6. 冷却器；7. 吸收剂（吸附剂）

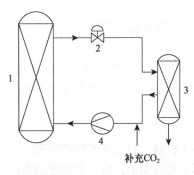

图 3-9　超临界 CO_2 流体萃取的基本过程（李先碧，2006）

1. 萃取釜；2. 减压阀；3. 分离釜；4. 加压泵

四、超临界 CO_2 流体萃取技术

（一）超临界 CO_2 流体萃取的基本过程

超临界 CO_2 流体取萃技术是利用超临界状态下的 CO_2 来萃取和分离目标成分的过程，CO_2 在超临界状态下对溶质具有极高的水溶性能，而在非超临界状态下对溶质的溶解能力极低，以此来实现目标成分的分离。萃取的基本过程如图 3-9 所示。

（二）超临界 CO_2 流体萃取的特点

CO_2 是最理想的超临界流体，具有如下优势：可通过调节操作时的压力和水温等条件以改善溶解性，同时进行选择性萃取，具有很强的渗透力，相比于一般有机溶剂萃取，极大地缩短了萃取时间；CO_2 具有无味、无臭、无毒、化学惰性等良好的理化特点，不污染环境和产品；操作温度和常温相接近，尤其适用于对高温不稳定的热敏性物质；CO_2 价廉易得，不易燃易爆，大大减少了有机溶剂提取风险，应用安全；溶剂回收过程简单便捷，节省能源；超临界 CO_2 流体提取过程集萃取、分散于一身，简化了流程，操作简单；检验、分离方便、快捷，而且能够与气相色谱（GC）、红外光谱（IR）、质谱（MS）、气质联用（GC/MS）等各种现代分析方法与手段结合，从而更加有效、快捷地完成对药物、生化或环境等的分析。

（三）超临界 CO_2 流体萃取的影响因素

1. 物质性质的影响

影响超临界 CO_2 流体溶解能力的因素主要有两个：一是有机物质相对原子质量大小，二是原子极性大小，这是判断该物质是否能进行超临界 CO_2 流体萃取的关键。

2. 萃取压力的影响

压力是超临界 CO_2 流体萃取过程中最重要的参数之一，一般在临界点附近，压力对密度的影响特别明显，40℃时 CO_2 流体密度与压力的关系见图 3-10。

3. 萃取温度的影响

萃取温度是超临界 CO_2 流体提取过程中另一项关键因素。通常情况下，为了提高萃取温度，当物质在 CO_2 流体中溶解性发生变化时，往往会产生最低值。

4. CO_2 流速的影响

CO_2 流速的改变，对提取过程的影响较大。当提高 CO_2 流速时会增加溶剂对原料的提取次数，从而减少了提取时间；提高流速，均匀萃取原料，能更迅速地把已溶解的溶质从原料表面带走，从而提高了传质效率。但 CO_2 流速过快会缩短作用时间，从而降低与萃取物质的接触时间，减少流体中溶质的浓度。

5. 夹带剂的影响

1）夹带剂的作用及其机制　夹带剂是在纯超临界流体中所添加的某种相对较少、能与之混溶且挥发性介于被分散物和超临界物质组分之间的化学物质。其在超临界流体萃取中起到的作用如下。

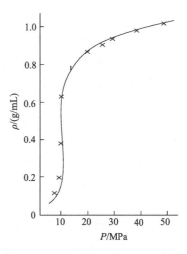

图 3-10　CO_2 流体密度与压力的关系（40℃）（缪其勇，2003）

（1）可大幅度提高待分离组分在超临界 CO_2 流体中的溶解性。

（2）与溶质起特定作用的夹带剂可大大提高该溶质的选择性（或分离因子）。

（3）加强了高温和压强对溶质水解度灵敏程度的影响。

（4）和所有反应的萃取精馏相似，夹带物也用于反应物。

（5）能改变溶剂的临界参数。

2）极性夹带剂　极性夹带剂在极性溶质分子之间所产生的极化作用力、氢键及其他特殊的物理化学作用力，能够很好地改变某些溶质的溶解度和选择性。

3）非极性夹带剂　极性溶液中与非极性夹带剂之间缺乏氢键等分子物质间的推动力，而提高溶质溶解度的方法只能提高分子物质间的吸引力，对选择性无很大的提高作用。

4）参与反应的夹带剂　夹带剂也可用于化学反应物，以增加萃取得率和选择性。

5）夹带剂的选择

（1）全面掌握被萃取物质的分子内部结构、分子物质化学极性、相对分子质量、分子容积和物理化学活性等基本性质，以及所处环境。

（2）充分考虑了夹带物的分子内部结构、分子极性、相对分子质量和分子体积等特性，以及根据被萃取物性质和所处环境条件做出对夹带物的预选。

（3）通过实践证明所确定的因素有夹带剂的夹带效果，包括夹带剂的夹带增强效果（以纯 CO_2 萃取为参考）和对夹带剂的选择能力。

对于夹带剂的实际应用，还需要进一步了解有关萃取条件的相对变化、相平衡等情况。夹带剂的应用会让已经复杂的高压气相平衡理论更加复杂，对整个工艺流程而言提高了分散和处理夹带剂这一流程，但同时也会对超临界 CO_2 流体萃取中没有残留溶剂的这一优势有影响，因此夹带剂的用量不能太高，一般不超过 5%（摩尔分数）。

6. 物质状态的影响

被萃取的物料可能是固态、液态或气体。气体原料一般需用固态吸附剂吸收后，再进行提取。但由于液体易和 CO_2 流体参数混溶，仅极少数的液体原料可直接进入超临界 CO_2 流体提取，且一般须首先通过固态吸附剂吸收。

原料的粒度也会对萃取效果造成重要影响。大多数情况下，当溶质从原料向超临界 CO_2 流体传质时，微小的原料颗粒（一般以粒度 1～5 mm 为宜）会有更短的路径，减少传质时间，增大与超临界 CO_2 流体的接触表面积，使整个萃取流程更快速、更全面地进行。

7. 传质性能的强化

尽管超临界 CO_2 流体具备较好的热传质特性，但在超临界 CO_2 流体萃取天然产物的实际流程中，常使用必要的强化措施包括微波强化、超声波强化、电场强化、磁场强化、搅拌等，降低溶质的传播阻力，以取得提高超临界 CO_2 流体萃取的传质效果。

1）超声波强化　　超声波传感器的频率为 1109～2104 Hz，主要由一些疏密相间的纵波组成，在物质介质中传播时能够产生对介质微粒的热力学振荡，从而形成声音与物质介质间的相互作用。

2）电场强化　　电场强化化学萃取过程是近年来研究和发展的一种新型的高效分离技术，它是与静电技术和化工分离交叉的重要学科前沿。电场的加强效果能够成倍提升萃取装置的工作效率，能量消耗降低了多个数量级。

五、超临界 CO_2 流体萃取工艺流程及设备

超临界 CO_2 流体萃取的基本流程包括萃取段和分离段两个部分。萃取流程按特殊性可分为常规、夹带剂、喷射萃取等；按分离方式可分为等温、等压、吸附、多级降压分离等方法，还有超临界 CO_2 流体精馏。

1. 常规流程

常规的超临界 CO_2 流体适合于萃取所得的混合成分产物不需分离的情况，如啤酒花、酱油、天然香料等。

2. 含夹带剂萃取流程

添加了极性不同的夹带剂之后，可在一定程度上调节超临界 CO_2 流体的极性，这提高了被萃取物质在 CO_2 中的溶解度和物料在超临界 CO_2 流体中萃取的可能性。

3. 喷射萃取流程

超临界高压喷射萃取可用于从粗卵磷脂中除去中性油等黏性物质。

4. 等温法流程

等温法流程即溶质在萃取段被 CO_2 流体萃取后，通过分离段降低 CO_2 的压力，使溶质在 CO_2 流体中的溶解度迅速降低而析出。

5. 等压法流程

等压法流程即溶质在萃取段被 CO_2 流体萃取后，通过分离段改变 CO_2 的温度，使溶质在 CO_2 流体中的溶解度降低而分离出来的方法。

6. 吸附法流程

吸附法大致是一个等温和等压的过程，分为在分离釜中吸附和直接在萃取釜中吸附两种。其流程见图 3-11。

7. 多级降压分离流程

经过超临界 CO_2 流体萃取出的物质大多为混合成分，若需富集其中的某些成分，还需进一步分离

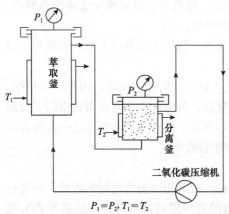

$P_1 = P_2, T_1 = T_2$

图 3-11　吸附法流程（刘杰，2013）

精制。

　　该流程是对等温法流程分离段的改进。经过萃取段时，溶解度越大的成分溶于 CO_2 流体的时间越短，因而优先被萃取出，而经过分离段时，溶解度越大的组分从 CO_2 流体中分离的时间越久，多级降压分离流程正是利用这一特性来对各组分进行分离的。

8. 超临界 CO_2 流体精馏流程

　　以两级分离（图 3-12）为例，将第一级分离釜改为长柱形（解析柱），并对该柱分级加热升温。CO_2 在柱底节流膨胀吸热使此处的温度较低，当 CO_2 上升时被夹套中温度逐渐升高的水所加热，温度不断上升，达到柱顶时 CO_2 的温度升至最高，形成了一个从柱底到柱顶温度上升的梯度。

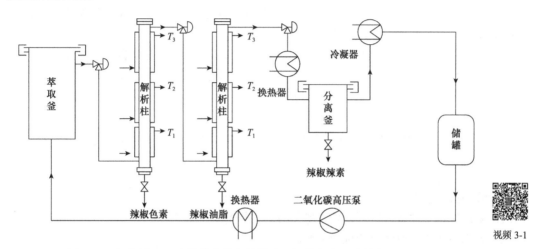

图 3-12　超临界 CO_2 流体萃取分离姜精油二级分离流程（刘杰，2013）

$T_1 \sim T_3$ 为三种不同温度

六、固体物料的超临界 CO_2 流体萃取流程及设备

（一）组成

1. 普通的间歇式萃取系统

　　其是固体物料最常用的萃取系统，结构较为简单。图 3-13 示出了最基本的几种结构。

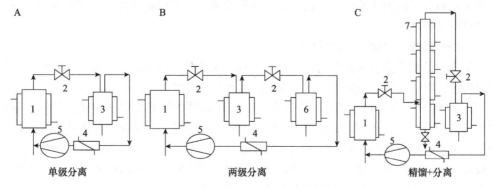

图 3-13　几种典型的间歇式萃取系统（马海乐，2001）

1. 萃取釜；2. 减压阀；3. 分离釜；4. 换热器；5. 压缩机；6. 分离釜；7. 精馏柱

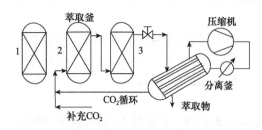

图 3-14 固体物料的半连续式萃取工艺流程
（马海乐，2001）
1～3. 萃取釜编号

2. 半连续式萃取系统

利用多个萃取釜串联进行萃取的体系称为半连续式萃取系统。

图 3-14 所示是一种半连续式萃取工艺流程。该流程的优势在于利用压缩气体多余的热量来加热带有萃取物的 CO_2，使 CO_2 释放出萃取物，以进入下一个循环。

3. 连续式萃取系统

已应用的固态连续进料装置大多采用固体通过不同压力室的半连续加料及螺旋挤出方式，该体系按固体在其中的性质可分为以下三类。

（1）原料形状不发生变化的固体连续加料系统，如咖啡豆脱除咖啡因时，要求保持咖啡豆颗粒的完整性。进行批式填料时可采用处于不同压力条件下的移动式或固定式压力室。

（2）原料形状发生变化的固体连续加料系统如油籽脱油和啤酒花提取浸膏等。压力的作用使固体物料发生变形，且对其自身起密封的作用。

（3）机械位移泵多用于悬浮液加料系统中，适用于运送悬浮液的设备有柱塞泵、隔膜泵等。

（二）固料萃取釜

1. 萃取釜的要求

（1）采用快速开关盖装置可以减少操作时间，提高生产效率。

（2）要求萃取釜具有优异的抗疲劳性能。

（3）温度控制容易。

（4）在满足强度的前提下，尽量使容器结构紧凑、制造方便、生产成本低。

2. 萃取釜的规模

实验室中常用的超临界 CO_2 流体萃取设备中萃取釜的容积一般在 500 mL 以内。工业化生产装置的萃取釜容积一般为 50 L 至数立方米，国外主要采用德国伍德公司（UHDE）和德国克虏伯股份公司（KRUPP）的设备，目前我国制备的工业化萃取装置中萃取釜的容积可达 500～1000 L。

3. 萃取釜的快开装置

根据资料显示的国内外使用现状可知，快开装置主要有单螺栓式、多层螺旋卡口锁、卡箍式和模块式等结构。

4. 萃取釜的密封结构和密封材料

（1）密封结构的完善和密封材料的合理选择，关系到萃取釜能否正常连续运行。根据密封原理可将密封结构分为强制型密封、自紧式密封和半自紧式密封。

图 3-15 所示超临界 CO_2 流体萃取装备中，高压容器的密封构造形式是由日本三菱化工机械株式会社所研发，已成功运用在大型生产装置之中；图 3-16 所示超临界 CO_2 流体萃取实验装置中，萃取器（容积为 200 mL）的密闭结构由瑞士德普瑞（NOVA）公司制造，接触比压较高，密闭性可靠，最大密封压强可达 70 MPa；图 3-17 所示超临界 CO_2 流体萃取实验装备中，萃取器的密封结构由日本株式会社（AKICO）生产。

（2）在进行密封结构设计时，应根据超临界 CO_2 流体的特性，选择适合的密封材料。

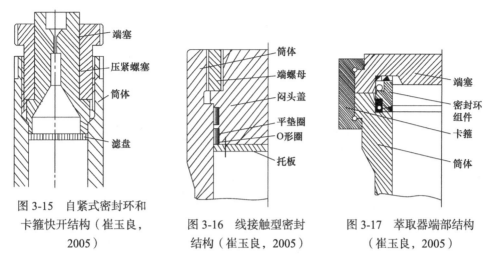

图 3-15　自紧式密封环和
卡箍快开结构（崔玉良，
2005）

图 3-16　线接触型密封
结构（崔玉良，2005）

图 3-17　萃取器端部结构
（崔玉良，2005）

（三）分离器

一般使用的分离器有：①轴向进气分离器，其采用夹套式加热，结构简单，使用及清洗方便；②旋流式分离器，不经减压也有很好的分离效果；③内设换热器的分离器，在分离器的内部设有垂直式或倾斜式的壳管式换热器，利用自然对流和强制对流与超临界 CO_2 流体进行热交换。

（四）CO_2 加压设备

超临界 CO_2 流体萃取装置在高压下操作，核心部件是 CO_2 加压装置，其选型、质量和配套决定了全套萃取装备的质量。CO_2 压缩机可以简化超临界 CO_2 流体萃取装备的工艺流程，利于重复利用低压 CO_2 气体。CO_2 高压泵的流量大，效率高，噪声小。

七、液体物料的超临界 CO_2 流体萃取系统

超临界 CO_2 流体萃取技术应用最多的就是固体原料的萃取，但大量数据显示，超临界 CO_2 流体萃取技术在液体物料的萃取分离上具备更高的优势。

（一）萃取系统构成

液态物料与超临界 CO_2 流体萃取的体系在结构上基本相同，而对连续进料这一过程来说，其溶剂和溶质的流向、操作参数、内部结构等各方面仍有所区别。根据溶剂和溶质之间的流向，整个提取过程又可分为逆流、顺流、混流萃取；按操作参数可分为等温柱和非等温柱操作，图 3-18 是吉卡特·帕特等开发的一款用作液体原料超临界 CO_2 流体逆流萃取的柱式萃取器（中国发明专利 CN1052057A）。

超临界 CO_2 流体与液料经过数次接触之后，极大地强化了传质过程。

（二）液料萃取釜

常见的柱式萃取釜高度为 3～7 m。根据发挥的作用不同，萃取柱可以分为以下 4 段。

1. 分离段

在分离段，物料与超临界 CO_2 流体进行传质。分离段外部用夹套保温或沿柱高形成温度

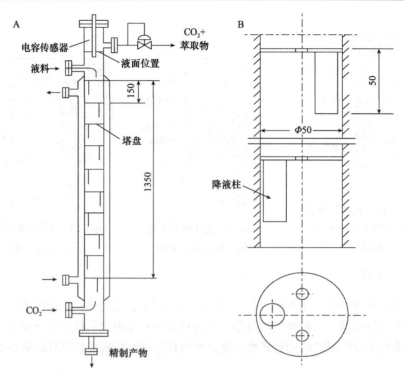

图 3-18　装有多孔塔盘的液相原料萃取系统及塔盘结构（单位：mm）（吉卡特和考司默，1991）

A. 萃取塔简图；B. 塔盘结构

梯度，以便选择性地分离某些组分。

2. 连接段

用于连接两个分离段，并在其中设置支撑填料。一般情况下，连接段的长度约为 0.25 m。

3. 柱头

它的设计要考虑萃取剂与溶质的分离，最好设有扩大段，并用夹套保温。

4. 柱底

用于萃余物的收集，可采用夹套保温。

第四节　亚临界萃取技术

一、亚临界萃取技术概述

亚临界萃取（subcritical fluid extraction，SE）即利用处于亚临界状态的有机溶剂，根据物质间相似相溶的基本原理，利用天然植物原料与提取溶剂充分接触过程中发生的分子扩散，并通过恒温蒸发和压缩冷凝，将物质中的可溶性成分转移到液体溶剂中的一种新型提取技术。

这项技术开始于 20 世纪 30 年代，亨利·罗森塔尔（Henry Rosenthal）将液化后的烷烃用在浸出油脂中，而整个过程就是在亚临界状态下进行的，萃取溶剂在低温、加压条件下以液体的形式作用于物料上，将其中的油脂浸出，再通过蒸发的过程去除溶剂，从而获得油脂，至此意味着亚临界萃取技术的开始。1990 年，祁鲲等首创性地选择丙烷及丁烷当作萃取溶剂，以此来解决传统的六号溶剂在萃取过程中使豆粕变性的问题，这意味着亚临界萃取技术开始在中国进行应用。亚临界萃取技术一般采用水当作萃取介质。当水应用在亚临界萃取技术中时，它的一些性质会发生明显的改变。水在250℃左右的介电常数略高于常温、常压下的乙醇，低于甲醇。中极性和非极性有机物在亚临界水中的溶解度有所提高。若想改变水的极性，可以通过改变温度及压力来改变水的表面张力及黏度，而且可以增加有机物的溶解度，以此通过萃取使非极性成分发生分离。

（一）亚临界萃取技术的定义

亚临界萃取是基于有机物质相似相溶原理，在密闭、低压、无氧条件下，以亚临界流体为萃取剂，使浸在萃取剂中的物料分子扩散，使物料中的一些脂溶性成分依次转移，转移入萃取剂最终利用减压蒸发将溶剂与目标产物分离，最终得到一种新型的目标产物的萃取技术。

（二）亚临界萃取技术的原理

亚临界萃取技术是依据亚临界流体的性质，用亚临界流体在一定的萃取温度、压力及液料比的条件下将物料在萃取罐浸泡一定时间后，通过搅拌和超声辅助对物料进行萃取的过程。萃取完成后，使物料和萃取剂分离，随后将萃取液送入蒸发系统，在压缩机及真空泵的作用下，流入的萃取剂依靠真空蒸发原理使液态转变成气态，从而获得目标产物。

（三）亚临界萃取技术的特点

该技术与传统技术，如常规溶剂浸提、压榨提取和超临界流体萃取等相比，具有许多优点：首先，过程中不易发生氧化、水解等化学反应，不会使目标产物生物活性遭到破坏，使目标产物保持自然形态；其次，萃取溶剂与目标产物易于发生分离，并且原料不发生改性、目标产物没有萃取溶剂的残留，易工业化大规模生产；最后，所用到的萃取溶剂都可以进行重复利用，不会破坏环境，节约能源，成本低，使其在提取油脂、色素及生物活性成分等方面得到广泛应用，并已逐步开始在中草药及茶叶的农残脱除、提升烟叶品质等方面进行应用。亚临界萃取技术的原理与超临界流体萃取技术相似，主要是利用亚临界流体溶解能力与密度的关系，通过压力与温度的变化引起介质溶解能力的改变，达到目的产物分离的目的。但是亚临界技术所采用的参数比超临界流体萃取技术低，在工业应用上易于实现，部分可达到超临界流体萃取的效果。其优点主要是工作压力相对较低，流程简单，对高压设备的要求没有那么苛刻，从而降低了设备投资，提高了安全性，条件相对更加温和，实际操作上可避免料层短路和黏结现象。但是亚临界萃取技术也存在一些缺点，如亚临界水萃取需要在高温下进行，对热敏性物质会造成一定的破坏作用，被提取物在此温度下需进行稳定性的预实验。

二、亚临界萃取技术的基本流程及设备

（一）亚临界萃取技术的基本流程

首先，将预处理后的样品置于萃取罐（图3-19），并利用真空泵（13）对其抽真空，接着利用计量泵（5）定量地将亚临界溶剂从溶剂储存罐（1）泵入萃取罐，通过控制器（14）控制整个萃取过程中的诸多参数，如萃取温度、萃取时间等。随后萃取过程结束以后，把包

含提取物的萃取剂全部转移至分离罐中，再利用隔膜压缩机（6）的减压蒸发过程及冷凝器（7）的冷凝过程，使萃取罐内及分离罐内的萃取剂去除，并送回至储存罐内备用。当上述操作全都完成以后就可以从萃取罐及分离罐内分别得到提取后的样品和提取物。

（二）亚临界萃取设备

亚临界萃取设备如图 3-19 所示，该设备主要由控制系统和萃取系统组成，萃取系统主要包括溶剂储存罐（1）、萃取罐（2）及分离罐（3）。

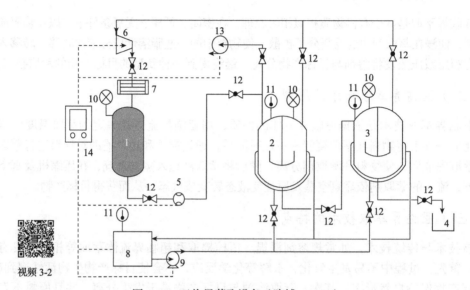

视频 3-2

图 3-19　亚临界萃取设备（隋博，2018）

1. 溶剂储存罐；2. 萃取罐；3. 分离罐；4. 收集瓶；5. 计量泵；6. 隔膜压缩机；7. 冷凝器；8. 热水箱；
9. 热水泵；10. 压力表；11. 温度表；12. 球形阀；13. 真空泵；14. 控制器

三、亚临界萃取的应用

1. 在天然产物提取中的应用

由于亚临界流体在常温常压下是气态的，因此亚临界流体非常容易气化，适合于在常温或低温下提取热敏性物质。在实验中，亚临界提取技术被用于提取多种天然产物的脂溶性成分。

2. 在食品工业中的应用

亚临界萃取技术在食品工业中主要用于植物粉的脱脂等方面，因为某些植物的果实具有大量油脂，但含油量高的食物容易发生酸败，保质期较短，所以植物粉的脱脂环节则成为限制植物粉生产的重要过程。

3. 在中药行业中的应用

亚临界萃取技术已经被用在中药及复方中药有效成分提取中，并实现了工业化生产。

4. 在动物油脂提取中的应用

亚临界萃取技术在动物油脂的提取方面，已经用于林蛙卵、黄粉虫、蚕蛹、蝎子等昆虫动物中提取其油脂成分。

5. 在天然色素行业中的应用

亚临界萃取技术在色素的提取方面有很好的发展,主要有辣椒红色素、万寿菊黄色素、蚕米绿色素的生产。

6. 在天然香料行业中的应用

亚临界萃取技术在天然香料行业中,已经实现玫瑰、十香菜、薄荷、桂花、茉莉、可可脂等的提取。

7. 在特种油脂方面的应用

目前已经成功应用亚临界萃取技术提取出小麦胚芽、葡萄籽、杏仁、南瓜籽、亚麻籽、石榴籽、橘子籽、生姜等几十种特种油脂。

第五节 外场辅助萃取技术

一、外场辅助萃取技术概述

1. 外场辅助萃取技术的定义

外场辅助萃取技术是利用热、力、声、电、微波、磁场等外场效应,增加样品分离系统的能量或降低系统的熵值,促进相对迁移和物料与萃取剂之间的物料平衡,从而提高样品前处理的效率。

2. 外场辅助萃取技术的特点

外场辅助萃取技术利用外场辅助作用,使目的物快速、有效地从固体基质转移至合适的萃取溶剂中,同时可以和固相萃取、固液相萃取等技术联用,从而实现对目标物的进一步分离。外场辅助萃取技术很大程度上提高了传质速率和萃取速率,缩短了萃取时间。

3. 外场辅助萃取技术的分类

目前,外场辅助萃取技术包括超声波辅助萃取技术、微波辅助萃取技术等。

二、超声波辅助萃取技术

(一)超声波辅助萃取技术的基本原理及特点

1. 超声波辅助萃取技术的基本原理

超声波辅助萃取(ultrasonic assisted extraction,UAE)的基本原理主要是利用压电换能器产生快速机械振动波,即超声波,并利用由此产生的空化效应、机械效应、破坏效应及高加速度、扩散、粉碎和搅拌作用,降低目标提取物与样品基质之间的作用力。通过增加分子运动的频率和速度,增加溶剂的渗透,加速目标成分进入提取过程。

2. 超声波辅助萃取技术的特点

超声波辅助萃取技术和普通的萃取技术相比较,更加快速和高效,它在很多方面都显示出较大的优越性,更在某些情况下,甚至超过了超临界流体萃取和微波辅助萃取技术。超声波辅助萃取技术主要有以下特点。

1)无须高温 超声波辅助萃取技术特别适用于对热敏感的,容易产生水解氧化成分的萃取,超声波辅助萃取的最适宜温度为20~60℃。

2)操作简单 超声波辅助萃取技术具有良好的安全性,操作简单,方便保养与维护。

3)萃取效率高 超声波辅助萃取在很短的时间内就可以得到最优的提取率,并且萃取的效果很好，萃取量也是传统萃取技术的两倍以上。

4）具有广谱性　　超声波辅助萃取具有广泛的适用性，在食品、化工等领域都可以应用超声波辅助萃取技术。

5）溶剂和目标萃取物性质的关系不大　　超声波辅助萃取的提取溶剂和目标提取物范围广泛，溶剂与目标提取物性质的关系不大。

6）减少能耗　　由于超声波辅助萃取技术的萃取时间短，且不需加热或加热温度不高，因此可以很大程度上降低能耗。

7）原料处理量大　　原料处理量可以是萃取剂量的数倍，且杂质少，有效成分易于分离和净化。

8）成本低廉　　超声波辅助萃取的工艺成本比较低廉，从而使其综合的经济效益比较显著。

9）不易变质　　由于超声波具有一定的杀菌作用，因此超声波辅助萃取技术可以保证萃取液不容易发生变质。

10）萃取得率高　　超声波辅助萃取的得率比常规萃取高20%～50%，节省原料，使用溶剂少，节约溶媒。

（二）超声波辅助萃取技术的基本流程及设备

1. 超声波辅助萃取技术的基本流程

超声波辅助萃取技术的基本流程往往根据具体的萃取对象进行设计。首先，在经过预处理后，原料被粉碎机粉碎到一定程度，放入萃取容器中，加入萃取剂。然后在提取容器中使用超声波处理，会立即破坏生物体和细胞壁，提取活性成分，最后通过分离、浓缩和干燥获得所需的目标产品。

2. 超声波辅助萃取设备

超声波辅助萃取设备包括超声波萃取装置和分离器，其中主要设备是超声波萃取装置，主要分为浸入式和外壁式两种结构。通常使用复频率共振法，因为复频率共振法的提取效率相对高于单频率。超声波辅助萃取装置由萃取罐（提取罐或萃取容器）、换能器、冷凝器和超声波信号发生器等组成。

三、微波辅助萃取技术

（一）微波辅助萃取技术的原理及特点

1. 微波辅助萃取技术的原理

微波辅助萃取（microwave assisted extraction，MAE）是一种利用微波能量提高萃取率的外场萃取技术。常用的方法多数是二维加热，但微波是对材料的三维加热。在微波区域，由于每种材料的微波吸收能力不同，基体材料的某些区域或抽吸系统的某些部件被选择性加热，导致材料内部的能量存在差异。因此，提取的材料有足够的动力从基质中分离出来，以达到提取的效果。

2. 微波辅助萃取工艺的特点

（1）微波辅助萃取是从内部和外部同时加热材料，而传统的热萃取通过热传导和热辐射从外部加热材料。其与传统的热萃取不同，并具有高温热源，可显著提高萃取质量并有效保护材料的功能成分。

（2）因为微波辅助萃取是穿透式加热，内外部同时加热，因此提取时间大大减少。常规的多功能萃取罐 8 h 完成的工作，用同样大小的微波辅助萃取设备只需几十分钟便可完成，节约了近九成的时间。

（3）微波辅助萃取具有很强的提净能力，常规方法需要两到三次提净原料，而同样的原料在微波辅助萃取下可一次提净，很大程度上简化了工艺流程。

（4）微波辅助萃取技术比常规萃取技术更容易控制，是因为没有热惯性，且参数都可以进行数据化处理。

（5）微波辅助萃取的温度一般较低，不容易糊化，并且易分离，后续进行处理较为方便。

（6）微波辅助萃取的溶剂用量较少，与常规方法相比减少了一半甚至更多。

（7）微波辅助萃取设备主要是用电设备，不需要配备热源，没有污染，属于绿色技术。

（8）生产线组成简单，投入的金额较少。

（二）微波辅助萃取技术的基本流程及设备

1. 微波辅助萃取技术的基本流程

微波辅助萃取技术的基本流程大概分为 5 个环节：粉碎、预处理、微波萃取、物料分离和浓缩。首先，制粉机必须将原料加工成粉末，然后添加、搅拌和软化萃取溶剂，经过简单的预处理后将其送至萃取设备，微波辅助萃取后将材料和液体分离，并将所得溶液送至浓缩系统，以获得目标产品。

2. 微波辅助萃取设备

微波场密度、溶剂和物料供应比、萃取温度、萃取时间、升温速率和物料降解程度等因素影响着微波辅助萃取的效果。根据微波技术的特点，微波提取装置主要有以下两种类型。

1）管道式微波萃取装置　　管道式微波萃取装置一般由微波源、作用孔、输送管及储存罐组装而成。首先，在储存罐内将物料与萃取剂充分混合，随后将料液一并送入输送管中。当料液通过微波室时，通过微波直接加热。管道的种类有单管类型、阵列管类型和螺旋管类型。而微波辅助萃取设备主要是螺旋管类型。因为微波的穿透深度较为有限，所以在频率为 2450 MHz 的微波系统中，管的直径要求在 3～6 cm。螺旋管微波萃取设备萃取相对比较容易，并且设备制造成本较低，萃取时间较短，主要适合连续萃取的工作，可控性强。然而，其缺点是，它只能用在粉末状物料的萃取中，而且因为管道较长、能量转换率不高、压力变化小且不适合设置不同的工艺参数，因而更容易堵塞。

2）罐式微波萃取装置　　罐式微波萃取装置与传统的动态萃取结构类似，区别在于罐式微波萃取装置将蒸汽加热器转换成微波加热器，从平面加热转换成三维加热。罐式微波萃取设备的优点是可以提取不同形式的物质，也可以在恒温、常压、正压、负压等条件下提取，提取物质的种类多，而且限制的提取条件较少。微波的功率范围可以从几百瓦到几百千瓦，罐体的体积范围也可以从几百毫升到几立方米。但其缺点是微波功率输出相对较高，生产难度相对较大，萃取生产线只能分批加工。加料、进液、出液、出渣等辅助工序耗时过长，降低了整体利用率。需要注意的是，由于微波辅助萃取设备的穿透深度有限，因此需要使用搅拌器来实现动态萃取。

第六节　萃取技术在食品工业中的发展现状与展望

一、超临界 CO_2 流体萃取技术在国内外的发展现状及展望

（一）超临界 CO_2 流体萃取技术在国内外的发展现状

和以往的传统提纯工艺技术相比，超临界 CO_2 流体萃取技术的提炼工艺有着明显优势，但是它也面临着自身难以解决的工艺技术问题，这些问题主要体现在以下几个方面：①对于极性较大且相对分子质量超过 500 的物质提炼效率较差且必须在高压条件下进行，所以实际应用时就必须选用适当的捕集剂和增加高压装置；②对于萃取成分较复杂的原料，仅使用超临界 CO_2 流体并无法达到纯化要求，而必须和其他的分离手段组合应用；③超临界 CO_2 流体的高临界压强加大了设备的投入，最新研究表明可以采用丙烷替代二氧化碳。总体来说，当前超临界 CO_2 流体萃取技术的发展方向为：①超临界沉淀、超临界染色、超临界流体反应、超临界挤压等新型超临界流体萃取技术发展飞快；②超临界流体萃取技术与其他高科技技术结合使用；③寻求新的改性剂及超临界流体以适应工业应用。

1. 超临界流体萃取-精馏分离技术

将超临界 CO_2 流体萃取技术的萃取设备与分离蒸馏、精馏柱、层析柱组合使用可显著提高样品萃取分离效果。例如，在提取维生素 E 的过程中，采用超临界 CO_2 流体萃取-精馏分离技术比单纯的超临界 CO_2 流体萃取技术的效果更好，超临界流体萃取（supercritical fluid extraction，SFE）-精馏分离技术能更好地脱除色素及胶质，从而提高维生素 E 的纯度。

2. 超临界流体萃取-色谱联用技术

SFE 和其他分析方法的技术结合使用，分为离线、在线两种方法。离线联用的好处是操作简便，但在线联用的应用也比较普遍，有高自动化、成品回收率较高、成品定量准确及操作简易的优点。

1）SFE-SFC 联用　　SFE-超临界流体色谱（SFC）联用适用于大分子分析，在食品中农药残留的分析方面具有很大的发展前途。实际应用中采用氖（Ne）干燥的 C_{18} 前置柱从食品中萃取有机磷杀虫剂。

2）SFE-GC 联用　　这是 SFE 与色谱技术联用最成功的一种模式，大多是通过一根毛细管限流器对 SFE 进行降压，然后低温捕集萃取物，再快速升温切换进样而实现的。

3）SFE-HPLC 联用　　SFE-HPLC 具有选择性、自动化水平高及灵敏度好等优点，它操作简单、快速，可完整完成动态分析的过程。采用 SFE-HPLC，以 CO_2 和 N_2O 作流动相可分离、提取、在线分析咖啡因、辣椒红色素、维生素和生物碱等，但在我国尚无这方面的研究报道。

3. SFE-SFR（SFF）联用技术

有研究证明，采用超临界流体萃取（SFE）与超临界流体反应（supercritical fluid reaction，SFR）或超临界流体分馏（supercritical fluid fraction，SFF）联用技术，萃取分离效果明显好于 SFE、SFR、SFF 等单一技术的效果。例如，在 SFE 脱咖啡因的工艺中，若采用 SFE-SFR 联用技术，脱除效率明显提高。

（二）超临界 CO_2 流体萃取技术展望

目前对于超临界 CO_2 流体萃取技术的研究和开发工作有待进一步发展，其发展方向主要

包括以下几个方面。

（1）潜在市场巨大。随着人民生活水平的提升和对健康的要求，对食品种类需求增加的同时，对其质量要求也在增加。超临界CO_2流体萃取技术也被应用于生物活性物质的提取中，如从人参中提取皂苷、从花菌属植物中提取萜类等。

（2）将计算机建模和工艺设计的需求，与气相平衡数据结合并互为补充，为超临界CO_2流体萃取技术的广泛应用奠定了基石。

（3）超临界转速CO_2流体阻力提取作为一项新型的分离技术，在实际使用中虽有设备一次性投入较高的弊端，但其提取成品纯净、安全，保留了产品活性，且具有热特性稳定、香味纯正和操作提取率较高的优势，正在成为食品工业应用中一项有着很大前景的高科技提取与分离方法。

目前，我国超临界CO_2流体萃取技术与国际上还存在很大差距。例如，超临界流体色谱在国际上已基本进行了工业化实用，而国内在此方面的研究还很少；我国在超临界CO_2流体萃取装置的机械制造水平、仪表自动化水平、机电一体化装置的设计与开发能力等方面存在着较大的差距。但是，随着对超临界CO_2流体的性质、提取分离机制及操作流程控制因素等方面认识的进一步深化和完善，通过国内同行的同心协力，我国的超临界CO_2流体萃取技术一定会有更大的发展。

二、亚临界萃取技术在国内外的发展现状及展望

（一）亚临界萃取技术在国外的发展现状

1934年，罗森塔尔（Rosenthal）等使用液体丁烷和丙烷的共混溶剂提取了棉花籽油，在经过三次提取之后，棉花籽油的萃取效率达到了97%以上，且油脂颜色更加明亮，质量也显著高于传统溶剂提取，从而建立了亚临界流体提取技术在油脂行业中的应用基础。

1961年，日本研究者开始使用低温低压间歇式气相转变萃取技术制备各种食用脂肪。小作（Kosaku）等系统、深入地研究了大豆油的液化丁烷提取工艺技术，以及液态丁烷作为提取溶剂的适应性，并确定了最适提取条件、原料胚干燥方式等。研究结果显示，在适宜的提取条件下，液态丁烷的确是一种高效的提取溶剂；用丁烷提炼得到的大豆油比较清亮，酸价也比较低且卵磷脂含量少，因而便于油料的提炼与氧化稳定性试验；在黄豆胚料厚0.4 mm、提取时效2 h、提取温度40℃的条件下，胚料残油率仅在1%左右；但稍微提高室温（50~60℃）时，丁烷溶液就可以充分挥发，防止了大豆蛋白的变性。

（二）亚临界萃取技术在国内的发展现状

在国内，祁鲲最先完成了"四号溶剂"（即液化原油气，由丙烷和丁烷构成，以丁烷为首）萃取的产业化应用，并且相继研制出了高质量低温的大豆蛋白、贵重脂肪、纯天然颜料等一系列商品。在1990年，祁鲲设计完成了一套小型实验室装置；1993年建成了全球首个日处理50 t的工业化液化石油气提取工厂；此后，也相继建立了50余条产品线。自1995年开始，针对液化石油气溶剂特点及其油料作物提取机制研究工作的开展，更进一步阐述了提取基本原理与流程，并指出了该技术不但提取质量较高，而且同时具备了温度、高速、低能耗等优点。

2009年，徐斌等在"四号溶剂"定义的基础上，明确提出了农产品"亚临界点流体萃

取"的新定义，由此扩充了亚临界点流体萃取的溶液种类，并使得应用范围由石油制备延伸至自然产品的活性部分萃取。如今，亚临界萃取的概念已被世界农产品加工界普遍接受，并有力推动着该技术在我国的普及和使用。而随着亚临界流体溶液品种的增多，尤其是多元混合溶液的广泛应用及其对萃取装置的优化升级，亚临界流体萃取的加工量也逐渐提高，使用范围逐渐拓宽，成为世界农产品加工领域中一种不可或缺的关键新技术。

（三）亚临界萃取技术展望

亚临界萃取技术虽然在农产（食）品加工生产技术领域中已经获得应用，但其装置的工艺技术进展状况还不能适应市场。尤其是缺少大型的持续化、自动化亚临界流体萃取装置，将难以达到对于各种农产品的处理标准。同时，在特定加压状态下（0.5 MPa）的持续进、出料是制约亚临界流体萃取装置持续化的关键问题，为克服这一重大困难和问题，急需农产（食）品加工生产科技应用领域与工程机械设计领域的科学技术工作者携起手来努力。

三、外场辅助萃取技术在国内外的发展现状及展望

（一）超声波辅助萃取技术的发展现状及展望

超声波辅助萃取-强化溶剂萃取技术是近些年功率超声波应用技术的一个活跃分支。目前已开展的研究与已投入应用的技术包括超声波萃取特色植物中的不饱和脂肪酸、中药功能性成分、啤酒花苦味素、动物组织油脂、色素和香料及食品残留农药等。目前国内已应用于中药成分、甜菜蔗糖、脱脂大豆蛋白质及茶叶中功能性成分的萃取。

1. 超声波辅助萃取技术的应用现状

1）在天然植物成分和药物活性成分萃取中的应用　　超声波辅助萃取技术由于具备提取速率快、提取后产品质量高的优势，被广泛应用于自然产品及其生物功能性活性物质的提取中。生物活性成分的提取主要涉及几大类天然物质，如生物碱、皂苷类、萜类物质、糖类和挥发性脂肪等。具体应用中包括提取动物组织液中的毒素、饲料中的维生素、紫杉叶中的醇类、迷迭香中的抗氧化剂、大豆中的酮类、罂粟中的生物碱吗啡、槐米中的芳香苷、羊角天麻中的天麻素和羊角天麻苷元；使用超声波传感器强化萃取松香、咖啡、茶和银杏叶中的内含成分如大黄酮、茶多酚等。与其他提取方法相比〔低温浸渍法、乙醇水溶液回流反应法（索氏提取法）、以水为电解液的加温蒸制法、热碱提取-酸沉淀法〕，超声波辅助萃取的提取效率可大大提高，且工艺简单、速度快。

2）在食品分析及化工产品分析中的应用　　采用超声波辅助萃取技术可以进行食品样本的预处理。检测午餐肉油脂含量的国家标准（GB 5009.6—2016）中的酸水解法具体操作如下：在试样中加入适量水和盐酸后，置于70～80℃水浴中，消化40～50 min，再进行后续的抽提等操作。实验过程费时且操作过程复杂，同时人为因素的影响也很大，实验结果存在偶然性。有研究者使用超声波法对检测流程做了改良，样品无须再加热，缩短了消化时间，可以同时进行大批量样品脂肪含量的测定。

目前，超声波辅助萃取在化学制品分析中的使用相对较少。在聚烯烃中，提取、分离和定量地计算聚合物添加的操作，对于实验者来说都存在困难。实际操作中，在较短时间内提取和使用90%以上的聚烯烃增味剂都无法实现。而这里面最首要的问题就在于实验过程中温度升温所导致的降解，而室温上升又将使高分子在玻璃转化温度下从玻璃状转化为胶

状。塑化剂也被应用在塑料工业领域，容慧等使用超声萃取-气相色谱法，同时检测聚氯乙烯（PVC）中的 5 种塑化剂，方法简便、快捷，结论也令人很满意。

使用超声波辅助萃取技术萃取的活性研究产物还包括千金子脂质油，元宝枫叶的类黄酮，紫薯中的花青素，苦楝中的苦楝醇、苦槐酮、苦楝二醇，杜仲叶中的密蒙花黄色素，苦杏仁油及猪草茎中的绿原酸等。

3）在有效成分萃取中的应用　　原料中的有效物质如皂苷类、生物碱、蒽醌类、有机酸等的萃取，都通过超声波技术达到了显著的强化效应，省时、高效且产物的分子结构不会发生变化。这些报道多见于医学方面的文章，其中主要以中药为原材料对有效物质的萃取。这就更加证实了超声波辅助萃取技术的先进性、科学性，为食品工业应用超声波萃取技术提供了有益的参考。

超声波辅助萃取技术已用于中药化学成分的提取，并表现出了极好的应用前景。中药中的成分包括有效成分、无用成分及高毒性成分三种，若想要提高其作用效果，就必须最大限度地提取活性成分，去除无效成分及有毒成分。超声波传感器可损伤植物药材的细菌，而溶媒则能够渗透到医药细菌之中，进而促使医药中有用物质溶解于溶媒之中，增加有用物质的产生率。超声波萃取可以在不改变有效成分化学结构的基础上减少提取时间，增加提出率，为中草药中有效成分的萃取创造了一种更快捷、高产的新方式。

2. 超声波辅助萃取技术的发展方向

1）突破"放大"瓶颈　　近年来，针对在超声波辅助萃取过程中出现的工艺放大技术难题，研发人员又开展了新型超声波辅助萃取装置的研究。科研人员开发的多循环超声波辅助萃取技术是根据生化工程理论与方法，运用了"模拟移动"理论，通过液-固体系的充分混合、流动设计，使物料颗粒"提取机会相同"，进而提高超声波场的使用效率，克服了超声波处理不均匀（局部过度）、超声波在介质中的传播速度衰减、静止物料超声波萃取效果范围受限、萃取原料数量有限等问题。

2）优化部分萃取工艺　　天然植物和中药有效成分种类较多，提取方法各不相同。此外，即使使用相同的设备，在不同的工艺条件下，提取结果仍然可能出现较大差异。因此，需要在不同的工艺条件下，针对不同的提取原料和提取物进行工艺优化。

3）节能环保，降本增效　　普通超声波辅助萃取技术的换能器嵌于管壁、提取罐壁等部分，而超声波必须经由器壁再传播给材料，而超声场只散布于管圆周运动的一定区域之内，因此超声波传感器的利用率较低，有的材料根本无法接收超声波传感器，因而有的材料过度进行了超声处理。开发节能、环保、降本、增效的超声萃取设备是必然趋势。例如，在循环超声萃取技术基础上研制出的高效循环超声波萃取设备，能同时实现间歇萃取与多级持续萃取，实现循环速率和关键技术参数的同时设置。其萃取效果是常规萃取的几倍至几十倍。据统计，同传统方式相比，使用这种装置可节约能源 50% 以上，而萃取成本则可减少50% 以上。循环超声波萃取技术使用聚能式超声波检测技术，每个聚能式换能器的输出功率为 900～1800 W，最大可达到 2800 W，以期适应不同细胞的破壁条件。普通超声波提取技术使用的发散式超声波检测技术，由于单个换能器的输出功率较小，且一般数量最多只为数十瓦，因此难以达到对各种细胞破壁的破碎条件，而聚能式换能器直接和材料碰撞，效率几近 100%。各种材料均处在超声波场的有效区域，所有材料拟均相，即进行超声波处理机会数相同。

4）研制出功率大、噪声低的超声波辅助萃取装置　　对于超声波辅助萃取方法来说，目前在实验室中普遍采用的超声波萃取仪就是利用超声换能器所产生的超声波通过介质（往往是水）传播作用到试样上的，这只是一个间接的作用方法，声振效率较低，若想进一步提高萃取精馏效率，需要提高超声波发生器功率（＞300 W）。但是，过大的超声波功率会产生令人不适的噪声。所以，如果能够研发出功率大、噪声低的超声波萃取装置，超声波辅助萃取技术将会获得更为广阔的应用。

5）超声波提取工艺从间歇式向连续式发展 目前超声波辅助萃取工艺大多为间歇手工操作，较少使用连续系统。间歇操作虽然对设备的投入较少，但劳动强度大，且溶媒用量大、运行时间长、活性成分损失严重、能源消耗大，而且萃取效果较低，产品的质量不高，已不能满足现代工业的需要。而持续超声波辅助萃取的主要优势是对样品与试剂的消耗较少，连续超声萃取已用来检测植被中的铁、泥土中的金属硼与六价铬及其空气过滤器中的有机磷酸酯等。国内研发的现代中医药连续生产线更适合中成药提纯制药的工艺要求。此生产线彻底改变了传统提纯医药的模式，相应提高了制造效率，也减少了成本。

6）超声波辅助萃取技术的研究由单频率向复频或双频超声波萃取发展 目前关于超声波辅助萃取技术的研究主要只有单频超声波萃取技术，而关于复频及双频超声波萃取技术研究的报告较少，因为复频超声波充分发挥了各种频率超声波技术的优点，减少了主场波，使声场更加平稳，同时在复频超声波中除基础频率之外，还发现了倍频波及差频波。研究中发现，复频超声波理化作用显然高于单频超声波。曹雁平等先后使用单频超声波、双频组合超声波和双频复合超声波对绿茶茶多酚的浸提开展了研究，结果见表3-3。

表3-3 超声波浸取绿茶茶多酚的最优指标、各个因素组合和实测值（曹雁平等，2004）

提取方法		项目						
		温度 /℃	固液比	强度 / （W/cm²）	时间 / min	频率 / kHz	模拟值	实测值
单频超声波	浓度 / (mg/mL)	50	1：12	0.1	13	28	3.199	3.184
	浸取率 /%	50	1：12	0.1	13	40	20.7	21.0
	浸取速率 / (g/min)	75	1：12	0.5	1	40	0.265	0.286
双频组合超声波	浓度 / (mg/mL)	85	1：14	0.4	1-7	28-40	3.189	3.173
	浸取率 /%	40	1：14	0.4	4-4	28-40	25.9	26.3
	浸取速率 / (g/min)	90	1：14	0.35	1-1	28-40	0.144	0.168
双频复合超声波	浓度 / (mg/mL)	80	1：10	0.6	3	28-40	3.210	3.180
	浸取率 /%	80	1：12	0.6	5	28-40	27.7	27.0
	浸取速率 / (g/min)	50	1：12	0.1	1	28-40	0.295	0.33

（二）微波辅助萃取技术的发展现状及展望

目前，尽管国内外微波辅助萃取（MAE）技术的研发工作才刚刚开始，但因为微波提取技术有着其他传统提取方式所不可相比的优势，具备产品选择性高、使用时限短、溶液总量小、生物活性成分得率高、不易产生噪声、特别适用于热不平衡成分等优势，同时和超临界、超声提取法等新型萃取方式相比较又有着较大的优越性，它装置简便、容易使用、投资较小、适用性广等，所以微波提取技术在保健功能因子的研究、食品有效成分萃取和食品分析研究中都有着良好的应用前景，已成为当前和今后新型萃取技术研发的热点所在。

今后，还可利用微波加热的优点与微波萃取的优势，将提炼过程和后续处理紧密地联系在一起，以缩短样品处理的过程。例如，对姜黄提炼，可考虑同步完成对姜黄色素和挥发性油类的萃取。这方面的研究对更进一步减少取样处理时间，提升分析速度有着重要意义。而在萃取原理领域方面，人们已经给出了从植物组织中萃取天然物质时微波的主要作用原理，但由于各种类型的植株基体物质组成及萃取系统的特点不同，许多关于萃取过程的重要参数及物理形式和尺度，如自由水和结合水的浓度及其对萃取率的影响程度等重要方面，尚待继续研究。

目前，已经有将微波萃取和液体试样顶空提炼相结合的方法，也有文献报道了固相提炼-微波萃取结合技术。若用相关联用仪器分析食品中的重要化学物质及有效物质等，将大大简化对样本成分提取的前期处理，提高数据分析效果，并增加样本适用范围。但微波萃取系统的主要弊端在于无法自动化，没有和其他仪器设备在线联机的可行性，若能够从技术和仪器设计方面实现重大突破，将微波萃取如同超临界流体萃取系统一样与检测仪器设备进行在线联机，那么该方法会有更强的生命力。

第七节　萃取技术对食品类型的要求

最近几年，萃取方法在食品样品前处理的领域得到了广泛应用，其中包括超临界流体萃取、亚临界萃取、超声波辅助萃取、微波辅助萃取等。所以必须对食品分析样品前处理方法、检验对象分别加以阐述，从而为后期食品样本分析工作提供必要的理论基础。

一、超临界流体萃取技术对食品类型的要求

超临界流体萃取（supercritical fluid extraction，SFE）技术融合了萃取与蒸馏两种过程，并以在临界温度、临界压强之上的超临界流体为理想溶液，这种溶液在此状态下具备高度的溶解能力，可萃取和分离混合物质中的溶质。利用超临界状态下流体的高溶解性，将待分离的混合物直接在萃取釜内接触，再通过调整萃取釜内的压强，调节控制釜内温度而选择性地提取混合液中的某一种组分。为了让超临界流体与产物分离，需再改变温度和压力条件使超临界流体变成气体，最终超临界流体能够持续循环使用，以实现节能环保的要求。

在现实的使用过程中应充分考虑超临界流体的溶解性、临界点数据、混合物可能产生的化学反应和其他影响因素，因为可供选择的超临界流体过少而CO_2的临界点温度为常温，适合提取受热易水解等性能较不稳定的物质，其临界密度也相对比较高且临界点压强适中。此外，CO_2特性比较稳定，不易引起化学反应；纯度很高，无腐蚀性、安全、无害、无污染，很容易和待萃取物质分开，还可以避免被萃取物质发生氧化分解，是一种绿色萃取剂。由于CO_2的质量和密度在临界点附近，气温和气压的微小变动都会使反应有较大的改变，因此可通过改变其中一个条件，选择性地分离不同物质。CO_2价格较实惠，在临界点下和大多数物质都不相溶，因此易于收集与分离。综上所述，CO_2是一种较为理想的超临界萃取剂，在食品、医疗等领域有十分普遍的应用。

传统的萃取与蒸馏技术，早已无法适应人类对食物营养均衡、绿色健康、纯天然的要求，所以临界流体萃取技术逐步走向了工业化生产。超临界CO_2以操作简单、安全无污染的

优点在食品加工产业中获得了广泛的应用。

超临界流体萃取技术在去除有害物质领域方面有重要应用。例如，①加工不含咖啡因的咖啡。咖啡中咖啡因的含量过高会导致骨质疏松和胃溃疡等症状，因此减少咖啡中咖啡因的含量在工业生产中是非常重要的。用传统的溶剂萃取法得到的产品纯度较低且有溶剂残余等现象，萃取效果不理想。20世纪70年代，国外企业——哈克咖啡公司（HAG）就成功地应用此方法将咖啡因进行了脱除、降解。具体方法如下：提前洗净咖啡豆，然后加入蒸汽或者水预泡（起到提高咖啡因浓度和助溶的效果），再把其导进萃取器中萃取，通过分离器加以分离就能够起到减少咖啡因浓度的效果。②脱脂处理（精白米）：食物中的油脂含量往往占据很大的分量，但脂质的存在会影响食物的食用质量。脂质氧化后也会对食品的风味产生影响，所以对原材料进行脱脂处理极其必要，超临界CO_2萃取即一种不错的选择。在进行了超临界流体萃取之后，由于油脂含量减少，表面的胚芽与米糠含量也降低，可以显著提高米饭的食用品质。③超临界CO_2萃取还可以去除蛋黄与奶油中的高胆固醇，保持原有物料中的脂肪等成分，并且提高面包等产品的拉伸强度。④提取某些存在于食品原料中的功能性物质——主要集中于啤酒工业。用普通的方法萃取啤酒花中的有效物质，所得的产品难提纯且难分离。而使用超临界流体萃取技术时，要将酒花磨成粉碎状，这一步骤主要是为了扩大与萃取剂接触面积，有效增加萃取效率。超临界CO_2流体萃取法在此基础上还可以除去农药等有害物质，确保酒花的香气。

超临界流体萃取技术在从植物中萃取功能性物质领域方面有重要应用：超临界CO_2流体萃取技术与压榨法相比较可以节约大量原料，供后续利用且提取率高，并保持了原有成分。超临界流体萃取技术能够获得植物中的亚油酸、亚麻酸、维生素E及8种人类必需氨基酸。因此，超临界流体萃取技术已在开发保健油料中广泛应用（米糠油、胚芽油、葡萄籽油等）。植物籽油中富含各种不饱和脂肪酸和生物活性成分，是一些功能性食品的主要原材料。超临界流体萃取技术在植物籽油的有效萃取领域有着得天独厚的优势。因为超临界CO_2流体萃取技术不但可以有效避免化学溶剂残留，还可以除去植物原料中的农残，所以许多科学家使用超临界流体技术萃取植物籽油。例如，詹保罗·安德里奇（Gianpaolo Andrich）等应用此技术萃取葵花籽油，唐韶坤等应用此技术萃取葡萄籽油，马东等应用此技术萃取大蒜油，孙庆杰等应用此技术萃取番茄籽油。此外，钟海燕等认为用超临界CO_2流体萃取法所获得的茶叶油纯度较高，能够改进油脂精炼过程工艺。马南（Manan）在传统超临界流体萃取技术的基础上，发展了一种新的强化棕榈油工艺，也大大简化了提炼工序。

超临界流体萃取技术在香烟中的应用：香烟中的烟碱可用作蔬菜、水果等的除虫剂，是一类对动物中枢神经系统有作用的生物碱，超临界流体萃取技术能够获得较高纯度的烟碱，和传统萃取方式相比能耗也更少，提取率更高。此外，超临界流体萃取技术还能够萃取香烟中的茄尼醇、烟草中的精油和香料等。

二、亚临界萃取技术对食品类型的要求

亚临界萃取是一项新兴的萃取技术，其最大的优点是低温工艺，同时可选溶剂多样、适用夹带剂，能够使用超声波辅助萃取等方式，且能够对目标组分进行良好的选择性萃取。

亚临界萃取（subcritical fluid extraction，SFE）技术通常利用相似相溶原理，在满足一定条件的容器内（密闭、低压、无氧），以亚临界溶剂作为萃取剂，浸泡时，在萃取剂与物料间会发生分子扩散，此过程可以将脂溶性成分从固态物料中溶出至液态萃取剂中，通过减

压、蒸发等操作从萃取剂中将目标产物分离提出，最终获得目标产物。分子的扩散能力及传质速率在亚临界状态下较强、较快，这一性能可以显著提高目标物质在萃取过程中的溶解与渗透能力，使萃取过程具有一定的选择性，同时具备萃取与分离的双重效果。

目前用于食品生产加工的亚临界溶剂有非极性的丁烷、丙烷，以及丁烷和丙烷的混合溶剂，主要用于提取物料中的脂溶性成分，有时为了增加溶剂的极性，把乙醇等极性溶剂作为夹带剂加入溶剂中，添加量为 5%～20%。二甲醚具有脱水脱脂的效果，朱新亮采用二甲醚作为萃取溶剂将湿木板中的油提取出来，同时脱除湿木板中大部分水分。而四氟乙烷和二氟一氯甲烷（R22）等溶剂只在加工非食品物料时使用，其中四氟乙烷对萃取一些物料中的小分子挥发油有较好的效果。

在食用油生产中，亚临界萃取技术主要应用于大豆食用油的萃取过程中。原大豆食用油生产工艺常以己烷溶剂为萃取剂，然而加热过程对植物油料中功能成分的破坏作用较大。而以丙烷或丁酮为萃取剂进行亚临界萃取，既可以保证物料中热敏成分不被破坏，又能够使豆粕中其他营养物质不发生变性，确保经亚临界萃取的产品中营养价值得到充分保留。汪学德等采用亚临界丁烷提取芝麻油，结果显示芝麻油色泽浅，芝麻素保留率高。徐斌等以小麦胚芽油和米糠油为原料，对三种不同的萃取技术：有机溶剂萃取（正己烷）、超临界流体萃取（CO_2）、亚临界萃取（丙烷）进行了对比研究。结果显示，较其他萃取技术，亚临界萃取技术对原料中的甾醇有很好的保留效果，且可以更好地确保油料的稳定性能。通常情况下，经亚临界萃取的油料色泽较其他技术所得油料更浅。

可以工业化应用亚临界萃取技术生产的物料有大豆、花生、核桃、芝麻、杏仁、文冠果、辣木籽、元宝枫籽、青刺果籽、燕麦、油沙豆、牡丹籽、葫芦巴、沙棘果、黄蜀葵、辣椒籽、棉籽、火麻籽、栀子果、油茶籽、亚麻籽、玫瑰果籽、葡萄籽、杏仁、茶籽、石榴籽、椰蓉等上百种。核桃、花生、芝麻等品种还可以加工成半脱脂产品。

亚临界萃取技术在农产品下脚料加工中的应用：江南大学的刘元法对比了亚临界萃取（丁烷）、超临界流体萃取（CO_2）和有机溶剂萃取（正己烷）对稳定化小麦胚芽油的影响。该团队发现，在三种萃取方式中，有机溶剂萃取技术所制油料品质最差；经超临界流体萃取技术制得的油料含水量较高，但氧化稳定值（OSI）较差；而亚临界萃取（丁烷）所得小麦胚芽油的得率（9.24%）、OSI（2.55 h）与维生素 E 含量（3749.79 mg/kg）较高，小麦胚芽油品质最好。河南省鲲华生物技术有限公司在小麦胚芽、玉米皮、大豆胚芽、米糠、小米糠、燕麦麸、玉米黄等农产品下脚料的生产和加工方面应用亚临界萃取技术取得了较大突破。

三、超声波辅助萃取技术对食品类型的要求

超声波技术是 21 世纪一种高度发展的新兴科学技术，已引起我国和不少发达国家科技工作者的普遍重视。超声波提取技术的进展，正为化学、化工、食品、生物、制糖、医疗等专业的科学研究开辟崭新领域，将在实际使用上对其他工程领域产生重大影响。超声波主要是频率范围超过 20 kHz 的噪声，是一个在机器振动和媒质中的噪声传递过程。在传播过程中，由于超声波和介质的作用，超声波的相位和振幅也会发生改变；超声波功率还将改变介质的状态、组成、构造和功能。超声波技术在食品工业中的应用可以分成两种：一种是使用频率高，但能量较低（一般小于 1 W/cm^2）的检测超声技术，其频率大多以兆赫兹表达；另一种则为频率低，但能力较高（通常为 10～100 W/cm^2）的高功率超声波，其频率则以千赫兹为主。超声波萃取技术在食品工业中的实际运用虽已开展过若干研究，而且开始表现出其

优越性，然而，超声波萃取技术仅在实验室中进行了小规模的简单工艺条件试验，还未应用于某些特定环境中。因此，解决超声波挖掘技术的放大问题应该是未来研究的主要方向之一。虽然超声波萃取技术在中国起步较晚，但起点较高，进展很快，在相关基础理论研究和应用技术开发方面都做出了巨大的成绩。

超声波辅助萃取技术在食品中的应用：超声波辅助萃取又称超声波辅助提取，原理是利用光与媒介的相互作用所产生的作用效果，促进植物细胞壁的破碎与物质的转化，从而提高萃取效果。利用超声波萃取植物原料（植物的果实、根、茎、叶），可获得食用性水果（苹果、梨、樱、柑、葡萄、草莓、甘蔗等）和蔬菜（甜菜、胡萝卜和菠菜等）的汁液。

目前的超声波提取技术研究中，仅限于单频超声波提取工艺技术，复频或双频超声波提取的工艺技术研发还处在起步阶段。研究表明，复频超声波的化学效果明显高于单频功率放大器的超声波。由于复频超声波技术充分发挥了各种频率超声波科学技术的优点，既减少了驻场波，使声场比较均匀，而且复频超声波科学技术除基础频率外，还产生了倍频波、同频波和差频波。结果表明，双频超声波提取的样品含量、提取率均优于单次超声波提取和传统水提取。复频超声波提取技术已成为科学探究的新热潮。

超声波辅助萃取技术在油脂浸取中的应用：通过超声场的强化，能让浸取效果明显提升，还能够提高油脂质量，从而节省原材料，并提高油脂的萃取量。对于苦杏仁油的提炼，传统方法是榨取法与有机溶剂浸取法。在苦杏仁油的萃取中，与传统方法相比，超声波萃取法相对简易，出油效率高，且制造周期短，无须加温，活性成分不易破坏，油的味道清新干净，颜色明亮，将操作时间减少至没有超声波的几十分之一。比较匀浆法与超声波法提取亚麻酸，实验结果显示，通过超声波提取获得的油量更大，增加了 12.8%，节约了劳动力。在花生水中萃取花生油，如果使用频率在 400 kHz、强度在 $6.5 \sim 62.0$ W/cm^2 的超声波技术，可以将花生油的产能提高 2.67 倍。研究人员利用超声波技术萃取葵花籽中的油脂，使生产率增加了 $27.0\% \sim 28.0\%$。使用乙醇萃取棉油，如果使用强度 1.39 W/cm^2 的超声波加工，相比于没有超声时 1 h 内所获得的油体积增加了 8.3 倍。

超声波辅助萃取技术在蛋白质提取中的应用：超声波在蛋白质提取技术领域也取得了重大成果。例如，通过传统混合法从脱壳大豆胚胎中提取大豆蛋白质，可获得蛋白质的浓度仅为 30% 左右，而且很难得到热稳定性差的蛋白质成分，但原料胚在热超声波水中由于空化作用，其蛋白质被破碎，约 80% 的蛋白质溶解，可获得变温蛋白质组分。

超声波辅助萃取技术在多糖提取中的应用：研究人员从白芨中提取了白芨根鳞茎粗多糖。通过对不同提取方法的比较，发现室温超声波处理是较理想的提取方法。在超声波强化金针菇多糖提取的实验中，能将多糖萃取量增加 67.22%。研究人员正在探索的白木耳子实体多糖的萃取方式中，复水完全的子实物在经过机械粉碎、超声波处理后用热水提取，可明显增加白银耳多糖的浸提产量，从而减少了浸提时间，浸提法所得的量将酶法浸提得量的 16.3% 提高到了 18%，并对超声波催化酶法提纯灵芝多糖的工作原理、最优化方法和降解作用产物的化学组成与结构等进行了比较系统的研究，并对虫草夏草多糖、香菇多糖、猴头多糖等的萃取开展了深入研究，与传统技术相比较，超声波强化的萃取操作简单，萃取率较高，且化学反应流程中无物质损失和无副化学反应产生，是一个可望实际发展的新技术。从鞣苓中萃取水溶性多糖时，以冷浸 12 h 与热浸 1 h 为对照，超声波萃取约 1 h 的提出量较传统对照的两种方式高出约 30.0%。此外，其还可被应用于有效化合物的萃取中，其中姜黄素是一种较为常见的自然色素，普遍应用于蛋糕、糖果、饮品中，并逐渐替代人工或化学合成色素。对比索氏抽提、循环浸取、加温浸取、机械搅动浸取和超声波场下浸取的姜黄素，其中，超声波场介入下浸取可以明显提高物质传递速率，从而减少浸取时间，增加了姜黄素的浸泡萃取量。

四、微波辅助萃取技术对食品类型的要求

微波是指带有波动性、高频特性、热特性和非热特性的电磁波，它的传播波段为 $1\,mm \sim 1\,m$，频率为 $300\,MHz \sim 300\,GHz$。20 世纪 70 年代，微波技术第一次被用于溶解生物样本。此后，微波成为一门创新的、高度可发展的样品预处理工艺技术，受到了人类的普遍重视，并把它广泛运用于一些应用领域中，如微波溶样、微波催化、微波干燥、微波检测和微波辅助萃取等。

微波辅助萃取，即选用适宜的溶液从微波反应堆中将植被、动物、矿石等物质分离出来，从而提取出目标产物的方式，也就是微波技术和传统溶液提取法相融合而新兴起的一门提取技术。微波所产生的电磁场，能提高萃取产物分子从固体物质内层往固液界面传播的速度。萃取剂吸入热能，或是通过汽化增加推动力，又或是释放出热能传导至被萃取物体内层，让被萃取物体的热分子加速从固体物质内层传播至固液界面。在微波萃取中，根据吸取微波技术能量的不同，可使基体物料的特定区域及萃取系统中的特殊部分有选择地受热，进而将被提取物自基质物料及系统中分离出来，并加入有相应较小介电常数、微波吸附力量相应较弱的萃取溶液中。

微波辅助萃取技术在食品中的具体应用就是使用其进行食品中有关分子和物质的萃取。食品通常由不同成分或极性物质组成。由于大多数食品成分都具有极性，因此在使用微波辅助萃取技术进行材料和分子提取的过程中，食物成分和分子可以被加热，最终被提取出来。此外，微波辅助萃取技术则主要是针对植物性食品中天然成分的萃取及相关分析利用等。

微波辅助萃取技术在从植物中提取植物油的应用：一些专家的研究和测试相继应用了这种技术。例如，国外一项向日葵油提取实验表明，使用微波辅助萃取技术提取向日葵油的效果明显优于普通向日葵油提取技术。此外，以鳗骨和西番莲籽为原料的提取实验证明了微波辅助萃取技术在植物油提取中的可行性和优越性。

微波辅助萃取技术在提取挥发性化合物中的应用：主要应用于食品植物中某些易挥发类精油的提取。比如，利用微波辅助萃取技术进行天竺葵挥发油的萃取实验。利用微波辅助萃取技术提取挥发性化合物可以较好地保持挥发性化合物的良好特性。

微波辅助萃取技术同样可被应用于食品中天然色素的提取，这对食品安全和生产管理有着重大意义。采用微波辅助萃取技术进行食物中天然色素的提取，在实施提取的过程中，不但可以减少对自然色素生产时间及生产过程所用能量的耗费，而且对于所提取的天然色素品质及其效果有很大的保障，而采用微波辅助萃取技术进行食品中天然色素的提取也已取得相关实践证明。

第八节　食品工业和食品分析中萃取技术的应用案例

一、萃取技术在食品工业中的应用

（一）超临界 CO_2 流体萃取技术在食品工业中的应用

超临界 CO_2 体系具有低极性特性，对无极性或弱极性物质有选择性萃取功能。超临界流

体技术在国外应用较早，1970 年，德国、美国等国家已建立了完整的工业装置，在咖啡因、植物籽油、香料的生产中应用较广，有至少 5 家工厂年处理量达 5000 t。超临界技术在我国食品工业中的应用起步相对较晚，主要应用在香精香料、植物油萃取等生产中。

1. 脱咖啡因

咖啡豆脱咖啡因是超临界 CO_2 流体萃取技术首次实现工业化应用。德国、美国等在这方面的研究较为深远，并取得了较多的成就。

咖啡因的去除常采用溶剂萃取法，用作溶剂的液体主要有二氯甲烷、一氧化二氮、乙酸乙酯等。其缺点是操作复杂且有溶剂残留，致使提取的咖啡因纯度较低。但由于超临界 CO_2 流体对咖啡因有很高的选择性，并且具有无毒、廉价等特点，因此仍然是目前应用较为广泛的方法。通过超临界 CO_2 流体萃取技术脱除咖啡豆中咖啡因的工艺流程主要有三种，如图 3-20 所示。

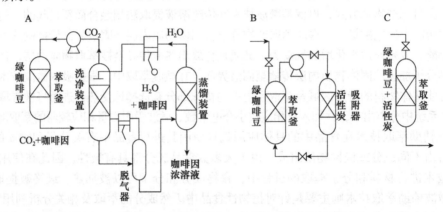

图 3-20　用超临界 CO_2 流体萃取技术从咖啡豆中脱除咖啡因的工艺流程（毛忠贵，1995）

A. 用水将咖啡因从 CO_2 中分离出来；B. 用活性炭将咖啡因从 CO_2 中分离出来；C. 活性炭与咖啡豆共同浸泡分离咖啡因

第一种工艺：将浸泡后的咖啡豆放入萃取釜中，与此同时二氧化碳不断循环通入，萃取釜中温度为 70～90℃，压强为 16～20 MPa，密度为 0.4～0.65 g/cm³。萃取过程中咖啡因不断扩散于流体中，通过水对气体的洗涤可去除残留的咖啡因，以达到循环利用的目的。经过 10 h 萃取后，咖啡因含量可降低到 0.02%，每千克咖啡豆需要 3～5 L 洗涤水。

第二种工艺：利用活性炭吸附二氧化碳中的咖啡因，其余流程与第一种流程相同。

第三种工艺：把咖啡豆与活性炭同时放入萃取釜中，活性炭颗粒填充在咖啡豆空隙中，以期节约设备空间。每千克活性炭可对 3 kg 咖啡豆进行处理。当二氧化碳的压强为 22 MPa，温度为 90℃时，咖啡因可直接转入活性炭中，处理 5 h 咖啡因含量就可达到标准，最后可将咖啡豆与活性炭筛离。此后，对脱咖啡因的工艺流程进行了很多改进研究，其中半连续生产法较为成功，其特征是可间歇式进出料，并且在萃取釜、吸附釜中，物料与"溶剂"形成逆向对流，充分接触。CO_2 中咖啡因的浓度与其在咖啡豆中的浓度呈线性关系，周期性进料可保持流体与咖啡因间的最大浓度差，使得此时气体流体中咖啡因浓度高达 70%，是非连续生产的 35 倍之多。这种工艺带来的好处是：①传质快，省时；②CO_2 有效利用率高，操作费用少；③有利于吸附器咖啡因的回收。另外，该方法对咖啡豆中其他成分没有破坏，品质有保证。

图 3-21 取自索尔·诺曼·卡茨的专利，麦克林（McHugh）和克鲁科尼斯（Krukonis）称此过程是一次工程的奇迹，它把技术、经济和环保问题都结合在一起考虑，使之成为一

种先进工艺。此半连续工艺可实现间歇加料，并且在加料过程中，二氧化碳流体不断循环，以此达到连续不断脱咖啡因的目的。

根据索尔·诺曼·卡茨等的专利，工业化后的工艺称为雀巢咖啡脱咖啡因工艺。其特点是在萃取器的上、下方都安装了带闭锁装置的吹扬器，用来保证新鲜咖啡豆在萃取器中周期性地装入和卸出，萃取器中的吸附水为流动态，使生产连续。

关于咖啡豆中水含量对萃取咖啡因的影响，有关专家做过详细研究，发现咖啡豆浸泡时间越长，在相同的萃取时间内，萃取物中咖啡因的浓度越大。特别明显的是，凡是

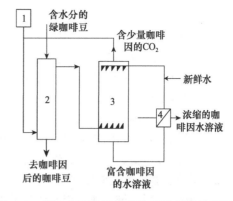

图 3-21　第一个半连续的固体-超临界流体的脱咖啡因过程（索尔·诺曼·卡茨，1989）

1. CO_2 气源；2. 咖啡萃取塔；3. 水喷淋塔；4. 反渗透装置

浸泡过的咖啡豆，其萃出物中咖啡因的浓度都大于干咖啡豆。

超临界 CO_2 流体脱咖啡因作为一种逐渐成熟的工业技术，各种经济技术指标基本定型，生产规模越大，运转费用相对越节省。

2. 从鱼油中分离提取高不饱和脂肪酸

二十碳五烯酸（eicosapentaenoic acid，EPA）和二十二碳六烯酸（docosahexenoic acid，DHA）具有防血栓、降血脂等生理性功能，可用于治疗心脑血管疾病。鱼油的溶解度很低，以至于难以分离 EPA 和 DHA，传统的萃取方式只能将鱼油中的色素、臭味物质及部分游离脂肪酸提取出来。因此，直接萃取只能起到精提作用。

虽然可用于脂肪酸和酯类萃取的超临界流体种类繁多，但由于 CO_2 有抑制高碳脂肪酸自动氧化、分解和聚合，操作温度较低等优点，只有其得到了广泛的应用。一般来说，超临界流体萃取技术在鱼油浓缩方面的应用，按操作特点大致上可以分为如下几类。

1）单程萃取系统　给定温度下进行单程萃取，阶梯式地调节萃取器的压力，旨在不同的压力下萃取鱼油，并在较低的压力下收集产品。由于鱼油内各组分在不同压力下的超临界二氧化碳（SC-CO$_2$）中的溶解度不同，而得以分离。超临界流体单程萃取系统主要利用有关组分在不同温度和压力下的溶解度不同，从而达到分离组分的目的。

2）变温回流系统　超临界流体萃取的系统，除萃取器和分离系统外，尚有直接热交换器和分馏柱。各种脂肪酸的分馏选择性因设有直接换热器而有所加强。SC-CO$_2$ 在该换热器中受热，密度减小，因此在 SC-CO$_2$ 中所有溶质的溶解度下降，但程度各有不同。溶解度小的组分回到萃取器中，溶解度较大的组分通过分离器，在较低的压力下得到回收。

3）变温变压回流系统　变温变压回流系统的流程：在回流环路中，温度和压力的变化可导致溶质溶解度的减小，冷凝后，使其成为液体馏分，泵压到精馏柱的顶端，形成一个逆向流动。超临界溶剂中的其余溶质通向分离器，在压力和温度降低的条件下收集萃取物。溶剂的流率和体积分别用转子流量计和流量总计量仪来测量与记录。

（二）亚临界萃取技术在食品工业中的应用

亚临界萃取技术自研发以来已被广泛应用于油脂、色素及香精、香料等领域，并且逐步拓展到其他领域，如茶叶、草药、农残脱除等。近年来，亚临界萃取技术主要应用在以下几

个方面。

1．油脂提取

亚临界萃取技术具有对环境友好、低温萃取等优点。目前，亚临界萃取技术已被成熟地应用于植物油脂如孜然油、海甘蓝油、金花葵油等的提取中。并且研究表明，通过亚临界萃取技术提取的植物油脂，如小麦胚芽油、大豆胚芽油、石榴籽油及油茶籽油等，其活性成分含量远高于传统溶剂提取方式得到的产品。除此之外，通过研究，亚临界萃取技术对于动物、藻类及油页岩油脂的提取也有很大的作用。目前，亚临界萃取技术对小麦胚芽油、大豆油、葡萄籽油等油脂的提取已实现工业化生产。

2．香精、香料及色素提取

在香精、香料领域，亚临界萃取技术主要被应用于难以提取的挥发油及浸膏的提取。希门茨 - 卡莫纳（Jimenez-Carmona）等研究了亚临界水的提取效率，研究表明，在马郁兰挥发油的提取中，与传统水蒸馏法相比，亚临界水的提取效率远远高于水蒸馏提取。库巴托娃（Kubátová）等在薄荷挥发油的提取中运用了亚临界水和超临界 CO_2 萃取法两种萃取方式，并且建立了提取过程中热力学及动力学模型。卡杰努里（Khajenoori）等利用亚临界萃取技术提取了茴香及蔷薇挥发油，并在所得挥发油的品质方面与水蒸馏提取及超临界 CO_2 流体萃取法进行对比，研究表明亚临界萃取法得到的挥发油品质最优。目前亚临界萃取技术已在辣椒红色素、万寿菊黄色素、姜黄素等产品的提取中实现了工业化生产，并且亚临界萃取技术优点诸多，通过研发推广必能扩大其在香精、香料、色素提取中的应用范围，发挥重大作用。

3．检测及脱除农药残留

亚临界萃取技术在农药残留的检测及脱除应用的原理即溶剂的介电常数在亚临界条件下会变小，从而可有效溶解有机化合物。潘煜辰研发了利用亚临界水萃取-液相质谱联用技术（LC-MS）的检测方法，将其应用于猪肉中 β-受体激动剂和氯霉素残留量的检测中，此检测方法具有灵敏度高、准确度高、环境友好等优点，适用于农药、兽药的相关检测。秦广雍等利用亚临界萃取技术研发了一种普遍适用于植物且不影响天然植物结构及加工性能的农药检测方法。除此之外，亚临界萃取技术在重金属及激素的检测与脱除中也起到了重要作用。

二、萃取技术在食品分析中的应用

样品的预处理在样品分析的步骤中最为关键，它在分析复杂的样品时是必不可少的步骤。全世界科学研究者都面对着一项重大课题，就是怎样构建一种从食品复杂基体中提取出有害物质的高效化学分析方法。与传统的样品前处理相比，微波辅助萃取由于高效省时的优点被广泛应用于分析化学领域。经过深入研究，微波技术逐渐由无机分析的消化预处理扩展应用到有机分析的预处理中，即微波辅助萃取技术。

目前已有研究者将 MAE-GC-MS 联用于蔬菜的二嗪磷、对硫磷、水胺硫磷测定分析中，以萃取效率为指标，优选了二氯甲烷为试剂，通过正交试验优化了溶剂体积和提取时间。另外，MAE 还可被应用于扑草净的测定，通过正交试验优化了萃取溶剂体积、微波辐射时间及微波功率。MAE-GC 联用技术也可以用于果蔬中有机氯和有机磷农药残留量的测定。其中，萃取过程中的有机溶剂为石油醚，结果显示使用 MAE-GC 联用技术进行萃取的提取时间仅20 min，溶剂消耗量是 15 mL，回收率为 85%～90%，回收率优于国标检查测定法（80%）。表 3-4 是开罐聚焦式微波辅助萃取装置在食品领域的应用实例。

表 3-4 开罐聚焦式微波辅助萃取装置在食品领域中的应用实例（汪军霞和李攻科，2006）

被分析物	基质	仪器	萃取条件	回收率
甘油三酸酯、甘油二酸酯、脂肪酸、氧化甘油三酸酯单体	植物种子	A301［普罗拉博（Prolabo）法国］	正己烷，25～90 W，30～90 min	—
脂肪酸甲酯、聚合物、非极性甘油酯	牛奶	A301（Prolabo，法国）	正己烷，200 W，50 min	—
草萘胺等杀虫剂	草莓	Soxwave Map（Prolabo）	水，30 W，7 min	—
黄酮	甘草	WP800 家用微波炉（格兰仕，中国）	38% 乙醇，288 W，1 min	提取率是水提法的 2 倍
印楝素	印楝种仁	改装的家用微波炉（松下，日本）	乙醇，800 W，10 min	与索氏提取、室温浸提相比，快速高效
黄酮	山楂	NN-K580MFS 家用微波炉（松下，日本）	乙醇，800 W，10 min	提取率是索氏提取的 1.5 倍，是回流提取的 1.8 倍
肉桂醛、肉桂酸	肉桂	961（澳大利亚）	乙醇、水，<7 min	—

思 考 题

1. 食品工业中萃取技术的基本原理是什么？
2. 常用的萃取设备有哪些？其主要的特点是什么？
3. 请简述萃取单元操作的基本原理。
4. 影响萃取过程的因素有哪些？
5. 请简述食品工业中萃取技术的分类及特点。
6. 超临界流体萃取技术有哪些特点？
7. 简述亚临界萃取技术的特点。
8. 请举例超临界 CO_2 流体萃取技术在食品工业中有哪些应用。

主要参考文献

曹雁平，李建宇，朱桂清，等. 2004. 绿茶茶多酚的双频超声浸取研究［J］. 食品科学，25（10）：139-144.

陈耀彬. 2010. 超临界流体萃取技术及应用［J］. 中国皮革，39：43-47.

崔玉良. 2005. 超临界流体连续萃取装置研究［D］. 济南：山东大学硕士学位论文.

董泽亮. 2009. 超（近）临界 CO_2 GAS 法制备木糖醇微粒［D］. 天津：天津大学硕士学位论文.

高飞. 2007. 香芸火绒草挥发油提取工艺、化学成分及抑菌活性初步研究［D］. 成都：四川大学硕士学位论文.

谷令彪. 2017. 亚临界萃取葫芦巴籽油及其籽粕的开发利用研究［D］. 郑州：郑州大学博士学位论文.

吉卡特·帕特，考司默·弗兰克. 1991-6-12. 一种在装有多孔塔盘的萃取器中用超临界气体从液相中萃取非极性物质的方法：CN1052057A［P］［2021-10-21］.

蒋黎艳. 2020. 荔枝多酚的提取和纯化技术研究进展［J］. 果树学报，37：130-139.

李丙林. 2019. CO_2 超临界萃取工艺优化及其测控技术研究［D］. 长春：长春工业大学博士学位论文.

李国. 2017. 粮油食品加工技术［M］. 重庆：重庆大学出版社.

李洪玲. 2010. 二氧化碳与酯类二元系统气液相平衡研究［D］. 天津：天津大学博士学位论文.

李先碧. 2006. 超临界 CO_2 萃取装置运行不稳定的机理分析及改进措施［J］. 应用化工，4：981-984.

刘杰. 2013. 超临界流体萃取工艺的响应面优化分析与模拟［D］. 大连：大连理工大学硕士学位论文.

刘日斌. 2014. 低温萃取工艺对芝麻油及芝麻粕品质影响的研究［D］. 郑州：河南工业大学硕士学位论文.

陆九芳. 1994. 分离过程化学［M］. 北京：清华大学出版社.

马海乐. 2001. 超临界 CO_2 萃取技术及其在生物资源开发利用中应用的最新进展［J］. 包装与食品机械，19（3）：7-10，17.

马荣骏. 2009. 萃取冶金［M］. 北京：冶金工业出版社：29-30.

苗笑雨. 2018. 超临界流体萃取技术及其在食品工业中的应用［J］. 食品研究与开发，39（5）：209-218.

缪其勇. 2003. 超临界高压萃取设备快开密封结构的研制［D］. 南京：南京工业大学硕士学位论文.

潘群. 2007. 超临界 GAS 法超细化、级配 NTO 的实验研究及机理探讨［D］. 太原：中北大学硕士学位论文.

潘煜展. 2013. 亚临界水萃取及液相色谱-串联质谱法检测猪肉中 β-受体激动剂与氯霉素残留［J］. 分析测试学报，7：789-795.

祁鲲. 1995. 液化石油气浸出油脂的研究［J］. 中国油脂，（2）：16-22.

秦广雍. 2013-12-25. 一种使用亚临界干洗技术提高低次烟叶使用价值的方法［P］. CN103462215A［2021-10-21］.

邱采奕. 2019. 超临界流体萃取技术及其在食品中的应用［J］. 科技经济导刊，27（2）：149-151.

史嘉辰. 2018. 农产品亚临界流体萃取装备现状与发展趋势［J］. 食品与机械，4：208-211.

史嘉辰. 2019. 低温压榨菜籽饼的亚临界流体萃取技术研究［D］. 镇江：江苏大学硕士学位论文.

苏广训. 2012. 回收多孔材料中有机模板剂的研究［D］. 北京：北京化工大学硕士学位论文.

隋博. 2018. 水飞蓟籽的亚临界萃取工艺及籽粕品质研究［D］. 郑州：郑州大学硕士学位论文.

索尔·诺曼·卡茨. 1989-10-11. 用超临界流体除去咖啡因的方法：CN89100853［P］［2021-10-21］.

汪军霞，李攻科. 2006. 微波辅助萃取装置的研究进展［J］. 化学通报，69（1）：61.

王宇博. 2013. 固体溶质在超临界体系中相平衡的研究［D］. 北京：北京化工大学博士学位论文.

张德权. 2005. 食品超临界 CO_2 流体加工技术［M］. 北京：化学工业出版社.

张恺容，解铁民. 2020. 超临界流体萃取技术及其在食品中的应用［J］. 农业科技与装备，（6）：48-49，52.

张连正. 2017. 煤热解油杂环含氮组分萃取用离子液体分子设计与分离实验研究［D］. 青岛：山东科技大学博士学位论文.

张燕鹏. 2016. 亚临界丁烷萃取法制备大豆胚芽油的研究［J］. 中国油脂，41（6）：1-4.

赵丹. 2014. 超临界流体萃取技术及其应用简介［J］. 安徽农业科学，42：4772-4780.

郑岚. 2012. 超临界 CO_2 技术的应用和发展新动向［J］. 石油化工，41：501-509.

朱新亮. 2020. 亚临界萃取技术在食用油及农产品加工中的应用［J］. 粮油与饲料科技，（4）：15-19.

Jimenez-Carmona M M, Tena M T, de Castro M D L. 1995. Ion-pair-supercritical fluid extraction of clenbuterol from food samples [J]. Journal of Chromatography A, 711(2): 269-276.

Khajenoori M, Haghighi Asl A, Hormozi F. 2009. Proposed models for subcritical water extraction of essential oils [J]. Chinese Journal of Chemical Engineering, 17 (3): 359-365.

第四章 食品工业中的色谱技术

第一节 概　　述

色谱技术起源于 20 世纪初期,俄国植物学家茨维特(Tswett)以石油醚作洗脱剂,研究植物色素的提取物,得到分离的黄色、绿色等区带,故称为色谱法(chromatography)。后来,采用该法分离了许多无色物质,虽然在分离过程中看不到色带,但色谱法这个名称一直沿用至今。长期以来,色谱(通常为小型色谱)法主要被用于分析化学和实验室制备技术中。近 20 年以来,由于技术的不断发展,大型色谱的出现,色谱法开始从生物化学等研究领域发展到医药和食品等规模化与工业分离领域。

在现代色谱技术发展过程中,有许多科学家做出了出色的贡献,其中最突出的当推马丁(A. J. P. Martin)。马丁于 1952 年与辛格(R. L. M. Synge)因发明了分配色谱技术而获得了诺贝尔化学奖,同年又与詹姆斯(A. T. James)合作发展出气-液色谱法。虽然 20 世纪 40 年代色谱法在实验室的应用得到飞速发展,但 50 年代气-液色谱法的创立和发展才是划时代的里程碑。气-液色谱法不仅引领分离进入仪器方法时代,而且催生了目前使用的许多现代色谱方法。

色谱法是一种物理化学分离和分析方法。这种分离方法是基于物质溶解度、蒸汽压、吸附能力、立体结构或离子交换等物理化学性质的微小差异,使其在流动相和固定相之间的分数不同,而当两相做相对运动时,组分在两相间进行连续多次分配,从而使彼此在各种色谱方法中都具有三个共同特点:①色谱分离体系都有两相,即流动相和固定相;②在色谱过程中,流动相对固定相做连续的相对运动,流动相浸透通过固定相;③被分离样子组分在色谱分析中称为溶质,与流动相和固定相具有不同的作用力。分子间的各种性质上的差别都可以通过巧妙的设计用于色谱分离。

色谱过程是多组分混合物在流动相的带动下通过色谱固定相,实现各组分分离。目前,没有任何一种单一分离技术能比色谱法更有效且普遍适用。色谱理论的形成和色谱技术的发展使分离技术上升为“分离科学”。早期色谱只是一种分离方法,类似于萃取、蒸馏等分离技术,不同的是其分离效率要高得多。许多性质极为相近而不能或很难用蒸馏或萃取等方法分离的混合物通过色谱法可以得到分离。随着色谱检测技术的发展,色谱法已不仅是一种分离技术,也成为一种分析方法。当今的色谱法包括分离和检测两部分,能够同时实现分离和分析。色谱法是现代分离科学和分析化学中发展最快、应用最广、潜力最大的领域之一。

样品在色谱体系或柱内运行有两个基本特点:①混合物中不同组分分子在柱内的差速迁移(differential migration);②同种组分分子在色谱体系迁移过程中,各组分以不同速度在色谱柱内迁移,使得各组分分离。组分通过色谱柱的速度,取决于各组分在色谱体系中的平衡分布。因此,影响平衡分布的因素,即流动相和固定相的性质、色谱柱温等会影响组分的迁移速率。色谱过程的分子分布离散是指同一组分分子沿色谱柱迁移过程中发生分子分布扩展。在色谱柱入口处,相同组分分子分布在一个狭窄的区带内,随着分子在色谱柱内迁移,分布区带不断展宽，同一组分分子的迁移速率出现差别，这种差别不是由于平衡分布不同，而是源于流体分子运动的速率差异。

第二节　食品工业中色谱技术的分类及特点

色谱法是包括多种分离类型、检测方法和操作方式的分离分析技术，有多种分类方法。其中比较方便的色谱分类方法是根据参与分离的各相的物理状态进行分类。当流动相是气体时称为气相色谱（gas chromatography，GC），固定相可以是固体或液体，两者分别称为气固色谱（gas-solid chromatography，GSC）或气液色谱（gas-liquid chromatography，GLC）。比较而言，气液色谱是更通用的分离模式。当流动相是超临界流体时称为超临界流体色谱（supercritical fluid chromatography，SFC），其固定相可以是固体或不流动的液体。对于气相色谱和超临界流体色谱来讲，主要的分离机制是两相间的分配和界面吸附。当流动相是液体时称为液相色谱（liquid chromatography，LC），其固定相可以是固体、液体或胶束。液相色谱具有更为广泛的分离机制，因此其分类通常以分离过程的物理化学原理为基础。分类如下。

（1）采用固体吸附剂作固定相，根据样品各组分在吸附剂上吸附力的大小不同，因而吸附平衡常数不同而相互分离的方法称为吸附色谱（adsorption chromatography）。液固吸附色谱习惯上称为液固色谱（liquid-solid chromatography，LSC）。

（2）采用涂覆在固体载体上的液体作固定相，利用试样组分在固定相中溶解、吸收或吸着（sorption）能力不同，因而在两相间分配系数不同而将组分分离的方法称为分配色谱法（partition chromatography）。在液液分配色谱中，根据流动相和固定相相对极性的不同，又分为正相分配色谱和反相分配色谱。一般来说，以强极性、亲水性物质或溶液为固定相，非极性、弱极性或亲脂性溶剂为流动相，固定相的极性大于流动相的极性时称为正相分配色谱（normal phase partition chromatography，NPC），简称正相色谱。若以非极性、亲脂性物质为固定相，极性、亲水性溶剂或水溶液为流动相，固定相的极性小于流动相的极性时，则称为反相分配色谱（reversed phase partition chromatography，RPC），简称反相色谱。正相色谱和反相色谱的概念现已推广到其他类型的液相色谱法。由于稳定性的局限和实验操作的不便，真正的液液分离体系并不重要。因此，正相色谱通常是指液固色谱和化学键合相正相色谱，而反相色谱则主要是指化学键合相反相色谱。

（3）化学键合相色谱（bonded phase chromatography，BPC）是指通过化学反应使固定相物质与载体表面的特定基团（如硅胶表面的硅醇基）发生化学键合，在载体表面形成均匀的固定相层用于分离的色谱方法。化学键合固定相具有耐高温、耐溶剂的特性，在气相色谱、高效液相色谱中广泛应用。化学键合相反相色谱是分离各种不同极性化合物最通用的色谱方法。

（4）采用离子交换剂为固定相，主要的分离机制是流动相中的离子和固定相上离子间的静电相互作用，此方法称为离子交换色谱（ion-exchange chroma-tography，IEC）或离子色谱（ion chromatography）。

（5）采用一定尺寸的化学惰性的多孔物质作固定相，以水或有机溶剂作流动相，试样组分按分子尺寸大小进行分离的方法，称为尺寸排阻色谱（size exclusion chromatography，SEC）或体积排阻色谱。通常多孔性物质为各种凝胶，因此，此方法又称为凝胶色谱（gel chromatography）。以水或水溶液作流动相的凝胶色谱称为凝胶过滤色谱（gel filtration chromatography）；以有机溶剂为流动相的凝胶色谱称为凝胶渗透色谱（gel permeation chromatography）。

（6）以共价键将具有生物活性的配体，如酶、辅酶、抗体、受体等结合到不溶性固体支持物或基质上作固定相，利用蛋白质或其他大分子与配体之间特异的亲和力进行分离的方法称为亲和色谱（affinity chromatography，AC）。亲和色谱主要用于蛋白质、多肽和各种生物活性物质的分离与纯化。

（7）此外，在流动相中采用二次化学平衡，离子化合物很容易通过离子抑制、离子对或络合进行分离。在正常操作下，气相色谱、超临界流体色谱和液相色谱都将固定相装在玻璃、不锈钢或坚硬的塑料中，即色谱柱。流动相在外压的作用下在柱内迁移通过色谱柱。当流动相中含有电解质时，可以选择外加电场通过产生电渗流来驱动流动相。采用装有固定相的色谱柱，同时采用电渗流作为流动相驱动力的色谱技术称为电色谱，而这种电色谱技术必须采用毛细管尺寸的色谱柱，所以称为毛细管电色谱（capilary electrochromatography，CEC）。

（8）离子表面活性剂能够形成胶束并作为连续的一相分散在缓冲溶液中。在外加电场的作用下，这些带电胶束与缓冲溶液的整体流动具有不同的速度或方向。中性化合物将根据其在胶束和缓冲溶液间分配系数的不同而得到分离，此色谱分离技术称为胶束电动色谱（micellar electrokinetic chromatography，MEKC）。离子化合物在 CEC 和 MEKC 中，受外加电场的影响以色谱和电泳相结合的方式进行分离。

上述所有将固定相装在色谱柱中的方法都属于柱色谱（column chromatography）。如果将固定相均匀涂铺在玻璃板、铝箔或塑料板等支持物上，使固定相呈平板状，流动相则沿薄板移动进行分离，此方法称为薄层色谱（thin-layer chromatography，TLC）。如果采用滤纸作为支持物则称为纸色谱（paper chromatography，PC）。TLC 和 PC 合称为平面色谱（planar chromatography），主要用于快速分析物质的组成。

在色谱柱中，被分离组分区带的迁移完全发生在流动相中。迁移是色谱系统中不可缺少的组成部分。通常，柱色谱实验都是把样品从色谱柱的一端引入，而在另一端检测从柱中流出的流动相。有三种基本的方式可实现柱色谱的选择性区带迁移，即洗脱（elution）、置换（displacement）和前沿分析（frontal analysis）。

在洗脱色谱中，流动相和固定相通常处于平衡状态。样品一次性加在色谱柱的一端，流动相连续通过色谱固定相将样品中的组分依次洗脱出色谱柱。样品组分在两相中的分配系数不同使得其在两相中的竞争性分配能力产生差异，因此按一定顺序依次分开。洗脱色谱法是最方便的色谱分离分析方法，分析型色谱通常都采用此法。

在置换色谱中，样品一次性加到柱上后采用置换剂（displacer）作为流动相连续流经色谱柱，依次将组分置换下来。作为流动相或流动相的组分，置换剂与固定相间的亲和力（吸附能力、溶解能力等）比样品中的任何组分都强。置换剂使样品组分沿色谱柱移动，如果色谱柱足够长则可达到稳定状态，色谱柱中形成连续的纯组分的矩形区带，与固定相亲和力弱的组分在前，每一个组分置换在其前面的组分，依此类推，最后与固定相作用最强的组分被置换剂置换。各组分按与固定相亲和力从弱到强的顺序依次流出色谱柱。置换色谱主要用于制备色谱和工业流程色谱，达到高通量制备纯化合物的目的。根据实验条件，各组分区带间的边界不一定是连续的，纯物质的收集可以控制在各置换区带的中心区域。

在前沿分析中，样品作为流动相或流动相的组成部分连续流经色谱柱。与固定相亲和力（吸附能力或溶解能力）弱的样品组分，首先以纯物质的状态流出色谱柱，其次是亲和力较强的第二个组分与第一个组分的混合物流出色谱柱，依此类推。前沿分析用于测定单一组分或简单混合物的吸附等温线，以及从主成分中分离作用较弱的微量成分。混合物中各组分的量化比较困难，而实验结束时，色谱柱将被样品全部污染，所以前沿分析很少用于制备分离，前沿分析是固相萃取技术的基础，现已广泛用于环境、生物等样品中微量成分的富集，成为痕量分析中重要的样品前处理技术。

色谱实验所得到的信息都包含在色谱图中。在洗脱色谱中，色谱图通常是柱流出物通过检测器产生的响应信号（纵坐标）与时间或流动相流过色谱柱的体积（横坐标）之间的关系曲线图。色谱图包含许多大小不一的色谱峰，它们是色谱分析的主要技术资料。在正常色谱条件下，根据色谱图中的峰数可以判断样品组分的复杂程度，提供混合试样中的最低组分数。根据色谱峰的峰位置和峰形可以鉴定色谱系统或样品组分的物理化学性质。通过色谱峰位置的准确确定可以对样品组分进行定性鉴定，而色谱图给出的各个组分的峰高或峰面积是定量的依据。

第三节　离子交换色谱

一、离子交换技术的基本原理

离子交换长期以来被应用于水的处理和金属的回收。离子交换主要是基于一种合成材料作吸着剂，称为离子交换剂，以吸附有价值的离子。在生物工业中，经典的离子交换剂，即离子交换树脂，广泛用于提取抗生素、氨基酸、有机酸等小分子，特别是抗生素工业。由于其原理和应用方法基本相同，故下面以抗生素为例子阐述离子交换技术的原理和操作，至于其在食品工业中的应用，读者可类推。

用离子交换技术提取抗生素是将抗生素从发酵液中吸着到离子交换树脂上，然后在适宜的条件下洗脱下来，这样能使体积缩小到几十分之一。利用对抗生素有选择性的树脂，可使抗生素纯度也同时提高。由于离子交换技术具有成本低、设备简单、操作方便，以及不用或少用有机溶剂等优点，已成为提取抗生素的重要方法之一。例如，链霉素、新霉素、卡那霉素、庆大霉素、土霉素、多黏菌素等均可用离子交换技术提取，红霉素、林可霉素、麦迪霉素、螺旋霉素的离子交换提炼方法也在研究中。

但是，离子交换技术也有其缺点，如生产周期长，成品质量有时较差，在生产过程中，pH 变化较大，故不适用于稳定性较差的抗生素，以及不一定能找到合适的树脂等。这些在选择生产方法时，应予注意。在抗生素生产中，离子交换树脂还用于制备软水和无盐水，以满足锅炉和生产的需要。

近年来，离子交换也逐渐应用于蛋白质等大分子的分离和提取中，但主要是以离子交换层析的方法来分离蛋白质，作为初步分离方法提取蛋白质，仅有少数实例。

离子交换树脂是一种不溶于酸、碱和有机溶剂的固态高分子化合物，它的化学稳定性良好，且具有离子交换能力。其巨大的分子可以分成两部分：一部分是不能移动的、多价的高分子基团，构成树脂的骨架，使树脂具有上述溶解度和化学稳定的性质；另一部分是可移动的离子，称为活性离子，它在树脂骨架中进进出出，就发生离子交换现象。高分子的惰性骨

架和单分子的活性离子，带有相反的电荷，而共
处于离子交换树脂中。从电化学的观点来看，离
子交换树脂是一种不溶解的多价离子，其四周包
围着可移动的带有相反电荷的离子。从胶体化学
观点来看，离子交换树脂是一种均匀的弹性亲液
凝胶（较晚发展起来的大网格树脂，具有不均匀
的两相结构，包括空隙和凝胶两部分，称为非凝
胶型树脂），活性离子是阳离子的称为阳离子交换
树脂，活性离子是阴离子的称为阴离子交换树脂，
它们的构造模型和交换过程如图 4-1 所示。

　　当树脂浸在水溶液中时，活性离子因热运动
的关系，可在树脂周围的一定距离内运动。树脂
内部有许多空隙，由于内部和外部溶液的浓度不
等（通常是内部浓度较高），存在着渗透压，外部
水分可渗入内部，这样就促使树脂体积膨胀，可
以把树脂骨架看作一个有弹性的物质，当树脂体
积增大时，骨架的弹力也随之增加，当弹力增大
到和渗透压达到平衡时，树脂体积就不再增大。

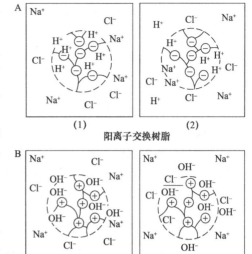

图 4-1　离子交换树脂的构造及其交换过程
（Sengupta，2021）
（1）交换前；（2）达到平衡后

　　利用离子交换树脂进行提取和通常在溶液中进行的离子交换有质的区别。例如，欲将
KCl 中钾离子转变为钠离子，而在溶液中加入 $NaNO_3$。因为反应的最初和最终产物都是强电
解质，根据化学平衡的观点，反应就不可能完全。但利用离子交换树脂，反应是在异相中进
行，如树脂的选择性较好，则把一种离子吸附到树脂上去后，就好像产生"沉淀"一样，反
应就完全。这样，只要是能离子化的物质，就可能利用树脂来改变其中的离子组成。

　　必须着重指出，把离子交换树脂看作固体的酸或碱，这对理解一些问题很有帮助。离子
交换树脂可交换功能基团中的活性离子决定此树脂的主要性能，因此，树脂可以按照活性离
子来分类。如果活性离子是阳离子，即这种树脂能和阳离子发生交换，就称为阳离子交换
树脂；如果是阴离子，则称为阴离子交换树脂。阳离子交换树脂的功能基团是酸性基团，
而阴离子交换树脂则是碱性基团。功能基团的电离程度决定了树脂的酸性或碱性的强弱，
所以通常将树脂分为强酸性、弱酸性阳离子交换树脂和强碱性、弱碱性阴离子交换树脂四
大类。

二、离子交换色谱的原理

视频 4-1　蛋白纯化系统

　　离子交换色谱是利用混合液中的离子与固定相分子的功能基团中相同电荷离子的交换
而进行分离的技术。应用于离子交换的树脂分子上有能够解离的固定基团和游离性基团。
离子性组分如蛋白质、酶、氨基酸或某些抗生素，解离后带有与树脂分子中固定基团电性
相反的电荷，能够以反离子的形式吸附。其交换结合或洗脱取决于待分离组分的等电点和
解离常数 pK，因此可以通过改变洗脱液的 pH 或离子强度对其进行调控操作，达到分离的
目的。

　　离子交换色谱是非常有用的产品分离技术，市场上已有大容量的离子交换载体（即离子
交换树脂）商品，可应用于不同的分离。离子交换树脂可以作为固定床和搅拌罐的形式操作

使用。工业上进行大规模的柱操作时，常见的主要问题是压力作用引起装柱材料的变形和床压缩，所以新发展的离子交换树脂在硬度方面必须明显提高以抗变形，使之适用于所有的柱操作。离子交换色谱的特点是：①吸附的选择性高。根据待分离组分的带电性、化合价和解离程度，选择合适的离子交换树脂可以从很稀的混合溶液中将组分进行分离和浓缩。②适应性强。包括分析分离、工业制备分离、小分子到生物大分子的分离、实验室和工业生产、水的预处理等。③多相操作，分离容易。树脂进行适当的转型后可反复使用，尤其是与其他技术配合使用，离子交换色谱的应用领域包括水的软化和脱盐淡化，废水中金属离子的去除，食品工业中糖液的脱色净化及 Ca^{2+}、Mg^{2+}、SO_4^{2-}、PO_4^{3-}的去除，发酵工业中各种有机酸和氨基酸（味精发酵中谷氨酸）的分离和提纯，制药工业中各种抗生素与生物碱的分离和提纯等。

三、离子交换色谱的洗脱方式

在洗脱方式上，阳离子交换色谱主要是改变 pH（应用于 pI＞5 的蛋白质）；阴离子交换色谱主要是改变盐浓度（适用于大部分的蛋白质）。IEC 的洗脱一般分为恒定溶液洗脱法、分步洗脱法和梯度洗脱法三种。

（1）恒定溶液洗脱法一般应用于已知性质的样品，其重现性较好，但所用的洗脱液体积较大，不利于下一步浓缩和加工。

（2）分步洗脱法是指以其中某一种盐浓度洗脱，收集一种目标蛋白质，但有时会发生某种蛋白质出现在两个峰中或一个峰中出现两种蛋白质（一般应用于已知样品）。

（3）梯度洗脱法是按一定浓度梯度，连续改变盐浓度进行洗脱。一般不常采用改变 pH 梯度的方法洗脱，这是因为：①要求缓冲液具有很大的缓冲容量；② pH 的变化会引起离子强度的变化；③当一种蛋白质被洗脱时，pH 会突然发生较大的改变，使一些组分不能得到很好的分离。因此改变 pH 梯度常采用分步洗脱法。

四、离子交换色谱的影响因素

影响离子交换的因素主要有 pH、盐浓度、介质等。离子交换色谱还有一个特点，利用蛋白质在不同 pH 和盐浓度下带电性的不同，通过不同条件，应用同类型或不同类型的介质，分两步离子交换色谱，使目标蛋白质达到提纯的目的。这是除亲和色谱以外，别的色谱达不到的分离能力。

最适的操作条件为：吸附时使目标蛋白质最难吸附上去，而在洗脱时最易洗脱下来。为此，在吸附时使用尽可能高的离子强度使目标蛋白质能吸附上去，而在洗脱时使用尽可能低的离子强度使目标蛋白质洗脱下来。

在制备性的纯化中，使用大容量的制备型离子交换柱也十分方便，而且效率很高。对多肽分子进行分离纯化可采用两种方式：一是将目的产物离子化，被交换到介质上，杂质不被吸附从柱流出，称为"正吸附"。此法的优点是目的产物纯度高，且可达到浓缩的目的，易处理目的产物浓度低且工作液量大的溶液。二是将杂质离子化后被交换，而目的产物不被交换直接流出，这种方式称为"负吸附"。采用此法通常可除去 50%～70% 的杂质，适用于目的产物浓度高的工作液。以上两种方式的选择要依据样品及具体要求而定。无论是正吸附还是负吸附，离子交换色谱均已成为蛋白质分离纯化重要的分离方法。

第四节　逆流色谱

一、逆流色谱的原理

逆流色谱（counter current chromatography，CCC）是一种液液分配分离技术。它同其他各种色谱分离技术的根本差别在于，它不采用任何固态的支撑体或载体（如柱填料、吸附剂、亲和剂、板床、筛膜等），因此具有两大突出的优点：①分离柱中固定相不需要载体，完全排除了支撑体对样品的不可逆吸附、沾染、变性、失活等影响，特别适合于分离极性物质和具有生物活性的物质。②特有的分离方式尤其适用于制备性分离，每次进样量及进样体积较大，同时具有高样品回收率。1966 年在日本大阪大学医学院的伊托（Ito）首先发现了运动螺旋管内两液相对流分配的现象，20 世纪 70 年代初出现了液滴逆流色谱，70 年代末出现了离心分配色谱，80 年代发展了在逆流色谱领域真正被广泛使用的高速逆流色谱（high speed counter current chromatography，HSCCC）。逆流色谱的原理如图 4-2 所示。它是基于样品在两种互不混溶的溶剂之间的分配作用，溶质中各组分在通过两溶剂相过程中因分配系数不同而得以分离，是一种不用固态支撑体的全液体色谱方法。

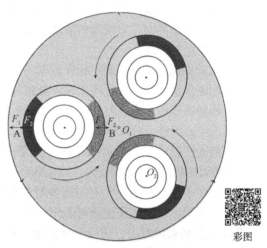

图 4-2　逆流色谱概述图（成文虎，2013）

蓝色为流动相，红色为固定相；O_1 为公转轴，O_2 为自转轴；F_1 为公转时产生的离心力，F_2 为自转时产生的离心力（A. F_1 与 F_2 方向一致，固定相、流动相分层；B. F_1 与 F_2 方向相反，固定相、流动相混合）

二、逆流色谱的应用特点

逆流色谱尤其是高速逆流色谱，在国内外食品、医药领域已广泛应用，是目前天然产物分离技术的研究热点之一，除了用于抗生素、肽类和蛋白质及手性物质的分离，已用于植物中多种有效成分如生物碱、黄酮类、萜类、木脂素、香豆素、醌类、多酚及皂苷等的制备性分离。其主要优点如下。

（1）无不可逆吸附，聚四氟乙烯管中的固定相不需要载体，可以消除固-液色谱中因使用载体而带来的吸附现象，避免样品在分离过程中可能存在的变性，适用于分离极性物质和生物活性物质。

（2）回收率高。由于流动相和固定相为液体，滞留在柱中的样品可以通过多种洗脱方式予以完全回收，能够同时完成分离纯化与制备，适于制备性分离。

（3）操作简单快捷。因其固定相为液体，体系更换与平衡较常规方法方便、快捷。

（4）进样量大。与 HPLC 相比，HSCCC 进样量最多可达到克级水平，是 HPLC 的数百倍。

（5）分离效率高，与常压、低压色谱相比，HSCCC 的分离能力强，有些样品经一次分离即得到一个甚至多个化合物，并且分离时间短，纯度高。

三、逆流色谱的影响因素

由于高速逆流色谱是无须任何固态载体支撑的液-液色谱，其中作为固定相的液体在色谱柱中的保留程度对于高速逆流色谱的分离过程十分重要。首先，所选择的溶剂体系对固定相保留率有很大的影响，如两相密度差、黏度、界面张力等。两相的密度差对固定相保留率的影响最大，固定相保留率和密度差基本呈线性关系。其次，还存在一些人为可以操控的条件会对固定相保留率产生影响，如高速逆流色谱的转速、流速及柱温等。其中，螺旋管柱的转速及它产生的离心力场对两相的混合程度具有决定性的影响。因此，对于界面张力较高的溶剂系统，应使用较高的转速，以使两相之间能够剧烈地混合，从而促进分配和减少质点传递的阻力。对于界面张力较低的溶剂系统，应使用较低的转速，以避免过分混合引起乳化作用，以及固定相的流失。

在流动相流速方面，固定相保留率与流速平方根之间有着线性关系。流动相流速快不利于固定相的保留，且出峰时间太快会导致峰与峰间的分离度较差，而低流速虽然可以满足提高固定相保留率的要求，但是分离时洗脱时间太长，且峰形变宽、耗费大量的流动相，故选择合适的流速对整个分离体系非常重要。

仪器的柱温对固定相的保留同样也有着不可忽视的作用，其温度对于亲水性强的正丁醇溶剂体系的固定相保留率影响较大。同时温度升高能改变溶剂的黏度，进而影响两相的分层时间。

在选定了溶剂体系后，有时需要对三个仪器运行参数（转速、流动相流速和进样体积）进行正交试验，以确定最佳分离条件。分离是一种较为复杂的动态高速分配过程，其分离效率不仅和溶剂系统有关，还受分离温度、螺旋管转速、流动相流速、梯度洗脱模式及进样量、进样方式等因素的影响。

由于液滴逆流色谱应用较少，而高速逆流色谱应用较多，故以下主要讨论高速逆流色谱制备分离的影响因素。高速逆流色谱的分离效果主要与溶剂体系的选择和旋转速率、样品制备、洗脱方法等有关，仪器参数选择的特点有：①转速越高，越易产生乳化现象。②流速越大，固定相越易损失，所需流动相量越多。③进样量太大，峰间距变窄，峰形变宽；至于同一进样量，改变体积或浓度，分离情况相似。

分离天然产物的关键是选择合适的溶剂体系。两相溶剂系统的选择应符合以下原则。

（1）溶剂不造成样品的分解和变性。

（2）为保证固定相保留值合适，溶剂体系的分层时间小于 30 s，且固定相的保留率不低于 30%。

（3）目标样品的分配系数（K）为 0.2～5，最好接近于 1，容量因子应大于 1.5。

（4）尽量采用挥发性溶剂，以方便后续处理，易于物质纯化。

（5）在大量级的分离中，一般能在固定相完全溶解样品的情况下获得最好分离。

四、逆流色谱的分类

色谱柱内两液相对流分配的现象，是逆流色谱的物理基础。通常利用重力或离心力等，使互不相溶的两相不断混合，同时保留固定相，而用恒流泵输送流动相穿过固定相，溶质在两相间反复分配。由于样品各组分在两相中的分配系数不同，其在色谱柱中的移动速率会出现差异，从而使样品中各组分得到分离。该方法能使样品在短时间内实现高效分离和制备，常用的逆流色谱方法主要有液滴逆流色谱（DCCC）和高速逆流色谱（HSCCC）。

1. 液滴逆流色谱

液滴逆流色谱（droplet counter current chromatograph，DCCC）装置可由100～1000根分离管组成，分离管的内径一般为2 mm左右，材料可以是玻璃、聚四氟乙烯及金属，但玻璃分离管能较好地观察分离管中的液滴形成情况。分离管之间一般用直径为0.5 mm的聚四氟乙烯管连接。在分离管的前面连接有进样阀，在进样阀前面是恒流泵；在分离管的后面可以连接检测器和样品的分部收集器。图4-3是液滴逆流色谱装置示意图。

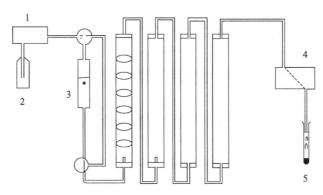

图4-3　DCCC装置示意图（成文虎，2013）
1. 恒流泵；2. 溶剂储槽；3. 样品注入器；4. 检测器；5. 分部收集器

实验前先要选择好互不相溶的两相溶剂系统，此系统的两相要能在液滴逆流色谱装置中形成液滴。当两相溶剂系统充分混合、平衡和静置后，对于图4-3的装置，先将下相利用恒流泵输入分离管中，从进样阀进样，最后利用恒流泵将上相稳定地输入设备中。由于上相的相对密度比下相小，流动相就会在分离管中形成液滴，带着样品从下向上上升，液滴上升的过程中，样品连续地在两相中分配。由于不同的组分在两相中的分配比不一样，因此它们在分离管中移动的速度也不一样。对于一个复杂的样品，在该设备中，经过一定时间的分离，最后得以分离。

该实验也可以将上相作为固定相，下相作为移动相，流动相在分离管中先形成液滴，接着靠重力的作用在分离管中从上向下移动。这时因为流动相在分离管中的流动方向相反，所以进样阀与恒流泵要连接在装置的右面，而检测器及分部收集器应该连接到装置的左边。

液滴逆流色谱能避免乳化和泡沫的产生，但分离能力较低，而且分离时间长，通常需要两天或者更长的分离时间，提高流速可提高分辨效率，但会加大固定相的流失。分辨率还可以通过增多管柱数量的方法得以提高，但会使分离时间延长。如今该分离方法应用较少。

2. 旋转小室逆流色谱

旋转小室逆流色谱（rotational little chamber counter current chromatography，RLCC）用中心有一小孔的聚四氟乙烯圆盘将分离柱管分隔成若干连通的小空间，再将若干根这样的柱管排列在圆形转盘架上，柱管之间用聚四氟乙烯管串联起来。溶剂通过旋转密封接头进出这组分离柱管。所有柱管以一定的转速和倾角绕转盘中心轴转动。流动相进入第一个小室后，就会取代其中原已注满的固定相的位置，直到流动相液面达到圆盘上小孔的水平时，流动相就会穿过小孔进入下一个小室，并依次从一根柱管进入另一根柱管。随着流动相逐步穿过各个小室，带动样品在各个小室的两相间分配。旋转小室逆流色谱装置示意图如图4-4所示。

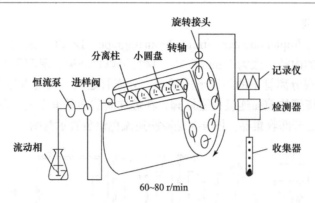

图 4-4　旋转小室逆流色谱装置示意图（张伶俐等，2002）

3. 离心逆流色谱

离心逆流色谱的仪器工作时分离柱要绕中心轴在设备中高速转动，因为高速旋转产生的离心力可使两相剧烈地反复混合分层，实现快速高效的分离。

（1）非行星式逆流色谱仪：包括螺旋管式和非螺旋管式，主要是匣盒式离心逆流色谱仪。

（2）行星式逆流色谱仪：分离柱几乎全是用聚四氟乙烯管绕成的螺旋线圈。

4. 高速逆流色谱

高速逆流色谱（HSCCC）是 20 世纪七八十年代发展起来的一种连续高效、无须任何固态载体或支撑的液液分配色谱分离技术。在高速逆流色谱仪设计方面，其有两个轴，其中一个为公转轴，另一个为自转轴，两个轴由一个电动机带动，仪器的公转轴呈水平方向，圆柱形的螺旋管支持件围绕此轴进行行星式运转，如图 4-5 所示，同时围绕自转轴进行自转。通过行星式运转过程中产生的离心力，使两种互不相溶的溶剂在高速旋转的螺旋管中单向分布。其中一相作固定相，由恒流泵输送载有样品的流动相穿过固定相，利用样品在两相中分配系数的不同实现分离。其设计原理如图 4-6 所示。

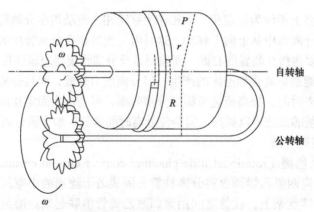

图 4-5　多层螺旋管离心分离仪（宋如峰等，2019）

r. 半径；*R*. 圆柱管螺纹距；*P*. 螺距；*ω*. 角速度

高速逆流色谱的分离基础是流体动力学平衡。由于螺旋管柱的行星式运动产生了一个在强度和方向上变化的离心力场，使在螺旋柱中互不相溶的两相不断混合从而达到稳定的流体动力学平衡，两相溶剂的流体动力学分布如图 4-7 所示，靠近中心轴的将近 1/4 的区域是两

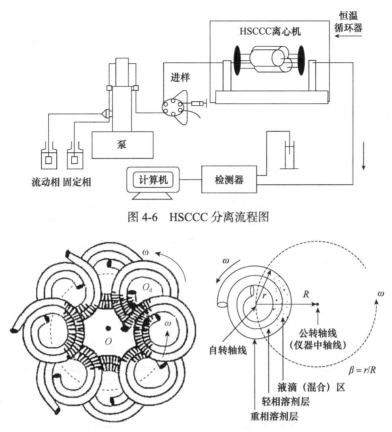

图 4-6　HSCCC 分离流程图

图 4-7　两相溶剂在逆流色谱中的流体动力学分布（丁明玉，2012）

O. 公转轴；O_d. 自转轴；β. 角加速度

相混合区，在此处两相发生剧烈的混合。在其余的区域，两相分离成两层，重相占据螺旋管每一段的外部，轻相占据每一段的内部，并且两相沿螺旋管形成一个清晰的线性界面。混合和分层区域交替出现在螺旋管中，并且两相液体在螺旋管中总是处于接触状态，没有死体积的存在。所以可以根据所用体系液体的流动趋势选用合适的模式，使得其中一相作为固定相保留在螺旋管中，另一相作为流动相带着样品在螺旋管内穿过固定相，在此过程中使样品在两相中不断混合和分配，从而根据样品在两相中分配系数的不同达到样品之间相互分离的目的。

第五节　径　向　色　谱

　　径向色谱又称径向流（动）色谱（radial flow chromatography，RFC），该技术的发展可以追溯到 20 世纪 40 年代，但 80 年代才真正发展起来。1947 年，霍普夫（Hopf）发明的借助离心力分离溶液的装置，已经采用了径向色谱的原理和方法。溶液可以通过圆盘或者柱面由轴心到周界呈径向流动，在地心引力的作用下获得了更高的速度和更清晰的谱带区域，可在节约时间、劳力和空间的基础上进行大规模分离。1985 年，萨克塞纳（Saxena）教授首先提出了具有 3 个环形通路的径向薄层色谱。1996 年，赖斯（Rice）等研制了一种径向色谱，床层紧紧压缩，或者是由一系列这样的床层组成色谱系列，作为一种分离液体中有机生物体的方法，通过液压传动的方式穿过一个或者多个压缩床层。这种特殊设计解决了流体在床层中的分布问题，使径向色谱在上样量、分离速度等诸多方面的优势明显地显现出来。随着理论研究和实用化装置的不断完善，该色谱技术在生命科学、制药等许多领域正发挥着越来越重要的作用。

一、径向色谱的原理

径向色谱柱采用了径向流动技术，流动相携带样品沿径向迁移，不同于传统轴向色谱柱的流体在柱内从一端流向另一端。在径向柱内，流动相和样品可以从色谱柱的周围流向柱圆心（向心式），也可以从柱心流向柱的周围（离心式）。用于制备分离的径向色谱通常在非线性的条件下操作，流动相在径向色谱柱内的线速度不同于传统轴向色谱，它沿径向随其所在位置而变化。溶质在两相间的分配不能满足线性色谱的条件，向心式和离心式径向流动模式中流体运输行为也存在差别。由于柱外效应的影响，通常样品从柱外流向柱内有利于提高分离效果和收集样品，径向色谱结构如图 4-8 所示。

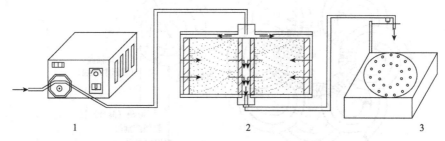

图 4-8　径向色谱结构图（姜慧燕等，2009）

1. 恒流泵；2. 径向色谱柱；3. 收集器

二、径向色谱的应用特点

与传统的轴向色谱相比，径向色谱显示了操作压力低、分离效率高、线性放大容易及样品处理量大等突出优势。

径向柱的外表面很大，因此能承载的样品量较多；如果增加色谱柱的长度，可以呈线性地增大色谱柱的制备量，而各组分的分辨率及保留时间没有多大的变化；径向色谱法由于流量很大，色谱柱的半径较小，因此样品在柱中的保留时间很短，非常适用于生物活性成分的制备；正由于色谱柱的半径较小，因此色谱柱的压力也很小，故大多数操作可以在低压下进行，这样对设备的要求就低。

径向色谱法的不足之处是色谱柱的装填比较麻烦，要求也较高。径向色谱法的装置与常规向柱色谱一样，只是柱结构不同而已，通常柱体积越大时，径向色谱表现出的优点越明显，但在色谱柱体积较小（<100 mL）、流速较低的情况下，径向色谱的分离效果较轴向色谱差，因为这时轴向色谱的理论塔板数较多，更有利于样品的分离和纯化。

三、径向色谱的应用研究

生物制品的分离与纯化技术已成为生物医药高新技术产业化的关键，集中了大部分的人力、物力和财力，而色谱技术是实验室与工业生产上分离和纯化生物大分子最有效和常用的方法之一。自 20 世纪 80 年代以来，径向色谱由于样品处理量大、操作压力低、线性放大容易等特点，在生物样品的制备、复杂样品的初分离等方面较传统的轴向色谱有明显的优势，在生物制药、食品等许多领域正发挥着越来越重要的作用（表4-1），尤其被广泛用于蛋白质大分子的分离纯化中。

表4-1　径向色谱在生物制药、食品工业中的应用（朱明，2005）

应用领域	应用实例	应用领域	应用实例
	血浆净化		无乳糖牛乳生产
	血液不同成分分离	食品工业	无杀虫剂、无苦味果汁生产
生物制药	疫苗纯化		天然风味物质及色素分离
	蛋清中分离免疫球蛋白		
	氨基酸分离纯化		

用国产 CM-100、CM-250 径向阳离子交换柱从 CL-CD1 细胞培养上清中分离纯化尿激酶原（pro-urokinase，Pro-UK）。分离结果表明，Pro-UK 比活性提高了 44.3 倍，蛋白质含量下降 98% 以上，体积缩小至原来的 1/7，回收率达 87.7%。用 CM250 径向色谱柱，以分泌表达霍乱毒素 B 亚单位的工程大肠杆菌为对象，探索了分泌性细菌培养物上清的径向柱纯化，成功地对重组霍乱毒素 B 亚单位进行了分离和纯化。

利用径向离子交换色谱技术从促性腺激素（human menopausal gonadotropin，HMG）的粗提物中分离纯化促卵泡激素（follicle stimulating hormone，FSH），得到了很好的分离结果。同时比较了径向离子交换色谱与经典离子交换色谱在纯化工艺放大过程中的分离效果，证实径向色谱比经典色谱更适合于促卵泡激素的纯化，并建立了适合大规模纯化的新工艺。利用国产膜径向离子交换色谱柱分离纯化凝血酶Ⅲ中的凝血酶原复合物，并对上样流速、洗脱流速、上样量等参数进行了优化。

采用径向亲和色谱柱成功地从牛心脏乳酸脱氢酶粗提液中提纯牛乳酸脱氢酶，且对于 100 mL 的粗提液分离纯化时间只需 68 min。利用 CM 径向柱分离小牛血清的结果经 SDS-PAGE（sodium dodecyl sulfate-polyacrylamide gel electrophoresis）证实，所分离的牛血清白蛋白基本为纯品，总蛋白回收率大于 90%。同时，他将牛血清上样量增加 6 倍后，所得分离结果几乎完全相同。

第六节　其他层析色谱

一、凝胶过滤色谱

分子筛（molecular sieve）在 20 世纪 40 年代已经被用于物质的分离，但直到 1955 年才首次被报道用于生物分子的分离。将混合物注入由膨胀的玉米淀粉填充的柱子中，各成分就会按相对分子质量递减的顺序被洗脱出来。之后，1959 年，波拉特（Porath）和弗洛丁（Flodin）通过更加系统的研究发现，在电泳中作为稳定介质的交联葡聚糖拥有对不同相对分子质量的物质进行分离的作用。他们还发现，将葡聚糖和表氯醇（1-氯-2,3-环氧丙烷）交联，可以形成一种稳定性很好的大分子网状结构，由此促进了商品化交联葡聚糖（Sephadex）的产生，其被用来分离不同大小的分子。阿尔内·蒂塞利乌斯（Arne Tiselius）最初提出用凝胶过滤（gel filtration）作为这项新技术的名称，被广泛接受。后来，尺寸排阻色谱（size exclusion chromatography，SEC）和分子筛也被用来形容这项利用相对分子质量的不同来分离生物分子的技术。

在色谱分离技术中，SEC 是唯一将分子大小差别作为分离依据的方法。与传统的过滤方法不同的是，蛋白质最后不会被保留在 SEC 柱中。易降解的蛋白质可以在生理适宜的缓冲液中被分离和纯化。但是，由于其缺少与柱子的作用，蛋白质在 SEC 中弱的滞留性是其主要的弱点。因此，由于不能结合到柱子上，限制了色谱的分离精度。

1. 凝胶过滤色谱的基本原理

凝胶是多相系统，其中连续的流动相（主要为液体水）存在于凝胶介质连续的固定相孔隙中。凝胶孔隙的大小严格决定了其分离范围，即其对某一范围大小的分子具有选择性。

含有不同尺寸大小分子的样品进入色谱柱后，较大的分子由于空间的阻碍作用，不能进入凝胶内部而沿凝胶颗粒间的孔隙流出，因此大分子停留时间较短，即大分子首先从柱中被洗脱。分子大小的差别使其进入凝胶内部的程度也不同，较小的分子可以通过部分孔道，更小的分子可通过任意孔道扩散进入凝胶颗粒内部，从而使小分子在柱中移动的速度最慢，在凝胶颗粒中停留的时间也就最长，中等分子次之，不同尺寸大小的分子按先后顺序流出色谱柱，达到分离的目的。洗脱体积取决于待分析物质流体动力学体积的大小和 SEC 凝胶颗粒孔隙的相对大小。

影响凝胶过滤色谱分辨率的因素如下。

1）凝胶颗粒的大小　凝胶颗粒越小，洗脱峰越尖锐，分离效果越好。并且与大颗粒相比较，小颗粒可以用较高的洗脱速率，而不用担心拖尾，可以缩短洗脱时间。

2）洗脱流速　过快的流速会引起不完全的分离，造成洗脱峰过宽。这种现象对大分子尤其明显。相反，过慢的流速对小分子影响较为明显，因为此时柱的轴向扩散作用不可忽略。

3）柱长　在 SEC 中增加柱长可以增强分离效果，但是并非线性地增加。分辨率以 1.414 倍增加。

4）样品体积　在利用 SEC 时，不同于离子交换色谱和其他吸附技术，样品在上样过程中在柱中会有稀释现象，因此样品的体积对分辨率有较大的影响。不同的凝胶颗粒，影响的大小也不同。一般来说，小颗粒介质对上样体积的增加更为敏感。对于分级分离来说，若用 10 μm 的凝胶颗粒，一般用 0.5% 柱体积样品量；100 μm 的凝胶颗粒，一般用 2%～5% 柱体积样品量。

5）黏度　由于样品的黏度比洗脱液要高，会使样品在柱中的分布变宽且不均匀。因此，样品的高黏度往往是限制高浓度生物样品使用的主要因素。为了取得理想的效果，样品的浓度最好在 70 mg/mL 以下。

2. 凝胶过滤色谱的应用

凝胶过滤色谱适用于各种生化物质，如肽类、激素、蛋白质、多糖、核酸的分离与纯化、脱盐、浓缩及分析测定等。分离的相对分子质量范围也很宽，如 Sephadex G 类为 $10^2 \sim 10^5$，琼脂糖（Sepharose）类为 $10^5 \sim 10^8$。

1）脱盐　高分子（如蛋白质、核酸、多糖等）溶液中含有的低相对分子质量的杂质，可以用凝胶过滤色谱法除去，这一操作称为脱盐。凝胶过滤色谱脱盐的操作简便、快速，蛋白质和酶类等在脱盐过程中不易变性。脱盐操作适用的凝胶为 Sephadex G-10、Sephadex G-15、Sephadex G-25 或 Bio-gel-p-2、Bio-gel-p-4、Bio-gel-p-6。柱长与直径之比为 5～15，样品体积可达柱床体积的 25%~30%，为了防止蛋白质脱盐后溶解度降低形成沉淀吸附于柱上，一般用乙酸铵等挥发性盐类缓冲液使色谱柱平衡，然后加入样品，再用同样的缓冲液洗脱，收集的洗脱液用冷冻干燥法除去挥发性盐类。

2）去热原　　热原是指某些能致发热的微生物菌体及其代谢产物，主要是细菌内毒素。注射液中如含热原，可危及患者的生命安全，因此，除去热原是注射药物生产的一个重要环节。例如，用 Sephadex G-25 凝胶过滤色谱可除去氨基酸中的热原性物质。用 DEAE-Sephadex G-25 可制备无热原的去离子水。

3）用于分离提纯

（1）分离相对分子质量差别大的混合组分：如分离相对分子质量大于 1500 的多肽和相对分子质量小于 1500 的多糖，可选用 Sephadex G-15 凝胶过滤色谱。

（2）纯化青霉素等生物药物：可用凝胶色谱分离青霉素中存在的一些高分子杂质，如青霉素聚合物，或青霉素降解产物青霉烯酸与蛋白质结合而形成的青霉噻唑蛋白。

（3）蛋白质降解产物粗分：蛋白质如果通过一些特异的酶或化学方法进行降解，则会生成相当复杂的肽混合物。采用凝胶过滤色谱，可以对降解产物进行预分级分离。

4）测定高分子物质的相对分子质量　　将一系列已知相对分子质量的标准品放入同一凝胶柱内，在同一色谱条件下，记录每种成分的洗脱体积，并以洗脱体积对相对分子质量的对数作图，在一定相对分子质量范围内可得一直线，即相对分子质量的标准曲线。测定未知物质的相对分子质量时，可将此样品加在测定了标准曲线的凝胶柱内洗脱后，根据物质的洗脱体积，在标准曲线上查出它的相对分子质量。

5）高分子溶液的浓缩　　通常将 Sephadex G-25 或 Sephadex G-50 干胶投入稀的高分子溶液中，这时水分和低相对分子质量的物质就会进入凝胶粒子内部的孔隙中，而高分子物质则排阻在凝胶颗粒之外，再经离心或过滤，将溶胀的凝胶分离出去，就得到了浓缩的高分子溶液。

二、亲和色谱

（一）亲和色谱的基本原理

亲和色谱是利用共价键连接有特异配体的色谱介质，分离蛋白质混合物中能特异结合配体的目标蛋白质或其他分子的色谱技术（图 4-9）。

图 4-9　亲和色谱原理图（王嗣岑和贺晓双，2017）

在生物分子中，有些分子的特定结构部位能够同其他分子相互识别并结合，如酶与底物的识别结合、受体与配体的识别结合、抗体与抗原的识别结合。这种特异性结合是基于在特定空间结构和范围内的静电或者疏水相互作用、范德瓦耳斯力和（或）氢键作用，这种结合既是特异的，又是可逆的，改变条件可以使这种结合解除。亲和色谱就是根据这样的原理设计的分离与纯化方法。

1. 亲和色谱的配体

一对可逆结合的生物分子中与载体相偶联的一方称为配体，其要求是与待纯化的物质有较强的亲和力，且具有能够与基质共价结合的基团。配体通过化学反应偶联在高分子材料（基质）上，如纤维素或葡聚糖等，多数为球形颗粒。

一些常用的亲和配体的种类及其分离与纯化对象主要有：底物类似物、抑制剂、辅酶和常用作酶纯化的亲和配体；抗体常用作抗原、病毒和细胞纯化的亲和配体；凝集素常用作糖蛋白纯化的亲和配体；核酸互补碱基序列常用作核酸多聚酶、核酸结合蛋白质纯化的亲和配体；金属离子常用作聚组氨酸融合蛋白，表面含有组氨酸、半胱氨酸和（或）色氨酸残基的蛋白质纯化的亲和配体。常用的亲和作用体系见表 4-2。

表 4-2 常用的亲和作用体系（陈昱初等，2019）

特异性	亲和作用体系	特异性	亲和作用体系
高特异性	抗原-单克隆抗体荷尔蒙-受体蛋白		凝集素-糖蛋白、细胞、细胞表面受体
	核酸-互补碱基链段、核酸结合蛋白		酶、蛋白质-肝素
	酶-底物、产物抑制剂	群特异性	酶、蛋白质-活性色素（染料）
群特异性	免疫球蛋白-A 蛋白、G 蛋白		酶、蛋白质-过渡金属离子（Cu^{2+}、Zn^{2+}等）
	酶-辅酶		酶、蛋白质-氨基酸（组氨酸等）

2. 亲和色谱的连接臂

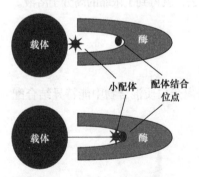

图 4-10 亲和色谱引入连接臂
示意图（邱玉华，2011）

当配体的相对分子质量较小时，将其固定在载体上，会由于载体的空间位阻，配体与生物大分子不能发生有效的亲和吸附作用，如果在配体与载体之间引入适当长度的连接臂，可以增大配体与载体之间的距离，使其与生物大分子有效的亲和结合（图 4-10）。

3. 亲和色谱的洗脱方法

亲和色谱的洗脱方法有特异性洗脱法和非特异性洗脱法。特异性洗脱法利用含有与亲和配体或目标产物具有更强亲和作用的小分子化合物溶液为洗脱剂，通过竞争性结合作用，脱附目标产物，特点是条件温和，有利于保护目标产物的活性和提高纯度。非特异性洗脱法通过调节洗脱液的 pH、离子强度、离子种类和温度等理化性质降低目标产物与介质的亲和作用，使之脱附，是采用较多的洗脱方法。

（二）亲和色谱的应用

1. 各种生物大分子的分离、纯化

1）抗体与抗原的纯化 抗体与抗原结合具有高度专一性，Sepharose 是这类亲和色谱较佳的载体，由于抗原-抗体复合物的解离常数很低，因此抗原在固定化抗体上被吸附后，要尽快将它洗出，通常将冲洗液的 pH 控制在 3 以下，成分为乙酸、盐酸、Tris-HCl 缓冲液、

20% 甲酸或 1 mol/L 丙酸，也有的使用尿素这类蛋白质变性剂作为洗出用的溶液。例如，金黄色葡萄球菌蛋白 A（protein A）能够与免疫球蛋白 G（IgG）结合，可以用于分离各种 IgG。

2）核酸及多种酶的纯化 因为 DNA 与 RNA 之间具有专一性的亲和力，所以亲和色谱可应用于核酸的研究。例如，从大肠杆菌的 RNA 混合物中分离出专一于噬菌体 T_4 的 RNA，可将 T_4 的 DNA 以共价键结合方式接于纤维素（cellulose）材质的管柱中，再将所要的 RNA 分离出。此外，根据核酸与蛋白质之间交互作用的原理，可以将单股 DNA 接在 Sepharose 上，纯化 DNA 聚合酶或 RNA 聚合酶。

利用 poly（U）作为配体可以用于分离 mRNA 及各种 poly（U）结合蛋白。poly（A）可以用于分离各种 RNA、RNA 聚合酶及其他 poly（A）结合蛋白。以 DNA 作为配体可以用于分离各种 DNA 结合蛋白、DNA 聚合酶、RNA 聚合酶、核酸外切酶等多种酶类。

3）激素和受体蛋白的纯化 激素的受体是细胞膜上与特定激素结合的成分，属于膜蛋白，采用去污剂溶解后的膜蛋白往往具有相似的物理性质，难以用常规的色谱技术分离。但去污剂溶解通常不影响受体蛋白与其对应激素的结合，所以利用激素和受体蛋白间的高亲和力，进行亲和色谱分析是分离受体蛋白的重要方法。目前，已经用亲和色谱方法纯化出了大量的受体蛋白，如乙酰胆碱、肾上腺素、生长激素、吗啡、胰岛素等多种激素的受体。

4）酶和酶抑制剂的纯化 使用亲和色谱法纯化酶，可以得到相当好的效果。例如，要分离猪和牛的胰蛋白酶，可以连接鸡卵黏蛋白（胰蛋白酶的抑制剂）与 Sepharose 4B 当作色谱柱材质，用它纯化出来的胰蛋白酶相当于 5 次重结晶的纯度。除了使用抑制剂当配体，也可以反过来用酶作为配体来纯化抑制剂。例如，将胰蛋白酶接到 Sepharose 上，能有效分离与纯化大肠杆菌中的胰蛋白抑制剂艾克汀（Ecotin）。

5）生物素和亲和素的纯化 生物素（biotin）和亲和素（avidin）之间具有很强且特异的亲和力，可以用于亲和色谱。例如，用亲和素分离含有生物素的蛋白，可以选择生物素的类似物如 2-亚氨基生物素等作洗脱剂，降低其与亲和素的亲和力，这样可以在较温和的条件下将其从亲和素上洗脱下来。另外，可以利用生物素和亲和素之间的高亲和力，将某种配体固定在基质上。例如，将生物素酰化的胰岛素与以亲和素为配体的琼脂糖作用，通过生物素与亲和素的亲和力，胰岛素被固定在琼脂糖上，可以用亲和色谱分离与胰岛素有亲和力的生物大分子物质。这种非共价键的间接结合比直接将胰岛素共价结合在溴化氰（CNBr）活化的琼脂糖上更稳定。很多种生物大分子可以用生物素标记试剂［如生物素与 N- 羟基琥珀酰亚胺酯（NHS）生成的酯］结合上的生物素，并且不改变其生物活性，这使得生物素和亲和素在亲和色谱中有更广泛的用途。

6）凝集素和糖蛋白的纯化 凝集素是一类具有多种特性的糖蛋白，几乎都是从植物中提取的。它们能识别特殊的糖，因此可以用于分离多糖、各种糖蛋白、免疫球蛋白、血清蛋白，甚至完整的细胞。用凝集素作为配体的亲和色谱是分离糖蛋白的主要方法。例如，伴刀豆球蛋白 A 能结合含 β-D-吡喃甘露糖苷或 β-D-吡喃葡萄糖苷的糖蛋白，麦胚凝集素可以特异地与 N-乙酰氨基葡萄糖或 N-乙酰神经氨酸结合，可以用于血型糖蛋白 A、红细胞膜凝集素受体等的分离。洗脱时，只需用相应的单糖或类似物，就可以将待分离的糖蛋白洗脱下来。例如，伴刀豆球蛋白 A 吸附的蛋白可以用 β-D-甲基甘露糖苷或 β-D-甲基葡萄糖苷洗脱。同样，用适当的糖蛋白或单糖、多糖作为配体也可以分离各种凝集素。

2. 用于各种生化成分的分析检测

亲和色谱技术在生化物质的分析检测上也已被广泛应用。例如，利用亲和色谱可以检测羊抗二硝基苯酚（DNP）抗体。又如，用单克隆免疫亲和色谱测定小麦中呕吐毒素（DON毒素），样品通过聚乙二醇-水提取，提取液用DON毒素单克隆免疫亲和柱净化，Symmetry C18色谱柱分离，紫外检测器检测和外标法定量。

三、疏水相互作用色谱

（一）疏水相互作用色谱的基本原理

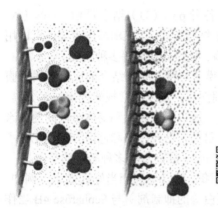

彩图

图4-11　疏水相互作用色谱概述图
（常建华等，1991）

疏水相互作用色谱（HIC）简称疏水色谱，是指以表面偶联弱疏水基团（疏水性配体）的吸附剂为固定相，根据蛋白质与疏水性吸附剂之间的疏水性相互作用的差别进行蛋白质类生物大分子分离与纯化的色谱法。蛋白质表面均含有一定数量的疏水基团，疏水性氨基酸（如酪氨酸、苯丙氨酸等）含量较多的蛋白质疏水性强。尽管在水溶液中蛋白质将疏水基团折叠在分子内部而表面显露极性和荷电基团的作用，但是总有一些疏水基团或疏水部位暴露在蛋白质表面。这部分疏水基团可与亲水性固定相表面偶联的短链烷基、苯基等弱疏水基团发生作用，被固定相所吸附（图4-11）。

根据蛋白质盐析沉淀原理，在离子强度较高的盐溶液中，蛋白质表面疏水部位的水化层被破坏，露出疏水部位，疏水相互作用增大。因此，蛋白质的吸附（进料）需在高浓度盐溶液中进行，洗脱则主要采用降低流动相离子强度的线性梯度洗脱法或阶段洗脱法。

一般的凝胶过滤介质经偶联疏水性配体后均可用作疏水性吸附剂。

影响疏水性吸附的因素如下。

1）离子强度及种类　蛋白质的疏水性吸附作用随离子强度的增强而增大。除离子强度外，离子的种类也影响蛋白质的疏水性吸附。高价阴离子的盐析作用较大，因此HIC分离过程中主要利用硫酸铵、硫酸钠和氯化钠等盐溶液为流动相，在略低于盐析点的盐浓度下进料，然后逐渐降低流动相的离子强度进行洗脱分离。

2）破坏水化作用的物质　SCN^-和I^-等离子半径较大，电荷密度低的阴离子具有减弱水分子之间相互作用，即破坏水化的作用，称为离液离子。在离液离子存在时疏水性吸附减弱，蛋白质易于洗脱。

3）降低表面张力的化学物质　表面活性剂可以与蛋白质的疏水部位结合，从而减弱蛋白质的疏水性吸附。根据这一原理，难溶于水的膜蛋白可以添加一定量的表面活性剂使其溶解，利用HIC进行洗脱分离。但是，选用的表面活性剂种类和浓度应当适宜，浓度过小，则膜蛋白不溶解，过大则抑制蛋白质的吸附。

此外，一些有机溶剂等加入流动相中，可以改变体系的表面张力，也可以改变蛋白质的吸附与解吸行为。

4）温度　一般吸附为放热过程，温度越低，吸附结合常数越大。但疏水性吸附与一般吸附相反，蛋白质疏水部位的失水是吸热过程。吸附结合作用随温度的升高而增大，有利于疏水性吸附。

　　5）pH　　pH 对疏水相互作用的影响比较复杂，主要是因为 pH 会改变蛋白质的空间结构，可能造成疏水性氨基酸残基在蛋白质表面分布的变化，使蛋白质的疏水性增强或减弱。

　　HIC 主要用于蛋白质类生物大分子的分离与纯化。如果方法适当，HIC 和 IEC 具有相近的分离效率。由于在高浓度盐溶液中疏水性吸附作用较大，因此 HIC 可直接分离盐析后的蛋白质溶液；通过调节疏水性配体链长和密度调节吸附力，因此可根据目标产物的性质选择适宜的吸附剂；疏水性吸附剂的种类很多，选择余地大，价格与离子交换剂相当。

（二）疏水相互作用色谱的应用

　　用疏水相互作用色谱分离、纯化的蛋白质种类很多，其相对分子质量从 6000 左右的胰岛素到 10 万以上的红细胞和淋巴细胞，实例如表 4-3 所示。

表 4-3　疏水相互作用色谱对一些生物大分子分离和纯化的实例（王云等，2002）

名称	来源	柱型	盐种类
r-干扰素	基因工程	XDF-GM	$(NH_4)_2SO_4$
单克隆抗体	鼠	TSKgel-Phenyl-5PW	$(NH_4)_2SO_4$
白介素	基因工程	Phenyl-Sepharose CL-4B	$(NH_4)_2SO_4$
铁传递蛋白	鸡血清	Phenyl-Sepharose	$(NH_4)_2SO_4$
细菌外源凝集素	枯草杆菌	Butyl-PA-Silica	$(NH_4)_2SO_4$
免疫球蛋白 G	动物血液、腹水等	Butyl Phenyl Octyl-Sepharose	$(NH_4)_2SO_4$
己糖激酶	兔网织红细胞	Toyopearl-Phenyl-650S	$(NH_4)_2SO_4$
成熟糖蛋白	鼠精液	PropylaspartamideHIC	$(NH_4)_2SO_4$
溶菌酶	牛奶	Phenyl-Sepharose 6FF	$(NH_4)_2SO_4$
大豆球蛋白	大豆	Phenyl-Sepharose	Tris-HCl
细菌毒素	基因工程	Butyl-Sepharose	$(NH_4)_2SO_4$
克隆激发因子	基因工程	Phenyl-Sepharose	$(NH_4)_2SO_4$
前列腺特效抗原	人精液	Phenyl-Sepharose	$(NH_4)_2SO_4$
淀粉状蛋白	血清	Octyl-Sepharose CL-4B	$(NH_4)_2SO_4$
脂肪酶	基因工程	Phenyl-Sepharose CL-4B	聚乙二醇辛基苯基醚（Triton X-100）
胎盘蛋白 12	人羊水	Phenyl-Sepharose	$(NH_4)_2SO_4$
脂肪氧合酶	鼠皮肤	Hexylamide-Sepharose	$(NH_4)_2SO_4$
磷酸核酮糖激酶	植物	Phenyl-Sepharose	$(NH_4)_2SO_4$

四、反相色谱

（一）反相色谱的基本原理

　　反相色谱（RPC）是指以非极性的反相介质为固定相，极性有机溶剂的水溶液为流动相，根据溶质极性（疏水性）的差别进行溶质分离与纯化的洗脱色谱法。与 HIC 一样，RPC 中溶质也通过疏水性相互作用分配于固定相表面，但是 RPC 固定相表面完全被非极性基团所覆盖，表现出强烈的疏水性。因此，必须用极性有机溶剂（如甲醇、乙腈等）或其水溶液进行溶质的洗脱分离。

溶质在反相介质上的分配系数取决于溶质的疏水性，一般疏水性越大，分配系数越大。当固定相一定时，可以通过调节流动相的组成来调整溶质的分配系数。RPC 主要应用于相对分子质量低于 5000，特别是 1000 以下的非极性小分子物质的分析和纯化，也可以用于蛋白质等生物大分子的分析和纯化。由于反相介质表面为强烈疏水性，并且流动相为低极性的有机溶剂，生物活性大分子在 RPC 分离过程中容易变性失活，因此，以回收生物活性蛋白质为目的时，应注意选用适宜的反相介质。

反相介质的商品种类繁多，其中最具代表性的是以硅胶为载体，通过表面键合非极性分子层制备。通过控制反应时间和温度，可获得性能稳定的反相介质。在硅胶基质的反相填料中，以键合有 C18、C8、C2 的球形多孔填料最为常见，用途最广。

RPC 固定相大多是硅胶表面键合疏水基团，基于样品中的不同组分和疏水基团之间疏水作用的不同而分离。在生物大分子分离中，多采用离子强度较低的酸性水溶液，添加一定量乙腈异丙醇或甲醇等与水互溶的有机溶剂作为流动相。

1. 影响反相色谱吸附的因素

1）柱长　有机小分子和肽类的分辨率随柱长的增加而增加，但是柱长增加并不能使蛋白质和核酸等生物大分子的分辨率显著增加，它们在较短的柱子上往往也有很好的分离效果。

2）流动相的流速　有机小分子和肽类的分辨率对流动相的流速非常敏感，而蛋白质和核酸等生物大分子的分辨率则不然。流速越小，柱子越长，色谱峰的宽度就越大，分辨率就越小。制备色谱上样过程中的流速对动态吸附容量的影响很大。

3）温度　温度上升，流动相黏度下降，流动速度加快，且流动相与固定相之间的传质速度加快，使分辨率增加。同时，温度上升，分子热运动增加，疏水性作用减弱。升高温度要考虑目标物质的热稳定性。

4）流动相组成　流动相的极性越大，溶质的分配系数越大，洗脱时间越短。RPC 多采用降低流动相极性（水含量）的线性梯度洗脱法。水是极性最强的溶剂，在反相色谱中常常和基础溶剂配合使用，向流动相中加入不同浓度的、可以与水混溶的有机溶剂，以得到不同强度的流动相，这些有机溶剂称为修饰剂。反相色谱中最常用的有机溶剂有甲醇和乙腈。此外，乙醇、四氢呋喃、异丙醇及二氧六环也常被用作修饰剂。有机溶剂梯度的大小也会影响分辨率，一般梯度越小，分辨率越大。

2. 反相色谱中样品的保留值

反相色谱中样品的保留值主要由固定相比表面积、键合相种类和浓度决定，保留值通常随链长增长或键合相的疏水性增强而增大，对于非极性化合物通常遵循以下规则：（弱）非键合硅胶＜氰基＜C1（TMS）＜C3＜C4＜苯基＜C8～C18（强）。溶质保留值与固定相表面积成正比，普通载体的比表面积约为 250 m²/g，而 300 Å 孔径载体的比表面积约为 60 m²/g。当其他条件相同时，溶质在 300 Å 孔径（低表面积）色谱柱上的保留值大约为 80 Å 孔径色谱柱上保留值的 1/4（60:250），小孔隙柱如高保留的 C18 柱或石墨柱有利于强亲水性样品洗脱。样品的保留值也可以通过改变流动相组成或溶剂强度来调整，溶剂强度取决于有机溶剂的性质和其在流动相中的浓度。在反相色谱中，采用高溶剂强度、低极性的流动相时可获得较低的保留值。固定相的不同也可以导致选择性发生变化，氰基柱、苯基柱、C8柱、C18 柱等的选择性有很大差异，一般应优先考虑 C8 柱、C18 柱，然后是氰基柱，再次是苯基柱。

据统计，近80%的有机物及无机物可以用高效液相色谱进行分离，其中反相色谱中的C18柱是高效液相色谱中最为常用的一类色谱柱。

（二）反相色谱的应用

反相介质性能稳定，分离效率高，可分离蛋白质、肽、氨基酸、核酸、甾类、脂类、脂肪酸、糖类、植物碱等含有非极性基团的各种物质。

例如，使用C8和C18改造的硅胶柱的高压液相来制备和分析四环素类抗生素，对于四环素类抗生素来说，用氧化铝、硅胶离子交换树脂等来进行制备性分离会显得极性太强。反相色谱硅胶 Lichroprep RP-18 和 Lichroprep RP-8 提供了一个新的分离介质。应用四环素、土霉素、金霉素、甲烯土霉素和强力霉素作材料，用 Lichroprep RP-18 高效低压柱，溶剂系统中甲醇、乙腈、0.1 mol/L 乙二酸（pH3.0）的配比为 5：0.5：10，能成功地在这几种抗生素的混合物中有效地分离出四环素、金霉素、甲烯土霉素和强力霉素。

作为产品纯化制备手段，反相色谱的价格相对较高，多限于实训室规模的应用，在大规模工业生产中应用得较少。

第七节　色谱技术在食品工业中的发展现状与展望

在茨维特提出色谱名词后的 20 年间没有人关注这一伟大发现，直到 1931 年，德国的库恩（Kuhn）和莱德雷尔（Lederer）才重复了茨维特的某些实验，用氧化铝和碳酸钙分离了 α-胡萝卜素、β-胡萝卜素和 γ-胡萝卜素，此后用这种方法分离了 60 多种此类色素。马丁（Martin）和辛格（Synge）在 1940 年提出液-液色谱法（liquid-liquid chromatography，LC），即固定相是吸附在硅胶上的水，流动相是某种有机溶剂。1941 年，马丁和辛格提出用气体代替液体作流动相的可能性，11 年之后，詹姆斯（James）和马丁提出了从理论到实践较完整的气-液色谱（gas-liquid chromatography，GLC），从而获得了 1952 年的诺贝尔化学奖。在此基础上，1957 年，戈利（Golay）开创了开管柱气相色谱法（open-tubular chromatography，OTC），习惯上称为毛细管柱气相色谱法。1956 年，范德姆（van Deemter）等在前人研究的基础上发展了描述色谱过程的速率理论，1965 年，吉丁斯（Giddings）总结和发展了前人的理论，为色谱的发展奠定了理论基础。另外，早在 1944 年，康斯登（Consden）等就发展了纸色谱；1949 年，麦克利尔（Macllean）等在氧化铝中加入淀粉黏合剂制作薄层板，使薄层色谱（thin layer chromatography，TLC）得以实际应用；而在 1956 年，斯塔尔（Stahl）发明出涂布器之后，才使 TLC 得到广泛应用。在 20 世纪 60 年代末把高压泵和化学键合相用于液相色谱，出现了高效液相色谱法（high performance liquid chromatogra-phy，HPLC）。20 世纪 80 年代初超临界流体色谱（supercritical fluid chromatography，SFC）兴起。而在 20 世纪 90 年代毛细管区带电泳（capillary zone electrophoresis，CZE）得到广泛应用。同时集 HPLC 和 CZE 优点的毛细管电色谱在 20 世纪 90 年代后期受到关注。由茨维特（Tswett）提出色谱名词之后，至气相色谱法（含毛细管色谱法）的创立，是现代色谱法的第一个里程碑，色谱-光谱联用技术、高效液相色谱法及毛细管电泳法可分别视为色谱法的第二、第三及第四个里程碑。21 世纪，色谱技术将在生命科学等重要领域中发挥不可替代的作用。

色谱法是分析化学领域中发展最快、应用最广的分析方法之一。这是因为现代色谱法具有分离与分析两种功能，能排除组分间的相互干扰，逐个将组分进行定性、定量分析，而且还可制备纯组分。近年来，HPLC 在我国已有较大发展，此势头还在继续增长，据专家估计，在 21 世纪，HPLC 将会发展成为使用频率最高的一种仪器分析方法。

高效液相色谱近年来以 6%～8% 的速度增长，其中较活跃的领域是离子色谱、疏水作用色谱、手性分离及反相色谱。HPLC 除具有 GC 的优点外，还具有应用面广、可进行制备分离的特点。多维色谱如 IC-LC-MS 等用于药物、蛋白质、多肽结构测定，并使整个操作完全自动化，这是 21 世纪色谱分析的发展方向之一。面对基因工程的挑战，原预计到 2005 年，人类 3 万～3.5 万条基因测序工作可以做完，已于 2000 年完成，这仍然离不开现代色谱技术的应用。从某种程度上说，没有色谱法就没有人类社会发展的今天。

薄层色谱在自动化程度、分辨率及重现性等方面仍不如 GC 和 HPLC，被认为只是一种定性和半定量的方法。但近年来，薄层色谱操作正走向标准化、仪器化和自动化，出现了如自动点样仪、自动程序多次展开仪、薄层扫描仪等多种仪器，还引入了强制流动技术，使薄层色谱发展成为具有相当好的重现性、准确性和精密度的定量分析方法。

毛细管电泳是 20 世纪 80 年代崛起的一种新的高效分离技术，具有高效、低耗、快速、灵敏等特点。从它问世以来就引起了分析化学家的极大兴趣，由于它的柱效很高，许多色谱学家希望它能解决一切分离问题。但他们失望了，虽然其中毛细管区带电泳（CZE）具有很高的柱效，却失去了色谱方法灵活调节分离因子的机动性，它难以成为定量分析的手段，其分析结果的偏差比 HPLC 大一个数量级，这是一个极大的障碍，要解决这一问题，需付出艰辛的努力。现在电色谱（electro chromatography，EC）成为这一领域的新秀，很多人希望它能获得成功，但 EC 驱动流动相的方法和 CZE 相同，均使用电渗流，其流动速度的波动会造成在定量分析中有误差，要克服这一困难目前仍具有挑战性。许多证据表明 SFC 是不够成功的，尚有许多问题要解决，但它也有一定的应用领域，如在分析生物大分子中有非常突出的优点。

近年来，逆流色谱技术在不断研究创新的同时，被世界各国应用于不同的领域，形成了分离科学技术范畴的一个新兴分支。逆流色谱技术应用于食品分离的最大优势是粗品或复杂样品可以直接进样，在食品除毒去杂或制备生物活性物质方面效果明显。国外曾有利用 HSCCC 检测食品中的毒素含量，并分离出了葡萄球菌肠毒素（SEA）（导致食品污染的常见毒素）；奥卡（Oka）等以叔丁基甲基醚-正丁醇-乙腈-水（2：2：1：5）为溶剂系统分离虫胶中的 4 种乳酸，经过 HPLC 鉴定，其纯度分别达到 97.2%、98.1%、98.2% 和 95.0%，德国布伦瑞克工业大学利用逆流色谱仪进行饮料、红酒中活性成分的分离工作，效果非常明显。

在我国，利用逆流色谱技术提取分离生物活性成分，也有很多特色性成果，在很多方面独树一帜。例如，茶叶中茶黄素和儿茶素的提取纯化，大豆中异黄酮的提取分离，以及一些具有高附加值的物质如抗氧化物番茄红素的制备。北京天然产物分离纯化技术研究中心同英国联合利华集团合作，利用逆流色谱仪制备的儿茶素、茶色素等开发新一代饮品，研制食品中的防腐抗氧化物，生产天然的抗菌消炎、防治心脑血管病、防治癌症的药用原料，以及作为新一代功能性食品中的天然添加剂。

我国食品工业发展的一个方向就是要推动绿色食品的迅速发展，加强功能性健康食品配料及健康功能食品的研究开发；同时要充分利用我国小杂粮、中草药及丰富的生物资源，建立生物活性功能因子的分析鉴定、活性功能及安全性评价体系；开发生物活性物质、活性功能因子的高技术提取、纯化等技术；开发生物活性物质功能因子在食品中的使用技术等。而逆流色谱作为一门持续发展的分离技术，要想在未来的食品工业中有所作为，就必须以此为切入点，始终坚持以分离纯化技术作为技术依托，以天然活性物质（活性成分、活性部位或活性物质组合）为基础，设计研发适合市场需求的功能性食品和饮料，这是社会发展的客观需求，也是逆流色谱技术积极发展的必然趋势。

逆流色谱技术应用于天然产物中活性成分制备分离的研究方兴未艾，要将其不断完善和更新，除与更多不断涌现的新技术联用发挥其效能外，还有待于其本身的工程放大，即制备型逆流色谱，特别是低速逆流色谱技术的不断完善，不断创新。

目前色谱法已飞速发展成为分析化学中最重要的分析方法，从而被广泛用于科研、生产各领域。有报道显示气相色谱仪和备件在世界市场上高达 10 亿美元，并将以 3%～4% 的速度逐年增长。之所以如此，是由于气相色谱的灵敏度高、分析速度快、定量分析精度高。尤其是毛细管气相色谱法在分析更为复杂的混合物时，将能发挥重要作用。未来的发展趋势是增强自动化。气相色谱-质谱联用（GC-MS）仪将以 5%～10% 的速度递增，气相色谱-傅里叶变换红外吸收光谱联用（GC-FTIR）仪会维持现状，气相色谱-核磁共振波谱联用（GC-NMR）仪将有商品仪器问世。

一、多组分分离

色谱法可以实验多组分的分离。以气相色谱（GC）为例，GC 是一种分离技术。待分析的样品往往都是复杂的多组分混合物，对含有未知成分的样品，必须先将其分离，才能对有关组分进行进一步的分析。组分间的分离主要是根据各组分具有不同的物化性质。GC 主要是利用物质的极性、沸点及吸附性质的差异实现组分的分离。样品在汽化室被汽化后由惰性气体（即载气，一般是 N_2、He 等）带入色谱柱，柱内装有固定相（一般为液体或固体），由于样品中各组分不同的极性、沸点或吸附性能，每种组分都将在流动相和固定相之间形成分配平衡或吸附平衡。但由于载气是流动的，这种平衡实际上很难建立起来，也正是由于载气的流动，样品组分在运动中进行反复多次的分配或吸附/解附，结果在载气中分配浓度大的组分先流出色谱柱，而在固定相中分配浓度大的组分后流出。当组分流出色谱柱后，立即进入检测器，检测器能够将样品组分的存在与否转变为电信号，而电信号的大小与被测组分的量或浓度成比例，当将这些信号放大并按顺序记录下来时，就形成了色谱图，所以色谱图也反映了各组分的含量和浓度大小。

二、连续操作

在化学工业中，人们总是希望采用连续操作来解决大规模分离问题，也就是说进料和产品产出都是连续进行的。从工程的角度来讲，连续过程可以使有效的质量传递范围得到较好的利用，可以得到稳定的产品质量，并且通常不需要循环产品即得到很高的产出。这些有利因素使得研究人员努力去实现色谱分离的连续操作。根据吸附相和流动相的相对运动，连续化色谱可以分为逆流（counter current）操作和错流（cross current）操作两类。在逆流系统中，吸附相和流动相是沿着相反的方向运动的；而在错流系统中，两相相对运动方向则成直角。下面对这两种连续化色谱操作进行简单介绍。

在连续化逆流色谱操作中，通过设定合适的固体相和流动相的流动速度，进料中与固定相有较弱吸附强度的成分将随着流动相先出现在色谱系统的一端，而吸附性较强的成分将出现在另一端。这个连续化色谱的思想已经在大规模的操作中得到实现。这种系统有两大优点：一是进料和出料连续化；二是吸附相和流动相的需要量最小。其缺点是操作过程比较复杂，需要通过机械方法使固定相和流动相逆向流动或者模拟成逆向流动，而且通常只能用来分离二元混合物。按照产生逆流的方法可以将逆流连续化色谱过程归为两类：一类是固定相真正地移动，并且与流动相形成逆流，称作真实逆流系统（true counter-current system，TCC）；另一类是通过机械方法来模拟固定相的移动，称作模拟逆流系统（simulated counter current system，SCC）。

1. 真实逆流系统

在真实逆流系统（也称作移动床系统）中，固体相在重力的作用下沿着垂直的柱子向下流，而流动相则通过机械力量向上流动。在柱子的中心连续进料，弱吸附组分随流动相向上移动并且在柱子的顶端采出；强吸附相随固定相向下移动，在柱子的底端采出。这类系统最早的工业级应用是超吸附过程（hypersorption process），该系统采用活性炭作为吸附剂向下流动，烃类气体向上移动来分离乙烯。吸附剂可以再生并且循环使用。与低温蒸馏法相比较，这个过程因不具经济性已不再使用。虽然研究人员在真实逆流系统上做了很多工作，但是总的来讲这个系统仍然面临很多问题，如下降固体的控制、返混引起的分离能力的损失等。由于真实逆流系统有诸多难以克服的缺点，因此在实际中很少应用。

真实逆流系统操作机制可以用图 4-12 来描述。在图 4-12 中，吸附剂在一个封闭体系中从上向下进行运动，洗脱液从下向上进行运动。吸附强的组分 B 将随着固定相向下运动，而吸附弱的组分 A 将随着流动相向上运动。组分 B 将从提取口（extract）连续采出，组分 A 将从提余口（raffinate）连续采出。进料口（feed）、提取口和提余口将逆流系统划分为 4 个区域：1 区、2 区、3 区和 4 区。1 区是在洗脱液进口和提取口之间，是脱附区。在这个区间，洗脱液从系统底部进入并且带走从上而下的吸附剂中的 A。一部分流动相将从提取段采

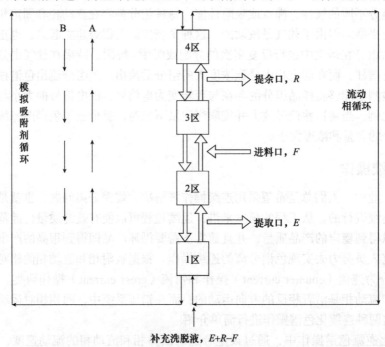

图 4-12　连续逆流色谱操作系统及组分流动方向

出，剩余的部分将进入 2 区。2 区位于进料口与提取口之间。这一段是用于脱附吸附剂所吸附的 A。3 区位于提余口与进料口之间。由于 B 已经由向下移动的吸附相带走，所以这一段只有 A。一部分洗脱液将从提余口采出，剩下的将进入 4 区。4 区位于提余口与洗脱液出口之间，是用于从吸附剂中洗脱组分 A。在理想情况下洗脱液流出后将是纯净的，进入 1 区循环使用。

2. 模拟逆流系统

为了克服真实逆流操作过程中移动固定相所带来的许多不利因素，人们提出了模拟逆流操作的概念。这种模拟逆流系统也被称作模拟移动床（SMB），最早由布劳顿（Broughton）在 1961 年提出，是在色谱分离中模拟出固定相和流动相相对于进样口的循环流动。这样，两种具有不同保留值的组分就会被固定相和流动相分别带向进样口两边，从而达到分离。这个过程可以通过下面几种方式来实现。

（1）固定相填充于一个划分为若干区域的塔器中，通过旋转阀沿流体流动方向周期性地移动进料，再通过洗脱液和出料的位置来模拟固定相与流动相之间的逆流运动。

（2）固定相填充于一系列色谱柱中，通过移动这些柱子经过进料口和出料口来模拟固定相与流动相之间的逆流运动。因为固定相通常分布在一系列旋转的色谱柱中，这种方法由于在固定相和流动相之间维持可靠的机械密封较困难而受到局限。

（3）固定相填充于一系列色谱柱中，通过两位电磁阀或多位阀（multi-position valve）在固定的切换时刻（witching time）换进料口和出料口与固定相的相对位置来模拟固定相和流动相之间的逆流运动，如图 4-13 所示。

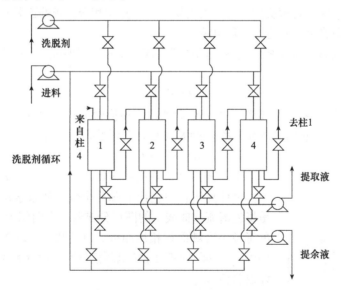

图 4-13　通过两位电磁阀模拟连续逆流操作（宋如峰等，2019）

1～4. 色谱柱编号

三、计算机辅助

1. 色谱数据处理机概述

随着生产的不断发展和计算机应用的日益广泛，近年来出现了代替人工处理色谱分析所得数据的自动装置——色谱数据处理机。

目前国内生产的色谱数据处理机的型号主要有 A4700 型、CDMC-ICX 型、F2710 型和 WDL-2000 型等色谱数据工作站或处理机，进口仪器中配置的处理机主要有 SP4290 型（美国光学物理公司），HP3394A 型（美国惠普公司），C-RIB、C-R3A（日本岛津公司）等。上述色谱数据处理机的主要功能简介如下。

色谱分析的目的是对样品组分经分离后作定性定量分析。色谱数据处理机的主要功能也是围绕着色谱分析的这两个目的而展开的。

2. 定量分析

（1）定量分析方法：目前在色谱分析中广泛使用的定量方法主要有三种，即峰面积归一化法、内标法和外标法。

$$m_i = \frac{f_i A_i}{\sum f_i A_i} \times 100\% \tag{4-1}$$

$$m_i = \frac{f_i A_i}{f_s A_s} \times \frac{m}{m_s} 100\% \tag{4-2}$$

$$m_i = f_i A_i \times 100\% \tag{4-3}$$

式中，m_i 为样品中 i 组分的质量（百分比）；f_i 为 i 组分的相对校正因子；f_s 为标准物质的相对校正因子；A_i 和 A_s 分别为样品中 i 组分和标准物质（内标物质）的峰面积；m_s 和 m 分别为标准物质和整个样品的质量。

（2）峰面积的计算：由上述公式可知，在色谱分析的三种定量分析方法中，都必须计算峰面积。

峰面积的计算中，要解决的问题主要有两个：一是用积分法求峰面积；二是判别色谱峰的起点和终点，即确定积分的上下限问题。

由于色谱峰通常是电压随时间变化的曲线，因此电压 v 对时间 t 进行积分，即得峰面积（A）公式：

$$A = \int_{t_1}^{t_2} v \mathrm{d}t \tag{4-4}$$

计算机接口电路中，通过模/数转换器将组分的浓度转换而来的连续电压信号转换为脉冲频率 f（数字量）输出，它们呈线性关系 [$v = Kf$（K 为比例系数）]，所以，

$$A = K \int_{t_1}^{t_2} v \mathrm{d}t \tag{4-5}$$

由上式可知，峰面积正比于峰起点时间 t_1 至峰终止时间 t_2 内，由计算机接口输出的脉冲个数，从数学角度看，峰面积就是将色谱流出曲线下的图形分成若干个面积为一定值的小区域，再将各小区域面积相加即可。色谱数据处理机的最小面积元是 $1\ \mu V \cdot s$。即 $1\ s$ 有 $1\ \mu V$ 电压信号时，就计数 1 次，峰面积就是计数总和。

积分上下限（即色谱峰的起点和终点）的确定，涉及色谱峰的鉴别。在色谱数据处理机中，一般采用色谱峰斜率的变化来鉴别。由于色谱峰信号在起点和终点时较小，在峰顶时斜率最小，在流出曲线拐点处斜率最大（图 4-14）。由此可确定出峰的起点、顶点和终点，当色谱峰的斜率由负值变为正值的零点（事先设置值）后，即认为已出峰，当斜率由正变到负通过零的点，即峰顶点，当色谱峰斜率由负再变到零时，即峰的终点。

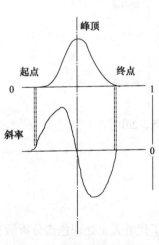

图 4-14　色谱法的斜率检测

为了使峰面积计算得更准确，计算机中还设置了基线校正和各种非正常峰的切割功能，以自动补偿基线漂移和奇异峰（宽峰、窄峰、前伸峰、拖尾峰等）切割不规范而造成的各组分峰面积计算的误差。

（3）各组分含量的计算：由式（4-1）～式（4-3）可知，要计算出各组分的含量，除准确计算色谱峰的峰面积外，还需要校正因子、有关组分的质量和选择计算方法等功能。这在色谱数据处理机中可以事先设置或按照有关公式编制程序来进行计算，最后将有关定量分析结果显示或打印出来。

3．定性分析

目前色谱分析中，广泛使用的定性分析方法是保留时间比较法，即在一定的色谱条件下，使用标准物质测得保留时间或调整保留时间，再在同样条件下，测定样品各组分的保留时间，两相对照，可确定样品中含有何种组分。如果条件许可，也可使用文献值来定性。因而在色谱定性分析中，需要测定样品各组分的保留时间或调整保留时间。

保留时间的测量需要一个非常稳定的时间脉冲发生器，作为测量保留时间的基准。在进样的同时，使时间脉冲计数器复零并开始累计时间脉冲，当到达峰顶时，色谱峰的顶点鉴定器发出指令，时间脉冲计数器立即将累计的时间脉冲数送入寄存器，再送入显示器显示出来或等色谱峰结束时，将峰面积和保留时间一起显示或打印出来。

以气相色谱为例。由于计算机能使气相色谱分析速度加快，操作手续简化，测定值的精确度提高，计算机在气相色谱法中主要应用于以下几个方面。

（1）仪器控制温度、流量及进样自动化。

（2）信号处理消除噪声，自动调节基线漂移。自动转换仪器灵敏度的设定。

（3）峰的解析和鉴别，重叠峰的解析，峰面积和保留时间的测量。

（4）数据处理对测定结果进行统计处理，制定标准曲线，进行定性、定量分析，打印分析报告。

（5）信息管理数据的存贮及调出，数据库的管理。

气相色谱法的计算机处理最主要用于第（2）（3）两项和第（4）项的一部分，现在仅利用市场上出售的装有廉价微型计算机的自动积分仪就可完成。在气相色谱仪中装上这种小型的微处理机也能进行第（1）项的仪器控制，并作为自动气相色谱仪在市场上出售。由于微处理机的发展，气相色谱仪的自动化就比较经济一些。采用微处理机或具有更高性能的计算机可以同时对多台气相色谱仪进行控制，进行数据处理，并能贮存管理大量的数据。计算机的采用提高了峰面积测量的精确度，其与其他方法测量精确度的比较如表4-4所示。

表4-4 各种峰面积测量法的精确度（成文虎，2013）

测量方法	相对标准偏差/%	测量方法	相对标准偏差/%
侧面积仪	4.0	剪切称量法	1.7
三角形法	4.0	圆盘积分仪	1.3
半峰宽法	2.5	数字积分仪	0.4

表4-4用相对标准偏差来表示用不同的方法，对同一个峰的面积进行测量时的测量精度。其中所谓的圆盘积分仪是将机械方法和电测定方法结合在一起的积分仪，数字积分仪是利用电子计算机的自动积分仪。电子计算机是通常使用手工计算半峰宽法的测量精度的6倍左右。

在气相色谱仪-质谱仪联机（简称 GC-MS）的数据处理系统，由于计算机的应用，质谱仪能作为选择性极高的气相色谱检测器使用，促进了色谱-质谱联用技术的发展。

第八节   色谱技术对食品内源组分分离的应用

以亲水色谱为例，亲水色谱是一种类似于正相色谱保留模式的分离手段，主要以水（2%~40%）和乙腈（大于60%）作为流动相在极性固定相表面完成目标物质的分离。在亲水色谱分离模式下，化合物按照极性由弱到强依次出峰，因此其可作为分析强极性化合物和离子化合物的适宜手段。近些年，亲水色谱在食品科学方面应用得越来越广泛。亲水色谱在食品分离分析方面的应用对象已包含食品内源组分、食品外源污染物和毒性物质等。

1. 亲水色谱在核苷碱基、核苷和核苷酸分离分析方面的应用

核苷碱基、核苷和核苷酸是一类亲水、强极性、不易挥发的有机分子，在中性流动相体系中易转化为阴离子，因此有学者在反相模式下使用离子对和离子交换色谱完成该类化合物的分离分析。液相色谱和毛细管电泳色谱在核苷碱基、核苷和核苷酸的分离分析方面已有应用。但是毛细管电泳色谱所用的流动相与离子检测手段（如质谱）无法兼容。亲水色谱能够克服已有技术的局限，应用于植物来源和动物来源的核苷碱基、核苷和核苷酸的识别与定量分析。蔬菜、水果及相关制品如银杏的果和叶作为膳食补充剂具有广泛的应用。采用亲水色谱串联 MS/MS 检测手段在 MRM 模式下分别完成银杏果和银杏叶中核苷碱基和核苷的定量。通过使用核苷碱基和核苷作为标志物可将 22 种银杏叶样品按照其原产地分为两大类。

2. 亲水色谱在氨基酸、多肽和蛋白质分离分析方面的应用

蛋白质、磷蛋白质和糖蛋白质可直接用亲水色谱或经典排阻液相色谱完成分离。在开发该类方法的过程中，亲水色谱的流动相为高比例有机相，但是这种溶剂环境下蛋白质易发生沉淀，导致溶解性不匹配。有关氨基酸含量测定的分析方法，包括不需衍生化的直接分析方法和涉及分离纯化与衍生化的非直接分析方法。亲水色谱串联质谱检测器是最常见的用于定性定量分析食品中自由氨基酸和活性肽的方法。桃核中具有抗氧化活性的多肽类化合物，提取多肽过程包括磨粉、脱脂、提取，然后通过加入冷丙酮并放入冰箱，蛋白质可从上清液中析出，接下来将蛋白质进行酶（碱性蛋白酶、嗜热菌蛋白酶、风味蛋白酶和 P 蛋白酶）水解，然后使用超滤滤出多肽提取物。肽段信息可经过亲水色谱柱（未键合硅胶柱）分离或反相色谱（键合 C_{18} 固定相硅胶柱）分离后通过电喷雾-飞行时间质谱获得，检测到 18 种含高比例亲水氨基酸的肽。

3. 亲水色谱在磷脂酰胆碱类化合物分离分析方面的应用

近些年，胆碱类和磷脂类化合物在食品中的重要性越来越明显，相关的分离分析方法研究也越来越多。核磁共振磷谱在定性定量分析食品中含磷化合物的含量方面表现优异，也能够对磷脂的同源物进行分析。液相色谱串联荧光检测器、质谱检测器和蒸发光散射检测器及气相色谱串联质谱检测器在胆碱类化合物和磷脂分离分析方面均有应用，但是尚未有同时定量所有胆碱类化合物和所有磷脂的分析方法。有学者用正相色谱串联质谱分析了胆碱类化合物和磷脂，发现尽管磷脂和胆碱类化合物具有较好的保留与分离度，但是由于流动相为非极性溶剂，不适合用电喷雾质谱作为检测器。反相色谱串联质谱可分离特定的不同酰基链长度和不同不饱和度的磷脂酰胆碱类物质。

第九节 色谱技术在食品类型中的应用

一、果蔬及其制品

食品中有机酸和酸味剂是食品酸味与鲜味的重要成分，也对食品的防腐保鲜起重要作用。食品中的有机酸主要有乙酸、乳酸、丁二酸、柠檬酸、酒石酸、苹果酸等，少量存在的有机酸还有甲酸、顺丁烯二酸、马来酸、草酸等。氨基酸作为有机酸的一种，在我国有大量的如血粉、蹄壳、丝胶等天然蛋白质资源，将其水解可生产大量氨基酸。但利用蛋白质水解法生产的氨基酸水解液中通常含有多种氨基酸，由于混合氨基酸物化性质相似，普通分离方法基本不能将其分离。而采用离子交换色谱技术，则可将氨基酸基本分离。

二、糖果制品

糖类经提取后需要除去大量的非糖物质，尤其是多糖类化合物，分子质量大，结构复杂，难以获得纯品。通常可以使用活性炭柱色谱法及凝胶柱色谱法分离。活性炭是分离水溶性成分的常用吸附剂。含糖的水溶液上活性炭柱后，先用水洗脱无机盐、单糖等，然后在水中增加乙醇的浓度，依次洗出二糖、三糖及更大的寡糖。凝胶柱色谱法可用于分子质量不同的糖类物质的分离。寡糖和苷类成分一般用孔隙小的凝胶分离。而多糖纯化时可以先用小孔隙的凝胶除去无机盐和小分子化合物，然后再用大孔隙的凝胶进行分离。

三、肉制品

肉制品中含有较多的蛋白质，蛋白质是由几十到几千个氨基酸分子借助肽键和二硫键相互连接的多肽链，相对分子质量达 $10^4 \sim 10^6$，而且在溶液中的扩散系数比较小，黏度大，易受外界温度、pH、有机溶剂的影响而发生变性，并引起结构改变。这些特性给它们的色谱分离带来了实际困难。目前，主要采用灌注色谱对蛋白质进行分离，灌注色谱可分为以下4种：灌注反相色谱、灌注离子交换色谱、灌注疏水色谱、灌注亲和色谱。

离子交换色谱（ion-exchange chromatography）分离蛋白质是根据在一定 pH 条件下蛋白质所带电荷不同而进行分离的方法。常用于蛋白质分离的离子交换剂有弱酸型的羧甲基纤维素（CM 纤维素）和弱碱型的二乙氨基乙基纤维素（DEAE-纤维素），前者为阳离子交换剂，后者为阴离子交换剂。还有改进型 CM Sephadex（葡聚糖凝胶）、DEAE Sephadex 等。蛋白质与离子交换剂的结合是靠相反电荷间的静电吸引，吸引力的大小与溶液的 pH 有关。阳离子交换剂含有酸性基团，能与带正电荷的蛋白质结合，当改变 pH 时，带正电荷的蛋白质又能可逆地洗脱。反之，阴离子交换剂亦然。常通过改变溶液中盐类离子强度（加盐梯度洗脱或分段洗脱）和 pH 来完成蛋白质混合物的分离，结合力小的蛋白质先被洗脱出来，分部收集柱下端的洗脱液。用阳离子交换色谱时，带正电荷较少的蛋白质结合较松或几乎不被吸留，因而最先被洗脱下来；带正电荷越多的蛋白质结合得越牢固，洗脱时最后被洗脱下来。

第十节 食品工业中色谱技术的应用案例

一、在制糖工业中的应用

1. 糖的分离

模拟移动床（SMB）在制糖工业中主要应用于果糖和葡萄糖的分离。以分子筛作吸附剂，用模拟流动床分离果糖的 Sarex 工艺，是迄今最佳的从玉米糖浆中分离果糖与葡萄糖的方法，果糖回收率达 96.7%，浓度为 97.5%。

模拟移动床技术目前也已广泛用于其他糖类的生产中。双组分的分离，如甘露糖-葡萄糖、葡萄糖-高糖类、麦芽糖-高糖类、异麦芽糖-异麦芽糊精、蔗糖-棉子糖（蜜三糖）、蔗糖-果糖和葡萄糖、糖蜜中蔗糖的回收，还有帕拉金糖-海藻糖、葡萄糖-海藻糖等的分离；三种或三种以上组分的分离，如葡萄糖-麦芽糖-麦芽三糖、葡萄糖-木糖-硫酸、蔗糖-葡萄糖-果糖、单糖-二糖-多聚糖和甜菜碱-蔗糖-其他单糖等的分离。

2. 糖的脱色除杂

脱色是糖生产过程中的一个重要工艺，它对产品质量和操作成本有着重要的影响。利用模拟移动床技术可以为蔗糖、甜菜和玉米糖浆脱色。甘蔗糖浆中含有胶体、色素和产生灰分的部分无机盐根等，采用模拟移动床工艺和阳离子树脂对甘蔗糖浆的提纯处理，还原糖脱除率可以达到 38.8%，胶体脱除率达 100%，电导值脱除率达 91.7%，色值脱除率达 94.5%。在模拟移动床系统中，可在任何可行的配置中使用任何脱色介质（如离子交换树脂、吸附剂和碳）。作为制糖原料的农产品在经酸解、酶解或蒸煮后所得水解液常含各种杂质，如木质素、酶蛋白和盐等，可通过装填有活性炭或离子交换树脂的模拟移动床系统予以去除。

二、在柠檬酸发酵产物分离中的应用

目前，在我国发酵工业中，离子交换和色谱分离技术主要用于生产工艺后期的除杂和精制，在整个产品生产过程中只起辅助作用。如今随着色谱分离技术的发展，许多应用研究已集中于直接从发酵液中提纯分离产品成分，这样能大大简化生产工艺过程，减少生产成本，降低环境污染。例如，在柠檬酸生产中研究了许多交换吸附分离工艺，比如先使用阴离子交换树脂从发酵液中直接吸附柠檬酸，用氨水洗脱为柠檬酸铵，再通过阳离子交换树脂吸附转型成柠檬酸的生产工艺，柠檬酸收率可达 93% 以上。

从 1996 年开始，开展了合成专门吸附柠檬酸并只需用热水作为脱附剂的热再生树脂，以及相应的柠檬酸吸附提纯新工艺研究。其具体方法是采用模拟移动床变温色谱分离技术在低于 40℃的温度下，将发酵液连续通过此类树脂使柠檬酸被吸附，发酵废水中由于没有加入任何其他化合物，因此可返回发酵罐用于循环发酵。然后用高于 75℃的热水解吸已吸附柠檬酸的树脂，使柠檬酸洗脱下来，如此反复使用，实行连续工业生产。

三、在氨基酸生产工业中的应用

我国有大量的如血粉、蹄壳、丝胶等天然蛋白质资源，将其水解可生产大量氨基酸，但利用蛋白质水解法生产的氨基酸水解液中通常含有多种氨基酸，由于混合氨基酸的物化性质相似，普通分离方法基本不能将其分离。而采用离子交换色谱技术，则可将氨基酸有效分离。

武汉大学氨基酸研究所利用高效液相色谱理论，成功地从猪血水解液分离提纯了脯氨酸、缬氨酸、异亮氨酸。南京工业大学采用 JK006 树脂吸附氨基酸，利用氨水洗脱使苯丙氨酸与天冬氨酸等杂氨基酸分离，从而从高盐体系中提取出苯丙氨酸。有研究利用二维梯度离子对色谱分离氨基酸，采用丁基硅胶反向色谱柱吸附，利用包含了不同浓度的十二烷基磺酸盐和高氯酸的水-乙腈系统进行梯度洗脱，有效分离了混合氨基酸。

我国味精产量已达 63 万吨，居世界首位。生产 1 t 味精大约要排放 20 t 高浓度有机废液（母液）。以 1999 年排放 1260 万吨母液计算，每年排放的氨基酸总量为：谷氨酸 14 万吨、丙氨酸 2.4 万吨、半胱氨酸 1.5 万吨、天冬氨酸 1.3 万吨、异亮氨酸 0.7 万吨、蛋氨酸 0.2 万吨、甘氨酸 0.16 万吨、苏氨酸 0.14 万吨，资源浪费和环境污染严重。如能将这些氨基酸分离提纯回收，每年将产生达 10 亿元左右的经济效益，并可减少环境污染。有研究表明，采用多柱串联模拟移动床排阻色谱分离技术，经洗脱分离味精母液中杂质氨基酸，能有效分离提纯味精，并获得高品质氨基酸副产物。

思　考　题

1. 什么是色谱的分离度方程？
2. 用什么方法可以确定已涂渍在担体上的液相的实际质量？
3. 填充的玻璃柱经短期使用后，会在柱前出现一段空隙，怎样防止？
4. 玻璃柱在装填时容易被打碎，填料也可能被真空抽走，怎样避免？
5. 在老化气相色谱柱的过程中，应注意哪些问题？
6. 填充柱在哪些方面仍将保持它对毛细管柱的传统优势？
7. 怎样保证热导池检测器（TCD）基线稳定？
8. 在热导池检测器中，如何尽可能地减小丝的腐蚀？

主要参考文献

常建华，耿信笃，殷剑宇. 1991. 新型高效疏水相互作用色谱填料的合成及性能的研究 [J]. 色谱，(4): 263-267.

陈洪生，刁静静，李洪飞，等. 2016. 模拟移动色谱连续分离大豆低聚糖技术研究 [J]. 中国食品学报，(10): 87-92.

陈昱初，赵露，徐希明，等. 2019. 亲和色谱及其数学模型在中药活性成分研究中的应用 [J]. 中国中药杂志，(1): 40-47.

成文虎. 2013. 色谱技术在石油化工及食品工业中的应用研究 [D]. 乌鲁木齐：新疆大学硕士学位论文.

丁明玉. 2012. 现代分离方法与技术 [M]. 北京：化学工业出版社.

何炜，雷建都，谭天伟. 2002. 连续床色谱分离技术 [J]. 化工进展，(4): 262-265.

黄惠华. 2014. 食品工业中的现代分离技术 [M]. 北京：科学出版社.

姜慧燕，邵平，孙培龙. 2009. 径向流色谱分离技术原理及应用分析 [J]. 核农学报，(1): 118-122.

刘曼，蒋春月，范爱青，等. 2019. 气相色谱技术在食品安全中应用的进展 [J]. 化工管理，(1): 37-38.

邱玉华. 2011. 生物分离与纯化技术 [M]. 北京：化学工业出版社.

宋如峰，宗兰兰，袁琦，等. 2019. 高速逆流色谱技术的应用研究进展 [J]. 河南大学学报（医学版），(2): 143-147.

王嗣岑，贺晓双. 2017. 亲和色谱技术在药物分析中的应用进展 [J]. 西安交通大学学报（医学版），(6): 777-784.

王云，常玲，吴金男. 2002. 疏水色谱法及其在生物大分子分离纯化中的应用 [J]. 烟台师范学院学报（自然科学版），(2): 135-140.

张伶俐，申向黎，赵应华，等. 2002. 旋转小室逆流层析 [J]. 华西药学杂志，(4): 319-320.

朱明. 2005. 食品工业分离技术 [M]. 北京：化学工业出版社.

朱园园，古双喜，陈先明. 2006. 离子交换技术在糖品工业中的应用 [J]. 云南化工，(2): 68-71.

Hamed Ahmed R, El-Hawary Seham S, Ibrahim Rana M, et al. 2020. Identification of chemopreventive components from halophytes belonging to aizoaceae and cactaceae through LC/MS-bioassay guided approach [J]. Journal of Chromatographic Science, 59(7): 618-626.

Martin F, Oberson J M, Meschiari M, et al. 2016. Determination o f 18 water-soluble artificial dyes by LC-MS in selected matrices [J]. Food Chemistry, 197: 1249-1255.

Moreno-González M, Chuekitkumchorn P, Silva M, et al. 2021. High throughput process development for the purification of rapeseed proteins napin and Crucifer in by ion exchange chromatography [J]. Food and Bioproducts Processing, 125: 228-241.

Sengupta A K. 2021. Ion Exchange Technology: Advances in Pollution Control [M]. Boca Raton: CRC Press.

第五章 食品工业中的吸附澄清技术

第一节 概 述

吸附澄清技术是应用吸附澄清剂（又称絮凝剂）对提取的混合物进行处理，使其中一些杂质成分沉淀出来的固液分离过程，以达到除杂和精制提取物的目的。果汁提液中常含有淀粉、多糖、蛋白质、黏液质、鞣质、色素、树脂、果胶等杂质，这些杂质不仅是无效成分，而且常形成不稳定的胶体溶液或混悬液，使以其为原料制得的固体制剂服用剂量增大，液体制剂（如口服液、注射剂）的澄明度不好。为了解决这一问题，在工业生产中，应用最多的是水提醇沉法，但此法不仅消耗大量乙醇、工艺复杂、成本太高，而且会把一些醇不溶性的有效成分作为杂质除去，造成有效成分的损失。因此，在工业生产中出现了新的纯化技术——吸附澄清技术。此技术具有提取液中总固体物损失少、生产成本低、产品稳定性好、生产周期短、劳动强度低、生产安全等优点，可大大地减少水提醇沉法所带来的损失，提高有效成分的含量。

早在19世纪时，工业上就已经应用无机凝聚剂作为悬浮液的澄清剂，但其作用缓慢，收效较差，阻碍了吸附澄清技术的发展。直到20世纪50年代，有机高分子絮凝剂的研制成功推动了吸附澄清技术的发展。现此技术已广泛应用于医药、食品等行业的分离纯化过程中，并有望成为取代水提醇沉法的新技术。

一、基本原理

胶体分散系中含有大量的微细粒子，还有一些亲水性大分子（如蛋白质、淀粉等），这些物质共同形成了1~100 nm的胶体分散体系。胶体分散体系是一种动力学稳定性高、热力学上不稳定的体系。从动力学观点看，胶体溶液到达沉降平衡的时间较长并在很长的一段时间内能够保持稳定，其主要原因是胶体粒子的布朗运动及其带电性（主要是负电荷），以及胶粒的浓度梯度很小。依据热力学观点，胶体分散体系自身就拥有庞大的表面能，使胶体粒子主动向吉氏函数减小的方向逐渐聚集成较大的粒子，从而使其产生沉降的趋势。只有当有高分子化合物等保护剂保护或者分散度极高时，才能达到相对的稳定状态。吸附澄清剂则是通过絮凝剂高分子的吸附架桥、电中和、卷扫和网捕作用，使体系中粒度较大的颗粒及具有沉淀趋势的悬浮颗粒絮凝沉淀下来，而保存了绝大部分有效的高分子物质如多糖等，并且利用高分子天然亲水胶体对其疏水胶体的保护作用，提高提取液的稳定性及澄明度。其作用原理如下。

1. 增加悬浮粒子的沉降速度

胶体分散系中的微粒由于受重力作用，静置时会自然沉降。沉降速度服从斯托克斯定律（Stokes' law）。

$$V = \frac{2r^2(\rho_1 - \rho_2)g}{9\eta} \tag{5-1}$$

式中，V 为沉降速度，单位为 cm/s；r 为微粒半径，单位为 cm；ρ_1 和 ρ_2 分别为微粒和介质的密度，单位为 g/m^3；g 为重力加速度，单位为 cm/s^2；η 为分散介质黏度，单位为 P。

吸附澄清技术的应用原理就是通过吸附、架桥、絮凝作用，以及无机盐电解质微粒和表面电荷产生的凝聚作用等，使很多不稳定的微粒连接成絮团，并不断增长变大以增加微粒的半径，加快其沉降速度，提高滤过率。

2. 中和微粒的电荷与破坏其水化作用（凝聚作用）

胶体分散系中微粒可因吸附分散介质中的粒子或其自身离解从而带电，具备双电层结构，即有电势。同时在微粒附近的水分子，由于微粒表面带电，可以在其周围形成水化膜，这种水化作用的强弱会随着双电层厚度的改变而改变。微粒电荷使微粒相互之间产生排斥作用，水化膜的存在也阻止了微粒之间的相互聚集，使母液稳定。但是这种稳定状态会受空气、温度、光线、pH 等条件的影响，可使微粒的凝聚加快，形成大粒子从而产生沉淀使其遭到破坏；与此同时，在其放置的过程中，陈化现象也会经常发生，自发凝聚从而产生沉淀。在吸附澄清剂中有一类为无机盐凝聚剂，常常是一类带电荷的无机盐电解质，通过中和微粒表面的电荷，它们会破坏其水化膜，使微粒间互相聚集而沉淀。

3. 絮凝作用

因为分散介质大，绿茶液里面的微粒拥有很大的表面积，因此微粒拥有很高的表面自由能。这种状态的微粒具备降低表面自由能的趋势。表面自由能的变化可由以下公式表示。

$$\Delta F = \xi S \cdot L \cdot \Delta A \qquad (5\text{-}2)$$

式中，ΔF 为界面自由能的改变值；ξS、L 为固液界面张力；ΔA 为微粒总面积的改变值。对于一定的分散体系，其 ξS、L 是一定的，那么只有降低 ΔA，才能降低微粒的表面自由能 ΔF，这就意味着微粒间要有一定的聚集。

二、吸附澄清剂的分类

1. 凝胶剂

此类吸附澄清剂多为盐类，带有正、负电荷，能中和果汁中的带电粒子，破坏其水化膜，促进微粒间相互聚集而沉淀。它们可分为以下两大类。

（1）有机酸盐：如枸橼酸钠、酒石酸钠、聚丙烯酸等。

（2）无机酸盐：如碳酸钙、硫酸铝、硫酸钠等。

2. 絮凝剂

此类吸附澄清剂可通过电中和、吸附、架桥等作用，使液体中的悬浮颗粒絮凝而沉淀。它们可以分为以下几大类。

（1）明胶类：当溶液 pH 呈酸性时，液体中带负电荷的杂质如纤维素、树胶等可以和带正电荷的明胶絮凝剂发生交互作用，絮凝从而产生沉淀。与此同时，也会和液体中的鞣质形成明胶鞣酸盐络合物，和在水中悬浮的颗粒一同沉淀。

（2）阿拉伯胶：带有负电荷，可以中和液体中带正电荷的微粒杂质，发挥絮凝作用从而沉淀。

（3）ZTC 天然澄清剂：ZTC 天然澄清剂是从食品中提取出的天然高分子物质，具有安全性高、无残留的优点，由 A、B 两组分组成，又叫作 ZTC1＋1 天然澄清剂。目前 ZTC1＋1 天然澄清剂有 ZTC-Ⅰ～ZTC-Ⅳ型 4 种型号：Ⅰ型主要是用于去除鞣质、蛋白质等物质；Ⅱ型为颗粒剂型和固体制剂，可除去树胶、蛋白质、鞣质等大分子物质，从而使溶液更加容易过滤，保留住多糖、氨基酸、多苷成分，使造粒更加方便；Ⅲ型可去除胶体等不稳定成分，用于各种酒剂、口服液、营养液、洗液的澄清；Ⅳ型的应用范围和Ⅲ型相同，可以在浓缩液中使用，对液体制剂的稳定性比Ⅲ型高。

（4）101 果汁澄清剂：是一种新型的食用果汁澄清剂。它的成分属于食用级原料，是一种水溶性胶状物质，无毒、无味、安全，在酒类处理应用中不会引入任何其他的杂质。它的澄清原理是经过聚凝与吸附的双重作用，使得酒类中大分子杂质快速聚凝沉淀，上清液与渣滓分离，从而达到澄清的目的，因其在水中分散的速度较慢，一般配制成 5% 的水溶液后使用。

（5）甲壳素衍生物类：甲壳素是蟹、虾、昆虫外壳等所含的氨基多糖经稀酸处理后得到的物质。其为白色或灰白色半透明的固体，不溶于水、稀酸、稀碱，可溶于浓无机酸。壳聚糖是脱乙酰甲壳素，为白色或灰白色，不溶于水和碱溶液，可溶于大多数稀酸、乙酸、苯甲酸等。在稀酸中壳聚糖会慢慢水解，故壳聚糖最好现用现配。

三、凝聚与絮凝吸附澄清技术

不同尺寸的微小固体颗粒分布在液相中，形成了液固两相系统，按照分布在液相中颗粒的尺寸大小将颗粒尺寸为 1～100 nm 的称为胶体溶液，颗粒尺寸大于 100 nm 的称为悬浮液。胶体溶液与悬浮液中的颗粒能使光散射而呈浑浊状。胶体溶液和悬浮液中的分散物质常称为胶体颗粒。

分散在液相中的固体颗粒较大时，能比较容易地用重力沉降或其他方法进行分离，而固体颗粒在微米以下时，用普通的方法就很难将它们从液相中分离出来。这种情况下，往往采用适当的方法，使微小的粒子合并成较小的团块，然后再进行分离。

1. 凝聚吸附澄清技术的基本原理

凝聚是指在中性盐的作用下，双电层排斥电位的降低使胶体体系不稳定的现象。通常发酵液中细胞或菌体带有负电荷，静电引力的作用使溶液中的正离子被吸附在其周围，在界面上形成了双电层，但这些正离子还受到使它们均匀分布的运动的影响，具有离开胶粒表面的趋势，在这两种相反作用的影响下，双电层就分裂成吸附层和扩散层两部分，这样就形成了扩散双电层的结构模型。

在液固两相系统中，固体颗粒通过搅拌或随液体的流动而移动，在移动时，粒子之间相互碰撞而结合，或粒子与已凝聚成的较小团块碰撞，逐步生成更大的团块，如果将高分子凝聚剂或不溶于分散介质的第二液体及其他适当物质作为架桥物质加入分散系颗粒群体中，并给凝聚过程提供适当的外界能量时，便生成密实构造的粒状絮凝体，以上现象称为凝聚。由凝聚生成的粒状絮凝体称为凝聚团块。凝聚过程主要是由如下三个要素构成的：①热运动凝聚；②流体扰动凝聚；③机械脱水收缩。

通常把颗粒通过搅拌等而随液体流动而移动，且粒子之间碰撞结合的现象称为流体扰动凝聚。换言之，流体扰动凝聚并不只限于胶体化学中粒子依靠层流而迁移的情况，而是层流和湍流都包括在内，因流体的流动而移动并结合的过程都称为流体扰动凝聚，也叫随机凝聚状态。随机凝聚状态的絮凝体，可称为随机絮凝体。

2. 絮凝吸附澄清技术的基本原理

絮凝是指在某些水溶性高分子絮凝剂的存在下，基于架桥作用，使胶粒形成粗大的絮凝团的过程，是一种以物理集合为主的过程。其机制是通过静电引力、范德瓦耳斯力和氢键的作用，使水溶性高分子聚合物强烈地吸附在胶粒表面，产生了架桥连接，生成粗大的絮团。

常用絮凝剂有聚丙烯酰胺衍生物、苯乙烯类衍生物及其无机高分子聚合物絮凝剂、天然有机高分子絮凝剂等。其中天然有机高分子絮凝剂主要有明胶、海藻酸钠、骨胶、壳聚糖等。

聚电解质对蛋白质的沉淀作用机制与絮凝作用类似，同时还兼有一些盐析和降低水化等作用，因此，在食品工业中常利用聚电解质沉淀方法回收酶和蛋白质，其缺点是易使蛋白质结构发生改变。常用于回收食用蛋白的聚电解质有酸性多糖、羧甲基纤维素、海藻酸盐、果胶酸盐和卡拉胶等。

四、物理吸附剂吸附澄清技术

1. 物理吸附剂吸附澄清技术的基本原理

吸附可分为物理吸附和化学吸附。物理吸附和化学吸附的主要区别在于吸附质和吸附剂分子之间的作用力。

物理吸附也称范德瓦耳斯吸附，它由吸附质和吸附剂分子间作用力所引起，此力也称作范德瓦耳斯力。由于范德瓦耳斯力存在于任何两分子间，因此物理吸附可以发生在任何固体表面。吸附剂表面的分子由于作用力没有平衡而保留有自由的力场来吸引吸附质，由于它是分子间的吸力所引起的吸附，因此结合力较弱，吸附热较小，吸附和解吸速度也都较快。被吸附物质也较容易解吸出来，所以物理吸附在一定程度上是可逆的。例如，活性炭对许多气体的吸附，被吸附的气体很容易解脱出来而不发生性质上的变化。吸附于固体表面的气体分子，不与固体产生化学反应，这种吸附称为物理吸附。物理吸附的特点是：吸附热小，吸附速度快，无选择性，可逆，通常发生在接近气体液化点的温度，一般是多层吸附。

2. 物理吸附剂吸附澄清技术的基本特点

物理吸附有以下特点：①气体的物理吸附类似于气体的液化和蒸汽的凝结，故物理吸附热较小，与相应气体的液化热相近。②气体或蒸汽的沸点越高或饱和蒸汽压越低，它们越容易液化或凝结，物理吸附量就越大。③物理吸附一般不需要活化能，故吸附和脱附速率都较快；任何气体在任何固体上只要温度适宜都可以发生物理吸附，没有选择性。④物理吸附可以是单分子层吸附，也可以是多分子层吸附。⑤被吸附分子的结构变化不大，不形成新的化学键，故红外、紫外光谱图上无新的吸收峰出现，但可有位移。⑥物理吸附是可逆的。⑦固体在溶液中的吸附多数是物理吸附。

3. 常见的物理吸附剂

1）硅胶　　是一种坚硬、无定形链状和网状结构的硅酸聚合物颗粒，分子式为 $SiO_2 \cdot nH_2O$，为一种亲水性的极性吸附剂。用硫酸处理硅酸钠的水溶液，生成凝胶，并将其水洗除去硫酸钠后经干燥，便得到玻璃状的硅胶。它主要用于干燥、气体混合物及石油组分的分离等。工业上用的硅胶分成粗孔和细孔两种。粗孔硅胶在相对湿度饱和的条件下，吸附量可达吸附剂质量的 80% 以上，而在低湿度条件下，吸附量大大低于细孔硅胶。

2）氧化铝　　活性氧化铝是由铝的水合物加热脱水制成的，它的性质取决于最初氢氧化物的结构状态，一般都不是纯粹的 Al_2O_3，而是部分水合无定形的多孔结构物质，其中不仅有无定形的凝胶，还有氢氧化物的晶体。由于它的毛细孔通道表面具有较高的活性，故又称活性氧化铝。它对水有较强的亲和力，是一种对微量水深度干燥用的吸附剂。在一定操作条件下，它的干燥温度可达露点 $-70℃$ 以下。

3）活性炭　　是将木炭、果壳、煤等含碳原料经炭化、活化后制成的。其具有空气净化；污水处理场排气吸附；饮料水处理；电厂水预处理；废水回收前处理；生物法污水处理；有毒废水处理；石化无碱脱硫醇；溶剂回收；化工催化剂载体；滤毒罐；黄金提取；化工品储存排气净化；制糖、酒类、味精医药、食品精制、脱色；乙烯脱盐水填料；汽车尾气净化；对苯二甲酸（PTA）氧化装置净化气体等作用。

第二节　吸附澄清技术的装置及工艺流程

一、吸附澄清技术的工艺流程和主要影响因素

（一）吸附澄清技术的工艺流程

绿茶饮料的吸附澄清工艺操作流程为：茶叶→浸提→粗滤→调配→澄清→精滤→冷却→检测→离心→检测。

（二）吸附澄清技术的主要影响因素

影响吸附澄清技术的主要因素有澄清剂的用量、澄清剂的配制和加入顺序、母液浓度、吸附剂特性等。

1. 澄清剂的用量

依据絮凝理论，当高分子链包裹胶体表面的 50% 时絮凝效果最佳。原因是随着澄清剂加入量的增加，高分子物质与体系中胶体粒子及悬浮颗粒接触的概率也会因此而增加，吸附架桥、电中和及网捕卷扫作用比较充分，所以絮凝比较充分，在体系中的不稳定微粒被清理得比较干净，体系澄明度也因此提升，此时体系的电位逐渐下降，吸光度减小。当澄清剂过低时，胶体粒子与高分子物质作用的概率下降，吸附架桥、电中和、网捕和卷扫作用不充分；而加入过大量的澄清剂时，会因为高分子链相互之间的静电排斥作用，从而使胶体粒子稳定悬浮于体系中导致浊度上升，产生所谓的絮凝恶化现象。

2. 澄清剂的配制和加入顺序

吸附澄清剂大多是高分子物质，因此需配制成一定浓度的溶液，并使其充分溶胀，形成均相的溶液后，才可均匀地分散到液体中发挥絮凝澄清的作用。例如，ZTC1＋1 澄清剂 A 组分用水配成 1% 黏胶液，B 组分用 1% 乙酸配成 1% 黏胶液，并使其充分溶胀 24 h；101 果汁澄清剂常配成 5% 的溶液；另外，诸如壳聚糖类有机胺化合物，在稀酸中易分解，故常在临用前用 1% 乙酸配成 1% 的新鲜溶液。

ZTC1＋1 澄清剂的加样顺序也影响其澄清效果，待处理溶液的 pH 环境决定加样顺序。所说的酸性和碱性只相对于待处理溶液的蛋白质等电点而言。通常来说，当蛋白质达到等电点时，此时溶液的 pH＜B，后加 A。有些酸性提取液宜先加 A，后加 B。

3. 母液浓度

澄清剂的分散情况会受母液浓度大小的影响，进而会影响其澄清效果。如果母液浓度较大，其密度较大，加入澄清剂后会难以分散，对光观察可以看见众多滴状澄清剂，使得澄清效果很不理想，而且在浓溶液絮凝澄清时，有效成分会被所形成的絮状物包裹，会对有效成分形成一定的影响；如果溶液浓度太小，无疑将会使澄清剂的用量增加，使成本和费用增多。所以应合理选择母液浓度进行澄清。

4. 吸附剂特性

吸附剂的比表面积越大，吸附能力就越强。吸附剂种类不同，吸附效果也不同，一般是

极性分子（或离子）型的吸附剂吸附极性分子（或离子）型的吸附质；非极性分子型的吸附剂易于吸附非极性的吸附质。此外，吸附剂的颗粒大小、细孔构造和分布情况及表面化学性质等对吸附也有很大影响。

5. 表面自由能

能降低液体表面自由能的吸附质，容易被吸附。例如，活性炭吸附水中的脂肪酸，由于含碳较多的脂肪酸可使碳液界面自由能大大降低，因此吸附量也较大。

6. 极性

因为极性的吸附剂易吸附极性的吸附质，非极性的吸附剂易吸附非极性的吸附质，所以吸附质的极性是吸附的重要影响因素之一。例如，活性炭是一种非极性吸附剂（或称疏水性吸附剂），可从溶液中有选择地吸附非极性或极性很低的物质。硅胶和活性氧化铝为极性吸附剂（或称亲水性吸附剂），它可以从溶液中有选择地吸附极性的分子（包括水分子）。

7. 吸附质分子大小和不饱和度

吸附质分子大小和不饱和度对吸附也有影响。例如，活性炭与沸石相比，前者易吸附分子直径较大的饱和化合物，后者易吸附直径较小的不饱和化合物。应该指出的是，活性炭对同族有机物的吸附能力，虽然随有机物分子质量的增大而增强，但分子质量过大会影响扩散速度。所以当有机物相对分子质量超过 1000 时，需进行预处理，将其分解为小分子质量后再进行活性炭吸附。

8. 吸附质浓度

吸附质浓度对吸附的影响是当吸附质温度较低时，由于吸附剂表面大部分是空着的，因此适当提高吸附质浓度将会提高吸附量，但浓度提高到一定程度后，再提高浓度时，吸附量虽有增加，但速度减慢。这说明吸附剂表面已大部分被吸附质占据。当全部吸附表面被吸附质占据后，吸附量便达到极限状态，就不再因吸附质浓度的提高而增加。

9. 共存物质

吸附剂可吸附多种吸附质，因此如共存多种吸附质时，吸附剂对某种吸附质的吸附能力比只有该种吸附质时的吸附能力低。

10. 温度

因为物理吸附过程是放热过程，温度高时，吸附量减少，反之吸附量增加。温度对气相吸附的影响较大，对液相吸附的影响较小。

11. 接触时间

在进行吸附时，应保证吸附剂与吸附质有一定的接触时间，使吸附接近平衡，以充分利用吸附能力。达到吸附平衡所需的时间取决于吸附速度，吸附速度越快，达到吸附平衡的时间越短，相应的吸附容器体积就越小。

（三）吸附澄清技术的特点

1. 专属性强，有效成分的保留率高

不同的吸附澄清剂去除杂质的能力也会不同，有针对性地选取吸附澄清剂可以专属地去除多糖、蛋白质、淀粉、鞣质、胶质等无效成分，这是醇沉法所达不到的。在合适的 pH、浓度等条件下，选择好最佳的搅拌速度和絮凝温度后，液体中的大分子杂质和微粒可以快速絮凝沉降，滤液吸光度变小，澄明度升高，有效成分损失减少，并且可以长时间维持在稳定状态。

2. 操作简单方便，生产周期短，经济效益高

吸附澄清技术被应用于果汁的精制过程中，多数澄清剂采取直接或简单配制后加入果汁提取液的方法，无须任何特殊设备。

3. 安全无毒，无污染

吸附澄清剂大多数是天然的有机高分子材料，本身无毒无味，属于食品添加剂，能自然降解，在精制提取液的过程中可随絮团一起沉降，不污染环境。

（四）吸附澄清工艺的评价指标

1. 物理学指标

（1）外观性状：观察絮凝过程中絮体状态、沉降速度、过滤速度等方面的情况，为澄清工艺条件作初步的筛选。通过澄清后的液体色泽、澄明程度等方面的变化进行评价。

（2）体系电学性质与澄明度：由于体系澄明度的变化与电导率和电位的变化呈平行关系，在最佳絮凝条件下，体系电导率最低，电位趋近于零，体系澄明度最佳。故从体系的电学性质角度对澄明度进行量化评价，指导澄清工艺条件的筛选。

（3）母液固形物含量：测定澄清后母液的固形物含量，比较收率的高低，可作为其工艺条件的评价指标之一，同时又为以后剂型的确定提供依据。

（4）母液的稳定性：可耐高温、耐冷藏、耐消毒等条件。

2. 化学指标

（1）有效成分的含量及保留率：吸附澄清技术的应用目的，不仅是除杂澄清，在去粗取精的同时，应更多地保留有效成分及活性成分，以确保制剂的内在质量与疗效。故有效成分的含量在澄清前后的变化及其保留率是科学评价吸附澄清工艺的重要指标之一。

（2）有效浸出物：吸附澄清技术在除去杂质时，需考量对母液中的有效活性成分等是否具有一定影响，是否还能体现母液多组分、多成分的特点，故以有效浸出物的含量作为评价指标，可进一步丰富和完善评价体系的科学性、合理性及实用性。

（3）TLC定性：比较直观地分析并评价澄清剂对果汁中各成分的影响程度。

（4）吸附澄清剂的残留量：尽管据大量资料报道，许多天然澄清剂无毒副作用，使用安全有效，但由于其具有一定的药理作用，澄清剂的残留是否会影响制剂的疗效，是否会影响产品的含量测定及其他方面的理化性质等，都是应该加以考虑的问题。因此应重视和加强对吸附澄清剂残留量的考察，并以此作为评价指标，避免工艺中在除杂的同时又引入了别的杂质。

3. 工程学指标

（1）生产周期：吸附澄清技术应用于工业化大生产中，应考虑整个操作过程是否连续化，是否缩短了工作时间，减小了工作强度等。生产周期的长短是关系到生产效率的一个重要因素，是实际生产中需要考虑的一项重要指标。

（2）生产成本：澄清技术的应用是否需要增加设备、固定资产的投资，是否需要增加工艺费用，是否有利于减少能源资料等物资的耗费。其生产成本的高低与生产的经济效益紧密相关。

（3）经济效益：综合以上所述方面，其整体的经济效益是否客观，是否有利于大生产的推广和应用，是评价吸附澄清技术生产工艺可行性的一项直接指标。

（五）吸附澄清技术的意义

（1）有效性：该法不减少溶液中可溶性固体物，能最有效地提高有效成分的含量，保证制剂疗效。

（2）专属性：不同吸附澄清剂具有不同的去除杂质的能力，选择好吸附澄清剂可以专属性地除去如多糖、蛋白质、鞣质等无效成分或无需成分，这是醇沉法所不能替代的。

（3）无毒性：吸附澄清剂一般为天然有机高分子化合物，本身无毒无味。

（4）方便：采用该项技术精制果汁提取液，不需任何特殊设备，只需加入吸附澄清剂予以处理即可，且可缩短工期，全部澄清过程最多只需 12 h 左右即可完成。

（5）经济：吸附澄清剂成本低廉。

（6）成品稳定性好：采用该法制得的口服液在室温贮存近 2 年，仍无明显影响澄明度的沉淀产生。

（7）可降低成本，提高生产效益。

二、吸附澄清装置和操作

（一）吸附澄清装置

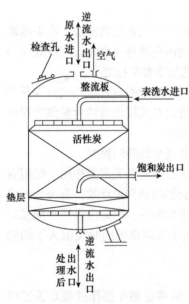

图 5-1 降流式固定床示意图
（闫亚楠，2019）

吸附澄清装置可分为固定床、移动床和流化床。在空气污染控制中最常用的是由固定床组成的半连续式吸附流程，如图 5-1 所示。气体连续通过床达到饱和时，气体就切换到另一个吸附器进行吸附，而达到饱和的吸附床则再生。在这种流程中，气体是连续的，而每个吸附床则是间歇运行。解吸是通过导入水蒸气来实现的。

1. 固定床

固定床也称固定层吸附装置。水是连续流动的，而吸附剂是静置的。根据水流方向，固定床可分为升流式和降流式两种。如图 5-1 所示，降流式固定床的出水水质较好，但经过吸附层的水头损失较大，特别是原水悬浮物浓度较高时，容易造成堵塞，需定期反冲洗，有时需要在吸附层上冲洗设备。在升流式固定床中，如发现水头损失增大，可适当提高水流速度，使吸附层稍有膨胀以达到自清目的，但要注意控制流速，不能使吸附剂上下互混。这种自清方式由于层内水头损失增加较慢，因此运行时间较长，但冲洗困难，且易造成吸附剂流失。

固定床中活性炭的再生，可在同一设备内进行，也可将失效的吸附剂卸出，送至再生设备进行再生。

2. 移动床

图 5-2 为移动床装置吸附工艺流程，移动床吸附又可称为超吸附。移动床吸附解决了固定床吸附中的一些难点。例如，相较于固定床吸附，在移动床吸附的过程中可进行连续性操作，并且使固体吸附容量提高，同时可以充分地利用吸附剂的高选择性。在移动床设备中，吸附床层内充斥着不断移动的固体吸附剂，这些固体吸附剂和气体都以一定的速度通过吸附

器。一般情况下，大气量的挥发性有机物可通过移动床吸附器进行处理，同时移动床吸附器中的吸附剂可被循环使用，因此移动床吸附器在气流连续、稳定及进气量较大的工况下较为适用，并且移动床的吸脱附过程和流化床吸脱附过程类似，也可连续完成。但移动床也存在吸附剂磨损严重，以及动力和热量损耗较大的问题，所以在吸附剂的选择方面，适合选择强度高、耐磨性能较为出色的吸附剂，同时某些虽然选择性较好但强度较差的吸附剂，如分子筛等，就不适合应用于移动床吸附中。

3. 流化床

图 5-3 为流化床吸附装置，它由吸附段和再生段两部分组成。废气从吸附段的下部进入，使每块塔板上的吸附剂形成流化床，经充分吸附净化后从上部排出。吸附剂从吸附段上部加入，经每层流化床的溢流堰流下，最后进入再生段解吸。再生后的吸附剂用气流输送到吸附段上部，重复使用。再生段一般采用移动床。

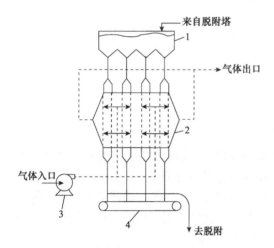

图 5-2　移动床装置吸附工艺流程示意图
（陈志翔，2021）

1. 料斗；2. 吸附器；3. 风机；4. 传送带

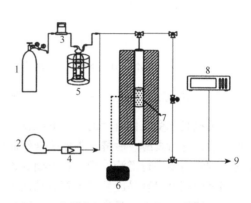

图 5-3　流化床吸附装置（吕雪龙等，2019）

1. 氮气；2. 干空气；3. 质量流量计；4. 流量计；5. 水域鼓泡罐；6. 温度控制装置；7. 吸附剂；8. 气相色谱分析仪；9. 废气放空

（二）吸附澄清操作

在固定床吸附操作中，一般是混合气体从床层的一端进入，净化了的气体从床层的另一端排出。因此，首先吸附饱和的应是靠近进气口一端的吸附剂床层。随着吸附的进行，整个床层会逐渐被吸附质饱和，床层末端流出污染物，此时吸附应该停止，完成了一个吸附过程。图 5-4 为固定床吸附操作示意图。

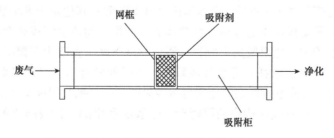

图 5-4　固定床吸附操作示意图（陈志翔，2021）

第三节 吸附澄清技术在食品工业中的发展现状及展望

一、吸附澄清技术在果汁行业、发酵食品和制糖工艺等中的应用

（一）吸附澄清技术在果汁行业中的应用

吸附与超滤技术的结合，使果汁澄清技术进一步走向完美和成熟，压榨出来的果汁经过预过滤、巴氏杀菌及酶处理，不再进行传统沉淀、活性炭或不溶性聚乙烯吡咯烷酮（PVPP）处理，便可直接进行膜过滤。一种相对澄清的"渗透液"即超滤果汁，需要经过装有吸附树脂的吸附塔后才能进行正常的浓缩。值得一提的是这种吸附树脂可以有限而又有针对性地去除果汁中残留的"多酚类"物质，从根本上达到脱色、去涩及稳定的目的，从而使果汁的透光率、色度、浊度三项指标都符合相关要求。

采用吸附技术处理的果汁中营养成分不会受到很多伤害。现在西安电力树脂厂研究所已经成功地开发出了这种吸附树脂，经过一系列的小试及中试后，已经在河南灵宝对引进的一条 20 t/h 浓缩果汁生产线进行了改造，增加了一套吸附设备及相应的再生设施，经过一个季节的平稳运行及权威机构的鉴定，各方面技术指标达到了设计要求。

（二）吸附澄清技术在发酵食品中的应用

葡萄酒是深受人们喜爱的一种健康饮料。其生产过程主要是将葡萄进行分选、破碎、成分调整后，进行发酵、后酵、陈酿等操作而成。在生产过程中为了保证葡萄酒的稳定性和澄清度，常常需要进行澄清处理。在长期的贮酒过程中会造成杂菌污染，给葡萄酒带来生物病害，当气温回升时容易因发酵重新启动而出现沉渣上浮、酒液返混的现象。葡萄酒行业目前常用的澄清技术主要有明胶澄清法、果胶酶澄清法和皂土澄清法。

1. 明胶澄清法

明胶是通过破坏骨胶原的三重螺旋结构制得的，由蛋白质和多肽结构组成。葡萄酒中，明胶和葡萄酒中的单宁等酚类化合物可以通过氢键、疏水基等结合，发生聚合作用，使蛋白质发生变性，由亲水胶体转化为憎水胶体，在葡萄酒中阳离子的作用下，憎水胶体发生凝聚，形成絮状物而沉淀。同时，明胶带有正电荷，葡萄酒中的内胶体成分如单宁等和形成雾浊、带负电荷的粒子等接触时相互吸引，形成絮状物而沉淀，使酒液得到澄清。

2. 果胶酶澄清法

果胶酶澄清法是利用分解酒液中果胶的方法使酒液的黏度下降，有害物质悬浮能力下降而沉淀的方法，使酒液达到澄清的目的。果胶酶是一种复合酶，按其对果胶的作用可分为4类：一是多聚半乳糖醛酸酶（PG），它能随机水解果胶酸和其他聚半乳糖醛酸分子内部的糖苷键，生成相对分子质量较小的寡聚半乳糖醛酸，使果胶物质水解成高度可溶性的小片段，即半乳糖醛酸和果胶酸，使果胶失去胶性，酒液黏度下降（主要为多聚半乳糖醛酸酶）。葡萄酒中不溶性浑浊物失去依托，容易形成颗粒，下降使酒澄清。二是多聚甲基半乳糖醛酸酶。三是原果胶酶，可使不溶性果胶变成可溶性果胶。四是果胶甲酯水解酶，简称果胶甲酯酶，可水解多聚半乳糖醛酸结构中的甲酯产生果胶酸和甲醇，使发酵出的酒液中甲醇含量增高。

3. 皂土澄清法

皂土，又名膨润土，是一种天然铝硅酸盐，相对密度为 2.4~2.8，主要由蒙脱土构成，具有电负性。皂土可固定水分子而使其体积显著增大，在电解质溶液中可吸附蛋白质、色素和其他一些带正电荷的胶体离子产生胶体的凝聚作用，使之由小颗粒变成大颗粒而沉降，达到澄清的目的，因而被广泛用于葡萄酒的澄清和稳定处理中。

（三）吸附澄清技术在制糖工艺中的应用

在制糖工艺中，清净效果的好坏，不仅决定着产品的质量，对产糖度的高低也有着极为重要的影响。传统的制糖工艺是利用化学澄清剂（如加灰法、亚硫酸法）将蔗糖中的非糖分尽可能地变为沉淀或利用沉淀将其吸附除去，这种传统工艺一直被国内各大厂家看好。但这种工艺流程较长，操作烦琐，同时还会将新的糖分加到糖汁里面，对产品质量、废蜜产量均会有不同程度的影响。

所以采用了活性炭物理吸附的方法对传统的制糖工艺进行改进，制糖生产中的关键是脱色和提纯，活性炭以其显著的脱色、提纯效果，在许多精糖生产工艺中得到广泛应用，随着制糖技术的进一步发展，活性炭将有着更加广阔的发展前景。

二、吸附澄清机制研究进展

物质的表面分子和内部分子不一样，表面分子所受到的周围分子的作用力是不平衡的。表面分子在表面的一方存在着剩余的自由力场，因而有过剩的能量，即表面自由能。

根据热力学第二定律，体系自由能有自动减小的趋势。可以通过两个途径降低表面能：①缩小表面积。水滴和油珠呈球形，都是同量物质形成最小面积的结果。②降低表面张力。如果某物质的表面有着较大的表面张力，当它吸附另一物质而使表面张力降低，那么这个吸附过程将是一个自动进行降低自由能的过程。纯液体的表面张力在一定温度下是一个定值。无机盐类、不挥发酸和碱等的溶解能使溶液的表面张力略有提高。醇、醛、酯、酸等大部分有机化合物能使溶液的表面张力降低。肥皂和高碳直链烷基磺酸盐等表面活性物质能使水的表面张力急剧下降，但下降至一定浓度后就不再随溶质浓度的增加而降低。

吸附是一种物质自它的周围把另一些物质的分子或离子聚集到它界面上来的现象。吸附时所降低的表面自由能以热的形式放出，称为吸附热。吸附热以每克吸附剂达到吸附平衡后所放出的全部热量计算，单位为 J/g。

三、吸附澄清技术发展展望

（一）吸附澄清技术在发酵制品中的发展展望

澄清是发酵酒生产的一个重要环节，关于澄清工艺已有许多研究成果。可见，目前主要的澄清手段是添加澄清剂和机械过滤。应用较多的澄清剂包括皂土、壳聚糖、果胶酶及PVPP等，前三者价格相对较低，PVPP因其对单宁的选择吸附性在黄酒中应用较多；在单一澄清剂效果不理想的情况下，混合两种以上的澄清剂进行澄清取得了不错的效果；随着微滤、超滤、反渗透等膜分离技术的应用，机械过滤澄清也已经得到应用，采用机械过滤澄清可以大大缩短澄清时间，使酒体澄清更为彻底，并且更大程度地保留了酒的风味和口感，但如何延长膜的使用寿命及最大限度地减少污染是需要切实解决的问题。

随着社会的发展和时代的进步，人们对于营养型发酵酒的要求越来越高，从而使得澄清工艺也得到不断进步。因原料种类不同，各类发酵酒采用的澄清方法也会出现差异，即使同种原料发酵酒，因为发酵工艺的不同，在澄清方法上也可能有所区别。为了生产无污染、无添加的发酵酒，一些简便快捷、环保、安全、高效的澄清工艺还需要不断地探索，进而促使澄清工艺向更加成熟的方向发展。

（二）吸附澄清技术在果蔬汁中的发展展望

目前，澄清工艺正由传统工艺向现代化大规模澄清工艺转变，并由使用一种澄清工艺向多种澄清工艺结合应用转变，不仅取得了较好的澄清效果，也使澄清工艺在食品、医药等其他领域取得了突破性进展。果蔬汁常用的澄清剂有二氧化硅溶胶、膨润土、硅藻土、活性炭和壳聚糖等。

（1）二氧化硅溶胶：是一种强力吸附剂，其网格结构孔隙对无机物和有机物均有良好的吸附作用。二氧化硅溶胶在很大 pH 范围内是稳定的，但小颗粒的二氧化硅溶胶对酸、碱和盐的反应比较敏感。用作吸附剂、絮凝剂等，取代部分明胶作果蔬汁澄清剂。二氧化硅溶胶表面的硅烷基能选择性吸附蛋白质或其他与多酚物质的混合物。

（2）膨润土：是天然胶性含水硅酸铝，用作果汁、啤酒、葡萄酒的澄清剂和助滤剂。因在食品中有残留，规定不溶性矿物质总量不得超过 5%。

（3）硅藻土：为单细胞藻类的硅酸壳残骸。硅藻土可吸收 1～4 倍的水，具有吸附作用，但不是真正的澄清剂，可作为过滤助剂，广泛用于果汁、啤酒、动植物油的过滤。

（4）活性炭：为黑色粉末或粒状物，无味无臭。其是由微晶质炭形成的多孔性物质，对有机物高分子物质有极高的吸附力，能有效地从液相中分离或去除微量成分。可去除胶体物质，脱色脱臭。作过滤助剂，用于果汁、糖浆过滤、脱臭、脱色。

（5）壳聚糖：是氨基葡萄糖的直链多聚糖，可从海洋生物虾、蟹等的外壳提取，再经脱乙酰基而制得，是一种天然阳离子多糖。壳聚糖作为天然存在的唯一碱性多糖，具有优良的絮凝效果，并且来源丰富。作为生物体产物，具有良好的生物相容性、适合性与安全性，对人体无拮抗作用，已被美国食品药品监督管理局（FDA）批准为食品添加剂，而且已在一些厂家的生产实践中取得较好的效果。

未来的澄清工艺首先要澄清稳定性好，能保持色值，同时还要求澄清成本相对较低、工艺简单、操作方便。随着人们对果汁饮料感官与品质质量要求的提高，探求适合于不同果汁的澄清工艺还有待于更深入的研究。

（三）吸附澄清技术在含天然活性成分功能饮品中的发展展望

茶饮料的沉淀主要是由茶汤中内含物质引起的，但大部分物质是茶饮料风味物质。所以首先要考虑在保持茶饮料成分物质不过分损坏和风味不过多改变的基础上，应用合理的、有效的方法去解决。目前，茶饮料沉淀现象得到了一定的解决。随着科学技术的不断发展，应用于茶饮料生产的高新技术也越来越多，如纳米技术、膜分离过滤技术、高压杀菌技术、酶处理技术、悬浮发酵技术及微胶囊技术等可提高红茶饮料的品质，吸附澄清技术与这些技术的结合应用及澄清剂的开发，使茶饮料沉淀现象得到了解决。

第四节　吸附澄清技术对食品类型的要求

一、酒类制品

酒作为一种传统的饮品，是清亮透明的。但经过长期贮存、包装、销售等过程，很容易发生氧化变质，从而产生浑浊沉淀，极大地影响产品的感官品质和销售状况。酒中产生浑浊沉淀的原因很多，包括物理化学和生物化学的作用。因此需要加入各种澄清剂，除去一部分或大部分已造成浑浊沉淀的物质成分，使酒液获得良好的感官指标和长期的稳定性。

（一）黄酒

1. 黄酒产生浑浊的原因

黄酒因成分复杂，其产生浑浊的原因众多，从生物学的角度一般可将黄酒浑浊的类型分为生物浑浊和非生物浑浊两大类。

生物浑浊主要是黄酒在酿造生产过程中引入杂菌、杀菌不彻底、容器未清洗干净或操作不规范等原因导致黄酒受微生物污染产生的。染菌的黄酒中，微生物会吸取大量营养物质来满足自身的生长繁殖需要，使黄酒固有的成分改变，打破其平衡状态，使酒液产生浑浊甚至沉淀，出现异味、长白色菌膜、酸败等现象。杆状的酵母菌和醋酸菌是导致黄酒生物浑浊的主要微生物。这类浑浊产生的机制已经比较清楚，同时也有有效的解决方法，如提供品质优良的原料；酿造用水达到酿酒行业标准；提高酒曲的糖化能力和酒母的质量；生产过程中酿造设备、储酒容器、运输管道、生产车间的清洁卫生等，都能有效地防止黄酒生物浑浊的产生。

黄酒稳定性差的突出表现是非生物浑浊沉淀，关于黄酒稳定性的研究大多是围绕这方面展开的。致使黄酒非生物稳定性受破坏的主要内在因素是蛋白质（对其影响最为明显），另外还包括单宁、金属离子、多糖、溶氧、酱色等，这是黄酒本身极其复杂的成分所决定的。外界环境如溶氧、光照、空气、震动、气压等因素的影响促使黄酒发生不同程度的物理、化学变化和生物反应，使酒液从稳定体系变成不稳定体系，从而产生浑浊、沉淀等现象。

2. 黄酒澄清方法——吸附型澄清助剂

1）酒类专用活性炭　　酒类专用活性炭有能产生吸附作用的多孔孔隙结构，这是其能提高黄酒稳定性的主要作用机制，活性炭的化学组成对其吸附特性及其他特性有较大影响，这是因为其表面除含有氧、氢、氮等元素外，还含有金属氧化物及金属微量元素。实验表明，加入酒类专用炭澄清后的黄酒，除酒液比原酒更清亮外，其余理化指标大致相同。酒类专用活性炭能减少黄酒沉淀，还可延迟沉淀的出现。但其弊端在于活性炭的吸附性使罐壁紧贴一层薄炭，一般的清洗方法很难将罐清洗干净，导致活性炭对酒体污染比较严重。

2）植酸　　植酸是近年来新发现的由肌醇环和磷酸盐基团组成的有机天然含磷化合物，比食盐更安全。当前，欧洲的很多国家把植酸列为新型食品添加剂在食品加工生产过程中使用。植酸提高黄酒稳定性的原因有两点：①植酸对酒中的金属离子产生螯合作用从而将其去除，阻止其参与蛋白质和多酚物质的缔合作用等；②促进高级脂肪酸酯的絮凝。与其他澄清剂相比，植酸能尽量保留酒中的绝大部分风味物质，因此它是一种较为理想的黄酒澄清剂。朱强等分析比较了植酸、膨润土、活性炭和酒用酸性蛋白酶对黄酒的澄清效果，得出黄酒经过 0.04% 植酸常温处理 24 h 后过滤，色香味和稳定性均得到改善和提高，除浊效果好。刘慧杰等研究了植酸澄清助剂、冷冻、加热 3 种方法配合使用处理黄酒沉淀的效果，用响应面法优化处理条件，此法澄清处理后的黄酒口感好，非生物稳定性明显提高。

3）单宁　　单宁又称鞣酸或植物多酚，是相对分子质量在 500~3000、高度聚合的多酚衍生物，易被具有氧化作用的氧气等物质氧化生成褐色物质。在酸性环境中，蛋白质分子含有酰胺基，在氢键或疏水键的作用下，与含酚羟基的单宁分子结合生成单宁-蛋白质复合物。此物质不溶于水，它在聚凝而降沉的过程中将酒液中其他悬浮颗粒共同沉淀下来。不同来源的单宁澄清效果相差较大，且使用量也不同，若使用量过大，黄酒还会再次产生浑浊。

4）明胶　　透明或半透明的明胶是从动物身上提取的具有三链螺旋体构造的胶原蛋白受热水解后的蛋白质，为可以食用的胶原蛋白。黄酒显酸性，为两性电解质，明胶在其酒液中带正电荷，受到多酚或有机酸的影响，悬浮的明胶开始凝集而生成絮状浑浊物，此浑浊物吸附酒体中易产生浑浊的物质，在重力作用下慢慢地下降沉淀，从而除去黄酒中易沉淀的物质，提高其稳定性。明胶常与单宁结合使用，称为单宁-明胶法。这种方法在应用时都应该先做小型试验，找出最优剂量后进行大批量处理，同时还需要结合低温处理，否则黄酒的澄清效果不好。

5）不溶性聚乙烯吡咯烷酮（PVPP）　　PVPP 为白色粉末，不溶于水。国内外已采用 PVPP 吸附剂来增强啤酒、葡萄酒的稳定性。当体系中同时存在酚羟基时，PVPP 更喜欢与酚羟基的氢原子相结合形成氢键，这是因为其含有氧原子，它与苯环上的碳能形成共轭大 π 键，所以 PVPP 对含酚羟基的物质有特征吸附。

黄酒中加入 PVPP 进行搅拌时，会对酒中含氢原子并由非对称性共价键结合的物质产生吸附作用，即对其中的水、蛋白质、色素、单宁均产生结合，但这一吸附结合过程是存在可逆性的。这些物质之间存在竞争，由于单宁独特的结构，其结合 PVPP 的能力远超过水、色素和蛋白质等物质，从而使这类相对分子质量在 500~3000 的单宁分子通过竞争和吸附作用将 PVPP 聚合物上的活性位点占据。相对分子质量为 500~3000 的单宁与不溶性的 PVPP 结合而产生沉淀，使酒液中引起黄酒浑浊主要原因之一的单宁含量下降，从而使酒体内大分子蛋白质与多酚结合的反应速率减慢很多，明显提高了酒的非生物稳定性。

姚立华等以自制的马铃薯黄酒为原料，试验了 PVPP 对其的澄清效果、非生物稳定性影响和主要理化指标变化。试验发现，在 40℃ 条件下，添加 120 mg/L PVPP、静置 96 h 对马铃薯黄酒进行澄清处理后，酒液澄清度和非生物稳定性均有很大的提高。与原酒液相比，处理后的马铃薯黄酒中总糖、非糖固形物、氨基酸态氮的含量有所减少，蛋白质、总酚含量分别减少了 1/10 左右。用 PVPP 处理能有效提高马铃薯黄酒的稳定性，且不会影响其品质。

通过物理法冷冻、微滤、超滤技术去除黄酒中的部分蛋白质或使其凝聚析出，或者用化学的方法向黄酒中添加澄清剂，如单宁、植酸、PVPP、壳聚糖、膨润土等，减少黄酒中蛋白质或多酚的含量，都取得了一些成果。对黄酒的浑浊蛋白质成分进行分析，加强此类蛋白质的研究并特异性地去除该类蛋白质，将是提高黄酒蛋白质稳定性的最佳途径。

（二）啤酒

1. 啤酒浑浊及其原因

啤酒产生浑浊现象主要有两种原因，即生物浑浊和非生物浑浊。生物浑浊主要是酵母浑浊和细菌浑浊，是指在成品啤酒中的微生物包括酵母和细菌繁殖到一定数量，产生的浑浊现象。而非生物浑浊是指啤酒由于受外界多种因素如光照、氧化、震荡等的影响，啤酒胶体体系分散粒子，从胶体溶液中凝聚析出形成浑浊和沉淀，主要是蛋白质-多酚浑浊、糊精浑浊、酒花树脂浑浊、无机盐引起的浑浊等。

在啤酒生产中出现的装瓶杀菌后出现浑浊和销售过程中出现的保存期内酒液产生沉淀、浑浊、失光的现象绝大多数是由啤酒的胶体不稳定而引起的，这是啤酒过滤澄清装瓶后又产生浑浊的主要原因。研究表明，啤酒中形成的胶体沉淀由蛋白质引发及由多酚类物质引起。由此可见，啤酒中的蛋白质和多酚物质是造成浑浊的两大主要物质因素。近年来，随着大量产量高、抗性好的新大麦品种的推广及各种氮肥的大量使用，啤酒酿造大麦总含氮量升高，导致麦汁中浑浊蛋白太多，无法得到清亮、蛋白质稳定性良好的麦汁，造成麦汁损耗增大，不仅影响发酵速度，而且会导致啤酒过滤困难、酒损增加、啤酒稳定性下降，产生浑浊，从而影响产品的质量。这些浑浊沉淀的产生，严重地损坏了啤酒的质量，影响啤酒的外观和货架寿命，导致了经济上的重大损失。降低啤酒中多酚类物质或者蛋白质的含量可以提高啤酒的稳定性。因此，分析啤酒产生早期浑浊的原因及采取相应的技术防范措施来提高啤酒的稳定性，采用各种方法对啤酒进行稳定化处理就成为啤酒生产中的关键技术。

用硅胶及硅酸盐、皂土和活性炭等吸附剂，通过吸附作用除去啤酒中的多酚类物质，减少或者除去形成蛋白质-多酚类物质复合物的前体，不但能提高啤酒的澄清度，还能提供啤酒的稳定性，延长啤酒的货架寿命，改善啤酒的风味。

2. 吸附剂防止啤酒非生物浑浊

皂土是利用自身的重力、下沉时带下蛋白质絮状物，皂土本身并没有与蛋白质结合的功能，它对蛋白质的吸附能力较差，并且皂土沉降所形成的沉降物轻软酥松，液体流动时，即能造成沉降物浮动。硅胶具有较强的吸附蛋白质-多酚复合物能力，可减少与多元酚的化合作用，降低浑浊雾的形成，但不足之处是采用硅胶及硅酸钠来促使蛋白质沉降的使用量很大，结果形成大量的沉降物导致分离时麦汁损失率增加，而且硅胶及硅酸钠缺乏蛋白质结合选择性，会影响啤酒的泡沫持久性。

（三）葡萄酒

葡萄酒在酿造和售卖的过程中，常常由工艺不成熟和储存方式不当而引起浑浊沉淀，即使不影响葡萄酒的品质，也会大大地降低消费者的购买欲望。造成葡萄酒浑浊沉淀的原因，可以分为微生物因素、氧化性因素和物理化学因素。

1. 微生物因素造成的浑浊沉淀

在葡萄酒存储过程中，微生物的活动会引起葡萄酒成分上的变化。引起葡萄酒病害的微生物有好氧微生物和厌氧微生物两大类。好氧微生物造成的微生物病害主要有以下几种。

酒花病：葡萄酒假丝酵母（*Candida vini*）在和氧气接触一段时间后，会在葡萄酒表面生成灰白色或暗黄色的菌膜，由薄变厚。感染酒花病的葡萄酒，会引起葡萄酒乙醇和有机酸的氧化，造成酒度和酸度的降低，使其味道寡淡，并因为乙醛的产生有氧化味。小汉逊酵母（*Hansenula minuta*）等都可在葡萄酒表面生成膜，产生大量的乙酸乙酯，并且可以利用苹果酸降低丁酸含量，从而提高 pH，造成葡萄酒口感变差。

变酸病：由醋酸菌活动，将乙醇氧化成乙酸和乙醛，初发病时，葡萄酒的液面产生零星的灰色斑点，产生刺鼻性味道（乙酸味）。继而逐渐扩大形成一层灰白色略带皱纹的薄膜，当其衰老时，灰白色薄膜增厚，并出现玫瑰色，酸败的加重会吸收酒中的氧气，氧化乙醇并产热。

厌氧微生物与好氧微生物所造成病害的原理不同，此类微生物虽不氧化乙醇，但可分解如残糖、甘油、有机酸等，产生大量气体，使葡萄酒变浑浊，变得昏暗，并伴有鼠臭味或酸菜味，如果摇动发生病害的酒，会观察到缓慢移动的丝状沉淀，口感变得平淡无味或苦涩。此类引起的主要病害有：粉状毕赤酵母（*Pichia farinosa*）发酵葡萄糖和果糖，使葡萄酒挥发酸增多并产生菌膜；酒香酵母属（*Brettanomyces*）产生"鼠尿味"的乙酰胺而影响酒的风味；酿酒酵母（*Saccharomyces cerevisiae*）和拜耳酵母属（*Saccharomyces*）利用残糖引起葡萄酒的再发酵。

2. 氧化性因素造成的浑浊沉淀

葡萄酒在给人带来感官上享受的同时，适当饮用葡萄酒，也有益于身体健康。葡萄酒中含有多种有机物和无机物，特别是葡萄酒中的白藜芦醇可以高效地减少体内自由基，软化血管，杀菌消炎，预防心脑血管疾病等。不过由于本身含有单宁、色素和一些金属元素，因工艺储存方式不同，上述物质容易发生氧化反应，引起颜色变化，产生浑浊沉淀，并伴有烧焦的糊味，严重地影响了葡萄酒的风味和营养价值。

大量实验表明，葡萄酒中具有两个相邻酚羟基的二酚，邻二酚（主要包括咖啡酸、儿茶素、花青素的衍生物和没食子酸等）的含量与发生氧化褐变的程度有关。黄烷-3-醇及其衍生物被认为是非酶氧化最有效的底物。在与空气接触中，它们很容易被氧化，生成棕色聚合物，使白葡萄酒的颜色变深（呈黄色或棕色）。由图 5-5 可知，在有氧的情况下，邻二酚被氧化为邻二醌，O_2 被还原为 H_2O_2，接下来 H_2O_2 与乙醇结合，发生氧化反应生成乙醛，这类偶联反应可以使任意和 H_2O_2 反应的成分发生反应，生成新的产物。醌类物质的电子亲和力较强，所生成的二聚体或多聚体通过一个类似于烯醇式的反应进行结构重排。由于复合多酚的高聚合程度和发生的结构重排，很容易氧化变质。

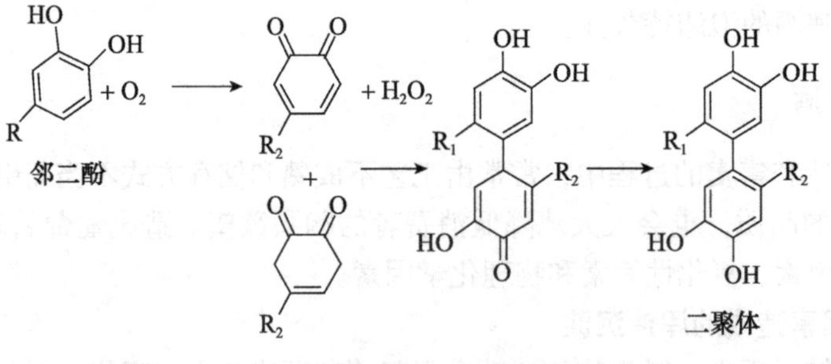

图 5-5 邻二酚的氧化过程（张硕，2019）

3. 物理化学因素造成的浑浊沉淀

（1）蛋白质性浑浊沉淀。目前已有大量的资料显示导致葡萄酒浑浊沉淀的不稳定蛋白质主要是几丁质酶和类甜蛋白，以及少量的 PR-4 家族的植物防御蛋白。葡萄酒中水化膜被破坏、电荷被中和及空间结构解体等原因都会导致葡萄酒稳定体系被破坏而沉淀。当葡萄酒 pH 小于蛋白质等电点时，蛋白质颗粒带正电荷，容易与带有负离子的单宁发生反应，生成蛋白质-单宁大分子络合物，导致葡萄酒出现浑浊。因此可以通过加单宁去除多余的蛋白质。其显微镜观察为无定型颗粒。

（2）酒石酸盐类浑浊沉淀。葡萄酒的成分复杂，比具有同样离子强度和乙醇含量的模拟溶液能容纳更多的酒石酸盐。酒石酸以三种形态存在：未解离态的酒石酸 H_2T、酒石酸根离子 HT^- 和 T^{2-}。酒石酸是二元弱酸，所形成的盐类是难溶电解质。酒石酸盐类沉淀受溶解度的影响，HT^- 所占的比例越大，越易产生 KHT 沉淀。因为葡萄酒的复杂性，葡萄酒中的酒石酸盐浓度降低到一定值时变得稳定。

4. 吸附澄清技术

在葡萄酒澄清领域，除自然澄清和传统的澄清剂外，更多新的澄清剂被开发出来并利用，如改性膨润土、二氧化锆等。抑或采用膜交换和膜过滤手段，通过吸附或者过滤的方式来除去葡萄酒中的不稳定因素。技术的革新也带来了新的澄清手段。比如超声波，崔艳等通过低温结合超声波破坏胶体，使胶体开始聚沉从而澄清葡萄酒，并且可以有效地阻止低醇甜白葡萄原酒的继续发酵；范松梅利用脉冲电场以脉冲数 2 个、电场强度 10 kV/cm 为条件在 10℃下处理葡萄酒，提升了其外观品质，也为葡萄酒中各类物质提供能量促进其老熟陈酿；伯纳（Berna）以 4:1 的比例往白葡萄酒中添加 N_2 和 CO_2，当 CO_2 浓度为 800 mg/L 时，既能防止白葡萄酒氧化，又能使酒有清爽感；此外还有高压处理、欧姆加热等技术手段。这些研究都对提高葡萄酒的澄清度等综合品质提供了重要的技术手段和思路引导。

二、醋类制品

（一）食醋浑浊原因

食醋在酿造和贮存过程中往往会产生浑浊现象，甚至影响食醋的品质。食醋发生浑浊现象的原因可分为生物浑浊和非生物浑浊。

生物浑浊的原因主要是细菌性污染。食醋在酿造过程中，由于环境条件的限制及人为操作过程中的不规范，便会将杂菌带入食醋中。例如，一些耐酸性的细菌被带入食醋后，通过自身代谢繁殖会使乙酸发酵受阻，从而影响食醋的澄清度；在灭菌环节，由于灭菌不彻底，杂菌被带入食醋中，某些菌种会继续生长繁殖产生黏稠的有害代谢物，导致食醋出现浑浊现象。

非生物浑浊的原因：在食醋的酿造过程中，发酵原料中的淀粉、蛋白质、果胶、多酚、单宁等物质未被降解完全，残留并悬浮于食醋中，通过凝聚作用形成沉淀。残留于食醋中的淀粉、蛋白质、果胶、多酚等会与酿造过程中的设备（输送管道、金属容器等）中的金属离子发生化学反应，形成沉淀。食醋酿造过程中焦糖色素处理不当，也会形成絮状沉淀悬浮于食醋中，导致食醋浑浊。研究表明，蛋白质在一定条件下会发生冷浑浊，当温度高于 20℃ 时，β-球蛋白与醇溶蛋白和水结合形成氢键，呈现水溶性，当温度低于 20℃ 时，这两种蛋白质与多酚结合，使与水形成的氢键产生断裂现象，从而析出形成沉淀，导致粗蛋白含量高，影响食醋的澄清度。另有研究表明，铁离子会与乙酸发生化学反应，生成乙酸锌沉淀，而且在后续的存放过程中，食醋中的可溶性蛋白之间发生聚合反应，再与三价铁离子结合，形成蛋白络合沉淀物，即蛋白质的氧化浑浊。在有 O_2 和光照条件下，食醋中含有的单宁与一些可溶性蛋白、果胶发生反应，产生单宁-果胶沉淀，影响食醋的澄清度。此外，在食醋酿造过程中，淀粉、糖类、氨基酸等物质之间会发生美拉德反应，产生黑色沉淀物，导致食醋浑浊。张祥龙对山西老陈醋储藏过程中沉淀的生成规律及相关的理化指标进行了测定和分析，结果表明沉淀的生成与时间和温度有关。食醋在 4℃、15℃、25℃、35℃、45℃ 和 55℃ 条件下储藏 7 个月，沉淀生成的平均速率随温度的升高逐渐增加。食醋的粒度整体随着糖类、可溶性蛋白质、总酚含量的下降逐渐增大，从而导致沉淀的产生。总糖随着温度的升高逐渐减少，并且与沉淀量生成速率呈现出相关性（$r = 0.657$）。

（二）ZTC1+1-Ⅱ型天然澄清剂的应用

ZTC1+1-Ⅱ型天然澄清剂是一种以天然多糖为原料制成的高分子材料，可以除去溶液中的淀粉、鞣质、蛋白质等大分子杂质，而不影响溶液中的黄酮、多肽、氨基酸等成分。它由 A、B 两个组分组成，一种组分起主絮凝作用，另一种组分起辅助絮凝作用。

第一种组分的架桥作用能使蛋白质等杂质颗粒团聚在一起，第二种组分与第一种组分所带电荷相反，具有再架桥作用，能使絮凝物体积迅速增大，加速沉降。目前 ZTC1+1-Ⅱ天然澄清剂已广泛应用于提取液中。刘贺等研究了 ZTC1+1-Ⅱ天然澄清剂对红枣汁的澄清效果，得出最佳工艺条件：溶液 pH=3，0.15% 澄清剂 B 在 65℃条件下处理 1 h 后，再加入0.075% 澄清剂 A，65℃处理 2 h。澄清后的红枣汁透光率达到 90% 以上，澄清效果较好，汁液澄清透明，香味浓郁。张泽生等研究了 ZTC1+1-Ⅱ型天然澄清剂对罗汉果甜苷提取液的澄清效果，得出最佳工艺条件：罗汉果甜苷提取液稀释 0.67 倍后，40℃条件下加入 1% B组分 2.33 mL/100 mL，1%A 组分 0.67 mL/100 mL，处理 30 min，综合评分达到 98.21%，澄清效果良好。

三、果蔬汁饮料

（一）果汁稳定性的主要影响因素

果汁在贮存过程中同样易发生生物浑浊和非生物浑浊。生物浑浊主要由微生物及其代谢产物引起，常由果汁杀菌不彻底或者果汁过滤后受到微生物污染所致。发生非生物浑浊的因素较多，但主要由多酚和蛋白质引起。

1. 酚类物质

果实中存在的酚类物质种类较多，主要有酚酸、原花色素、单宁、黄酮类、儿茶素类、二氢查耳酮类及羟基肉桂酸和羟基苯甲酸等。葡萄汁中的多酚化合物主要为酚酸类、黄酮醇类、黄烷醇类、黄烷酮醇类和花色苷类。酚类物质常与一个或多个葡萄糖、鼠李糖、半乳糖、阿拉伯糖等通过糖苷键形成花色苷，如羟基肉桂酸和羟基苯甲酸以与葡萄糖结合的形式存在。

酚类物质氧化聚合反应是引起果汁浑浊的原因之一。在未破碎的果实组织中，由于多酚氧化酶、过氧化物酶等氧化酶类与酚类物质存在区域化分布，不会直接发生酶促氧化反应。在果实加工成果汁的过程中，由于酶与底物的区域化受到破坏，因此在氧存在时，多酚氧化酶、过氧化物酶可氧化绿原酸、儿茶素和儿茶酚成醌，并聚合成高分子的褐色聚合物。由于褐色高聚物是一个逐步形成的过程，因此酚类物质在果汁加工过程中虽然并没有直接氧化聚合，但在贮存过程中随着褐变反应的进行而逐渐出现浑浊。在苹果汁加工过程中，原花青素在酸性条件下可发生部分水解，然后重新聚合，最终形成一些不稳定的褐色高聚物。另外，原花青素的存在不仅会引起果汁浑浊，还会引起苦味、涩味等不良风味。

2. 蛋白质与酚类物质的作用

果汁中的蛋白质可与多酚类物质发生作用，易引起果汁的浑浊。蛋白质和多酚作用主要是通过疏水键进行。张峰等总结了多酚对蛋白质的作用过程，认为多酚首先在蛋白质表面结合形成单分子疏水层，接着在蛋白质之间形成多点交联，最终导致蛋白质沉淀的发生。

一般苹果汁中可溶性蛋白含量为 11～180 mg/L，但当果汁中蛋白质含量达到 3～4 mg/L 时即逐渐产生浑浊。在浓缩柠檬汁中，浑浊物蛋白质含量约为 29.8%。果汁中的蛋白质是由细胞原生质中渗透出来的，它很容易与酚类物质反应，生成浑浊物和沉淀物。研究还表明，蛋白质中脯氨酸含量的高低明显影响到果汁浑浊发生的程度。酚类物质和脯氨酸苯环重叠可形成 π 键，易使果汁形成多聚合物。脯氨酸残基不仅可作为多酚的结合位点，而且可使多肽保持伸展，增加结合表面积。另外，富含羟脯氨酸的蛋白质虽然不直接与儿茶素或单宁酸形成复合物，但它们可促进果汁浑浊的形成。

3. 果胶

果胶物质在果汁中含量较高。在浓缩柠檬汁中果胶含量为 4.1%。果胶一方面可对果汁中残存的果肉颗粒等细小悬浮物起保护作用，另一方面可和蛋白质、酚类物质、细胞壁碎块等形成悬浮胶粒。不过，当这些胶粒物质出现在果汁加工过程中时，由于热处理或者添加电解质物质常引起电荷中和，可导致胶粒的凝集，因此常使果汁浑浊不清，从而影响产品的质量。

4. 淀粉

在淀粉含量较高的果汁饮料中易发生分层现象。苹果汁经热处理后，不溶性淀粉转变为胶溶状态，不能被超滤膜或过滤装置所分离；当经澄清或浓缩后，大分子淀粉可重新形成，果汁会出现细微浑浊。

5. 明胶

明胶作为澄清剂一般添加在果汁中。由于明胶带有正电荷，可与果汁中带负电荷的果胶、纤维素及多聚戊糖等物质发生作用，可使山楂果汁得以澄清。不过，由于明胶本身具有胶体特性，过量添入明胶反而会妨碍马蹄汁悬浮颗粒的聚集，导致果汁液的澄清度下降。

6. 微生物

在果汁加工和保存过程中，易被细菌、酵母菌等微生物所污染。微生物代谢产物会使果汁发生浑浊。鲜果汁在室温下贮藏，酵母菌可产生乙醇，而乙醇进一步氧化可形成乙酸，反过来影响到果汁质量。除上述因素外，阿拉伯聚糖、单宁和金属离子的存在也可能引起果汁浑浊，但这方面的研究较少；而多酚和蛋白质的存在及其相互作用则是最重要的影响因素。

（二）吸附沉淀技术

澄清剂可单独或与酶制剂联合使用。明胶、单宁、硅溶胶等物质能与果汁中果胶、多酚、蛋白质等发生作用，形成大颗粒物质，可通过差速离心、过滤等方法加以分离，从而达到澄清果汁的目的。活性炭和聚乙烯吡咯烷酮等可通过吸附或络合作用，除去果汁中的胶体物质。目前，在生产上应用的澄清剂主要有明胶、活性炭、聚乙烯吡咯烷酮、蜂蜜及壳聚糖等。

1. 明胶

明胶作为一种蛋白质，能与果胶、单宁等酚类物质发生作用，形成絮状物沉淀，从而起到澄清果汁的作用。大多情况下采用分子质量为 15～140 kDa 的明胶，以保证其良好的絮凝性质及吸附能力。在葡萄汁中添加明胶可有效除去鞣花酸，并减少葡萄汁浑浊的发生。在果汁澄清生产工艺中，明胶一般多与酶法联合使用。

2. 活性炭、聚乙烯吡咯烷酮

活性炭、聚乙烯吡咯烷酮为一类具有良好吸附作用的惰性物质。其中，活性炭在果汁澄清中应用最为普遍。活性炭吸附作用是一个物理过程，能有效吸附果汁中的缩合单宁、活性蛋白及色素等物质；而聚乙烯吡咯烷酮则通过氢氧基结合起到吸附酚类物质和色素的作用。有资料表明，经聚乙烯吡咯烷酮处理后的香蕉果汁的总酚含量显著降低。

3. 蜂蜜

蜂蜜对果汁的澄清作用主要在于蜂蜜中存在的蛋白质能与果汁中的酚类物质结合，并形成沉淀。在红葡萄汁生产中，添加蜂蜜可提高果汁的澄清效果。

4. 壳聚糖

壳聚糖是甲壳素水解脱去 N-乙酰基得到的一种线性高分子碳水化合物，含有氨基和羟基的活性基团，能与果汁中带负电荷的蛋白质、纤维素、果胶、单宁等物质作用形成稳定胶体结构，从而澄清果汁。近年来，由于壳聚糖具有无毒、来源广泛、成本低廉、澄清速度快等优点，壳聚糖对果汁澄清的作用受到重视。目前，壳聚糖已应用于猕猴桃果汁、菠萝汁、龙眼汁、桃形李果汁的澄清，并且对猕猴桃、菠萝等果汁澄清的效果优于使用果胶酶、皂土或蜂蜜。

虽然果汁的稳定性与酚类物质和蛋白质的存在及其作用密切相关，但果汁浑浊发生机制，特别是酚类物质和蛋白质的种类、含量及相关酶的活性仍不十分清楚。加强这方面的研究，可为开发控制果汁稳定性的技术提供新途径。

四、含天然活性成分功能饮品

（一）茶饮料沉淀的形成原因

茶汤中主要成分通过氢键、盐键、疏水作用、溶解特性、电解质、电场等的变化，导致茶汤沉淀的形成。目前研究得比较少。

1. 氢键

茶提取液温度较高时，茶黄素、茶红素等多酚类物质与咖啡碱各自呈游离态存在。而温度较低时，茶黄素、茶红素及其没食子酸酯等多酚类物质的酚羟基与蛋白质的肽基、咖啡碱的酮氨基以氢键结合成络合物，咖啡碱的酮氨基也与蛋白质的肽基形成氢键。单分子的咖啡碱与茶黄素、茶红素络合时，氢键的方向性与饱和性决定至少可以形成 2 对氢键，并且引入 3 个非极性基团（咖啡碱的甲基）、隐蔽了 2 对极性基团（羟基和酮基），因而使分子质量随之增大。茶汤由清转浑，粒径增大，在凝聚作用下沉淀下来。茶多酚形成沉淀的能力与其氧化程度呈正相关，咖啡碱形成沉淀的能力与浓度呈正相关。蛋白质可在沉淀中部分替代咖啡碱的作用与多酚类物质络合形成络合物。这主要是因为茶多酚包埋蛋白质点，使分子表面的亲水基形成水化物，结构被破坏而形成沉淀，不同沉淀带上相异电荷而互相吸引，被不同茶多酚包埋的蛋白质分子间形成键破坏了沉淀的水化层，使沉淀颗粒增大。其作用的大小取决于多酚类物质中能与蛋白质结合的活性中心的多少。研究表明，表儿茶素没食子酸酯（ECG）与表没食子酸儿茶素没食子酸酯（EGCG）的活性中心较多，与蛋白质形成沉淀的能力较强。

2. 盐键

茶叶中的茶多酚、氨基酸、咖啡碱、碳水化合物、果胶、水溶性蛋白质等多种有机组分都可能与金属离子发生吸附或络合作用。Ca^{2+}、Mg^{2+} 等 22 种金属离子可与茶汤组分发生络合或还原络合反应，其中 Ca^{2+} 等 10 种金属离子可与茶多酚络合。Ca^{2+} 络合沉淀中的主要茶汤组分是茶多酚。另外，氨基酸、咖啡碱、水溶性碳水化合物等组分本身并不能与 Ca^{2+} 生成沉淀，而是因茶多酚-钙络合物的吸附等共沉淀效应而存在于沉淀中。

3. 疏水作用

茶汤沉淀物中含有1-三十烷醇、α-菠菜甾醇、二氢-α-菠菜甾醇等水不溶性脂类物质，表明沉淀物中蛋白质、茶多酚及其没食子酸酯、咖啡碱与脂类间存在疏水作用。它们可能以表面活性成分如磷脂、茶皂素的形式存在于茶汤中，当咖啡碱、茶多酚与蛋白质形成氢键时，脂类成分与蛋白质或咖啡碱同时进入其疏水区而沉淀下来。

4. 其他作用

电解质的存在对茶汤沉淀物的形成有显著影响。分散在茶汤中的固体颗粒表面带负电荷，电解质阳离子能明显降低分散系的稳定性。它通过压缩粒子表面减弱了粒子间的静电引力而加速沉淀，这种沉淀能逐渐改变其在茶汤中的絮状形态而缩聚成团粒状颗粒。

茶饮料中存在的电场一方面能使蛋白质等大分子物质在等电点时沉降；另一方面由于带电物质按电场规律分布又减少了阴阳离子的碰撞而保持稳定，但其总的效应是促进沉淀的形成。

沉淀物的生成量与咖啡碱/茶多酚值也有很大关系。人为添加一定量的咖啡碱以调整茶汤中咖啡碱含量及咖啡碱/茶多酚值时发现，茶汤中咖啡碱含量越大，沉淀物形成得也越多；两者比值小时不易产生絮状沉淀，比值大时易产生沉淀。还有些物质少量时因为温度高而成游离态存在于茶汤中，但温度降低时在共沉淀效应下部分沉淀下来。

（二）吸附澄清技术

PVPP（图5-6）作为一种优异而廉价的多酚吸附剂，近些年来在国内外啤酒和果汁行业中已经得到了广泛的应用。PVPP在啤酒中可以高效吸附多酚类物质，形成蛋白质-多酚复合物的儿茶素、花色素原和聚多酚会减少40%以上，处理后啤酒稳定性提升，货架寿命延长，且对啤酒品质没有明显影响。PVPP在茶饮料中的应用已有不少报道，PVPP可有效吸附茶多酚尤其是酯型儿茶素，改变儿茶素构成，降低苦涩味，同时减少茶多酚与蛋白质、氨基酸、咖啡因等形成的沉淀，提高汤色明亮度，增强茶饮料的稳定性，延长货架期。

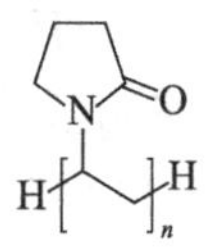

图5-6　PVPP结构
（孙庆磊等，2011）

第五节　食品工业中吸附澄清技术的应用案例

一、改性硅藻土用于酿造型梨酒的制备

（一）应用背景

目前澄清剂普遍存在处理时间长、澄清效果不显著、对产品色泽和风味破坏严重的问题。现有一种用微生物对硅藻土进行改性的方法，其代谢产物与硅藻土、蛋清等复配制成酿造型梨酒用复合澄清剂。

首先，将红平红球菌与硅藻土粉末混合发酵，通过微生物对硅藻土进行改性，增大硅藻土的吸附性和吸附容量，微生物的代谢产物中含有多种活性基团，可与果胶、蛋白质等产生沉淀，再将蛋清、壳聚糖与水混合制成胶体，蛋清可与单宁生成黏糊状化合物，吸附酒中的浑浊微粒形成沉淀，并可除去色素，最后与硫酸铝配合得到复合澄清剂。这种方法制备的复合澄清剂澄清效果明显，使用该澄清剂处理过的梨酒的透光率达到了 98.9%~99.4%，并且处理时间短，能最大限度地保持梨酒的风味及营养价值，提高梨酒的稳定性。

（二）应用实例

1. 澄清剂制备

首先称取 20 g 葡萄糖、10 g 酵母膏、0.3 g 磷酸氢二钾、0.1 g 氯化钠和 800 mL 去离子水，加入培养皿中，搅拌混合 1 min 后，置于灭菌罐中，在 95℃条件下灭菌 5 min，得到发酵培养基；然后称取 300 g 硅藻土，加入球磨机中球磨 25 min，过 80 目筛，收集过筛物，得硅藻土粉末，并将其与上述发酵培养基混合均匀后，倒入发酵罐中，再按接种量 6% 将红平红球菌接种到发酵培养基上，随后以 5 mL/min 速率向发酵罐中通入空气，并在 28℃、120 r/min 条件下好氧发酵 6 h 后，停止通入空气，密封发酵罐，发酵 3 d；发酵结束后，收集发酵罐中的物料，并置于离心机中，在 4000 r/min 条件下离心 15 min，分别收集上层液和沉淀，并将上层液进行喷雾干燥，得到干燥物，备用；再将沉淀用水清洗 2 次，去除表面残余菌体，得到改性硅藻土，备用；取鸡蛋，并人工将蛋清与蛋白进行分离，收集蛋清，称取 100 g 蛋清加入盛有 300 mL 去离子水的烧杯中，并置于数显恒温磁力搅拌机上，控制搅拌机温度为 30℃，转速为 200 r/min，搅拌 1 min 后，再加入 15 g 壳聚糖，升温至 50℃，搅拌混合 3 min，得到胶体；最后按质量份数计，称取 10 份备用的干燥物、8 份备用的改性硅藻土、15 份上述胶体和 1 份硫酸铝，加入烧杯中，搅拌混合 3 min 后，置于真空冷冻机中冻干，将干燥后的物料置于球磨机中球磨 25 min，并过 80 目筛，收集过筛颗粒，装袋，即可得到酿造型梨酒用复合澄清剂。

2. 应用效果

将制备的澄清剂与 45℃热水按质量比 1:10 混合均匀，得到澄清剂溶液，随后按质量比 1:130 将澄清剂溶液加入酿造型梨酒中，搅拌 5 min，然后在常温下静置 1 h，再将梨酒加入布氏漏斗中抽滤，收集滤液即可。经检测，使用制备的复合澄清剂处理过的梨酒的透光率达到了 98.9%~99.4%，比使用蛋清处理过的梨酒的透光率提高了 11.8%，可溶性固形物的含量比未处理梨酒中降低了 0.33%，可溶性固形物没有明显损失，保持了梨酒的营养成分，并且将经制备的复合澄清剂处理过的梨酒放置在冰柜中，控制冰柜温度在 2℃冷冻 7 d，无浑浊和沉淀产生，再将处理后的梨酒进行水浴加热至 80℃，保温 15 min，冷却后无失光、浑浊现象发生，经处理后的梨酒稳定性好。

二、壳聚糖类澄清剂用于果蔬汁的制备

（一）应用背景

果蔬汁的沉淀主要是由蛋白质、多酚类物质络合形成较大分子所致，去除其中的一种成分，即可达到澄清的目的。因此根据果蔬汁中多酚类与蛋白质含量的不同，可将果蔬汁沉淀分为多酚类主导的沉淀（如茶饮料、苹果汁）和以蛋白质为主导的沉淀（如菠萝汁），因此在果汁的澄清工艺中，要根据饮料不同的沉淀机制采用不同的沉淀剂才能进行有效的澄清，以达到既不影响饮料的品质风味，又能够有效去除沉淀的目的。目前国内外主要有自然澄清法、酶法、膜处理法、冷冻沉淀法、吸附法和应用澄清剂等。自然澄清法的效果不明显且耗时长。酶法的最佳处理条件控制较难，耗时长，成本高。膜过滤法操作复杂，膜价格高，卫

生管理要求较严。冷冻沉淀法需要昂贵的冷冻设备和较大的处理场所。吸附法的专属性强，操作简单，生产效率高，但吸附剂价格较贵。应用澄清剂的方法具有来源广泛、操作简单、成本低的优点，因此受到各方关注。但是，要根据饮料不同的沉淀机制采用不同的沉淀剂才能进行有效的澄清。

采用壳聚糖和卡拉胶作为澄清剂联合澄清液态物质。壳聚糖是甲壳素水解脱去 N-乙酰基得到的一种线性高分子碳水化合物，是一种含量丰富的天然碱性多糖，具有良好的生物相容性、适合性与安全性，美国食品药品监督管理局（FDA）已批准其作为食品添加剂。卡拉胶是一种从海洋红藻（主要是各种麒麟菜）中提取出的多糖，其化学结构为 D-半乳糖和 3,6-脱水-D-半乳糖残基所组成的线性多糖物质，残基上带有酯式硫酸盐基团。

该澄清方法的作用机制是壳聚糖和卡拉胶均为高分子聚合物，在水溶液中带有不同电荷，两种物质相互接触时，因正、负电荷相互吸引，即刻产生絮状物，大量吸附和包埋被处理液态物质中的蛋白质、脂肪、果胶等大分子物质与悬浮物，以与母液快速分离，从而达到快速、高效澄清的目的。

（二）应用实例

1. 澄清剂制备

将一定量的壳聚糖（加入量为液态物质质量的 0.01%～0.1%）和卡拉胶（加入量为液态物质质量的 0.01%～0.1%），预先分别溶解成溶液后加入待澄清处理的液态物质中，搅拌使澄清剂充分溶于液态物质，澄清剂即刻发挥作用，大量吸附和包埋被处理液态物质中的蛋白质、脂肪、果胶等大分子物质与悬浮物并形成沉淀。

2. 应用效果

取 50 g 绿茶片，加入 600 mL 90℃的去离子水，并在 90℃水浴中放置 15 min，然后用 200 目的滤布过滤，再经滤纸过滤，得茶汁。在冷却至室温中的 500 mL 绿茶汁中加入 30 mL 10 g/L 的卡拉胶溶液，搅拌均匀，再加入 70 mL 10 g/L 的壳聚糖溶液，充分混合，立即产生块状牢固的絮状物并沉于绿茶底部，静置 50 min 使沉淀完全，离心，测浊度和透光率（在 $\lambda = 640$ nm 时检测），浊度为 1.25 NTU，透光率达到 98.3%。

该澄清剂适合用于包括酚类、蛋白质不同沉淀机制的果蔬汁、茶等液态饮料的澄清。以卡拉胶代替黄原胶作为澄清剂的方法，解决了黄原胶溶解性差的问题，同时操作方法更简单。还可以解决目前的澄清方法中存在的耗时长、设备投资高、处理澄清度不够高、澄清剂溶解度不高等问题。

三、ZTC1＋1 澄清剂用于大分子活性芦荟汁的制备

（一）应用背景

生产芦荟汁常用的澄清方法是酶法，其缺点是操作复杂、成本高、破坏大分子成分，芦荟汁传统的澄清工艺是过滤、离心、酶法、壳聚糖法，壳聚糖分子链上存在众多游离氨基，其能与果汁中的果胶、单宁等带负电荷的物质相互吸引形成絮凝，从而达到澄清的效果。离心不能完全去除杂质，且会使产品不稳定，容易出现沉淀，酶解会将芦荟里的大分子物质分解为小分子物质，破坏一些具有功能的大分子物质，损失功能成分。

ZTC1＋1 澄清剂是从天然多糖物质提取的一种新型食品添加剂，安全无毒，采用 ZTC1＋1

澄清剂处理大分子活性芦荟汁，主要去除鞣质、蛋白质等胶体不稳定成分，对芦荟的有效成分多糖（芦荟多糖）、苷类（芦荟苷）、黄酮（芦荟苦素）、氨基酸、维生素、矿物质等不产生影响，既能使芦荟汁澄清无沉淀，可以耐受高温消毒，质量稳定、工艺简单，又能最大限度地保留芦荟原料中的活性成分，减少蛋白质等过敏反应。

（二）应用实例

1. 澄清剂制备

A组分用纯水（RO）配制为0.1%～10%黏胶液：精确称取0.1～10 g A组分，先用少量RO调成料状，然后加RO至100 mL，溶胀12～36 h，搅拌均匀，即得0.1%～10%黏胶液。

B组分用1%柠檬酸水溶液或RO配制为0.1%～10%黏胶液：精确称取0.1～10 g B组分，先用少量1%柠檬酸水溶液或RO调成糊状，然后加1%柠檬酸水溶液或RO至100 mL，溶胀12～36 h，搅拌均匀，即得0.1%～10%黏胶液。

2. 应用效果

按照相应制备方法制备大分子活性芦荟汁，至强酸阳离子交换树脂脱盐步骤后增加澄清步骤，具体工艺为：取脱盐大分子活性芦荟汁加热至70℃，加入2% A组分后搅拌均匀，间隔15 min加入0.5% B组分搅拌均匀，恒温2 h，进行管式离心固液分离，得到大分子活性芦荟汁。将澄清处理大分子活性芦荟汁进行灭菌，冷却后无菌灌装，得到澄清大分子活性芦荟汁成品。

增加本澄清方法制备的大分子活性芦荟汁，外观澄清透明，澄清度以吸光度作为评价指标，该值显著降低。无浑浊、无沉淀，维持原理化指标（可溶性固形物含量、pH、电导率）不变，保留原芦荟有效活性成分——芦荟多糖和O-乙酰基，尤其不影响芦荟大分子多糖含量及分子质量分布，由于去除了蛋白质、鞣制等大分子易过敏物质，大大减少了产品应用于化妆品中的过敏反应，且不易滋生微生物，产品耐高温灭菌。

此外，使用的ZTC1+1澄清剂具有食品生产许可证证书，具有安全、用量小、无残留、成本低、高效、工艺简单等优点。将澄清后大分子活性芦荟汁应用到食品饮料中，能满足外观、口感及稳定性要求，将澄清后大分子活性芦荟汁应用到化妆品膏霜、乳液、精华液配方里，也均能满足功能和稳定性要求，故澄清后大分子活性芦荟汁可被广泛应用于食品、化妆品领域。

思 考 题

1. 请简述吸附澄清技术的原理。
2. 请列举影响吸附澄清效果的主要因素。
3. 影响黄酒吸附澄清效果的因素有哪些？
4. 请试述吸附澄清技术的发展展望。
5. 常用的吸附澄清剂有哪些？

主要参考文献

陈珊. 2015. 黄酒澄清新技术开发及非生物稳定性研究［D］. 合肥：合肥工业大学硕士学位论文.

陈志翔. 2021. VOCs鼓泡流态化吸附过程实验与仿真分析［D］. 西安：西安理工大学硕士学位论文.

樊世英，孙军勇，谢广发，等. 2015. 澄清剂对黄酒混浊蛋白去除效果的研究 [J]. 食品工业科技, (8): 167-170.

蒋永波，汪开拓，代领军，等. 2020. 不同澄清工艺对柠檬果汁品质影响及柠檬苦素贮存期间降解速率预测模型建立 [J]. 食品工业科技, 41 (22): 35-42.

李进，陈涛. 2008. 吸附澄清技术在中药澄清工艺中的应用进展 [C] // 中华中医药学会. 中华中医药学会第九届制剂学术研讨会论文汇编. 长春.

李晓强，李平，魏琴，等. 2001. 凹凸棒石对中药水煎液中人参皂苷 Rb1、人参皂苷 Rg1 及三七皂苷 R1 的吸附和澄清作用 [J]. 中国医院药学杂志, 30 (18): 1528-1531.

李艳敏，赵树欣. 2008. 不同酒类澄清剂的澄清机理与应用 [J]. 中国酿造, (1): 1-5.

吕雪龙，齐秋萍，柏广明，等. 2019. 球形活性炭和球形树脂对不同 VOCs 的吸脱附特性研究 [J]. 山东科技大学学报（自然科学版）, 38 (4): 58-64.

吕涵. 2020. 气固并流式轴向移动床气固分离的实验研究 [D]. 北京：中国石油大学硕士学位论文.

孙庆磊，孔俊豪，陈小强. 2011. 聚乙烯聚吡咯烷酮（PVPP）在茶饮料沉淀控制中应用研究进展 [J]. 中国茶叶加工, (2): 29-32.

徐珊珊，颜继忠，朱可光. 2001. 提高中药液体制剂澄清度的研究进展 [J]. 中药材, 40 (1): 247-250.

闫亚楠. 2019. 降流式流化床中煤泥水絮凝沉降研究 [D]. 徐州：中国矿业大学硕士学位论文.

易建华，仇农学，朱振宝. 2001. 树脂法生产澄清苹果汁的探讨 [J]. 食品工业, (2): 16-17.

尹秀清. 2019. 食醋的离心澄清和澄清剂澄清的工艺优化及效果比较 [D]. 晋中：山西农业大学硕士学位论文.

张硕. 2019. 不同澄清剂对炼白葡萄酒澄清效果的研究 [D]. 晋中：山西农业大学硕士学位论文.

赵大庆. 2009. 啤酒澄清剂开发与应用研究 [D]. 南京：南京农业大学硕士学位论文.

Cardoso B S, Forte M B S. 2021. Purification of biotechnological xylitol from *Candida tropicalis* fermentation using activated carbon in fixed-bed adsorption columns with continuous feed [J]. Food and Bioproducts Processing, 126: 73-80.

Jana A, Halder S K, Ghosh K, et al. 2015. Tannase immobilization by chitin-alginate based adsorption-entrapment technique and its exploitation in fruit juice clarification [J]. Food and Bioprocess Technology, 8(11): 2319-2329.

Kleymenova N L, Bolgova I N, Kopylov M V, et al. 2021. Clarification of sunflower oil with nanocarbon sorbent and analysis of product quality indicators [C]//IOP Conference Series. Earth and Environmental Science. London: IOP Publishing, 659(1): 012124.

Soto M L, Moure A, Domínguez H, et al. 2011. Recovery, concentration and purification of phenolic compounds by adsorption: A review [J]. Journal of Food Engineering, 105(1): 1-27.

Wang F, Owusu-Fordjour M, Xu L, et al. 2020. Immobilization of laccase on magnetic chelator nanoparticles for apple juice clarification in magnetically stabilized fluidized bed [J]. Frontiers in Bioengineering and Biotechnology, 8: 589.

第六章 分子蒸馏技术

第一节 概 述

分子蒸馏技术（molecular distillation technology，MDT）又称短程蒸馏技术（short-path-distillation technology，SPT），是通过分子运动平均自由程原理，利用液-液状态下混合物中各组分性质的差异，使用物理方法进行分离的技术。它在非平衡状态（即在压力不变时，液态物质的特性只取决于成分与温度两个参数的状态）下进行的分离方式，是一种结合了真空技术和蒸馏技术的分离技术。

分子蒸馏技术与常规蒸馏技术的区别是：常规蒸馏技术利用了液体混合物中各组分沸点不同，使低沸点组分先蒸发再冷凝，从而分离物质；而分子蒸馏技术是利用不同组分之间分子运动平均自由程的差异而分离物质。与常规蒸馏技术相比，分子蒸馏技术具有操作温度低、分离效率高且受热时间短等明显的优势。

早在 1909 年就开始了高真空条件下蒸馏的研究，并发表了关于脂肪酸在高度真空的条件下蒸馏的文章。1921 年，研究人员研究了 Hg 分子在不同蒸汽压下的状态，并在高度真空的条件下成功进行了 Hg 同位素的分离。最开始进行分子蒸馏实验的条件比较简易，首先将需要分离的物质在平板上涂成薄薄的一层，再将其放入高度真空的环境中进行蒸发，并将蒸汽收集到冷却器表面使其冷凝下来，从而获得欲分离的组分。在经过了大量的小试实验后，分子蒸馏设备发展到中试规模。

20 世纪 30 年代后，分子蒸馏技术受到了各国的重视。60 年代后，分子蒸馏技术在德国、日本、英国、美国、苏联等国家开始逐步进行工业化的应用，并出现了可以进行大型工业化的装置。此时尚处于研究的初始阶段，分子蒸馏技术还不够完善，存在分子蒸馏蒸发器的分离效果不好、真空和密封技术还不能达到要求、应用范围小、分离成本昂贵等问题。80 年代后，一些科技公司开始专门从事分子蒸馏仪器的研制，使得分子蒸馏技术在生产中也得到了进一步的发展。当前，分子蒸馏技术可以应用于食品、医药、化工、石油等多个领域，在对高沸点、低挥发度、高分子质量、热敏感、高黏性或具有生物活性成分的物质进行浓缩或纯化有独特的优势，并且在一定程度上提高了生产效率、降低了能耗。目前，整体应用分子蒸馏技术或下游分离工程中应用分子蒸馏技术的产品达 150 多种。

限于技术水平，我国对分子蒸馏技术的研究开始得较晚，但发展速度非常快。1964 年，我国研究人员开始对分子蒸馏技术进行研究并在 1979 年发表了"降膜式分子蒸馏设备基本理论的探讨"论文，在 20 世纪 80 年代发表了分子蒸馏设备的专利。随着国际化的发展，国内开始引进先进仪器设备进行甘油单酯（单硬脂酸甘油酯）等产品的生产。90 年代后，随着国内中药现代化的要求，分子蒸馏技术开始应用于中药中热敏性物质的提取和制备，这促使国家加快了研发分子蒸馏设备的步伐。

近些年，我国科研工作者对分子蒸馏技术的研究主要集中在机制、分子蒸馏器的结构、系统性能及其工业化应用等方面。目前，我国已利用分子蒸馏技术累计研发了 60 多种新产品，并工业化生产了多种产品，如类胡萝卜素、精制鱼油、α-亚麻酸、辣椒油树脂（辣椒红色素）、天然维生素 E、角鲨烯（三十碳六烯）、天然植物油、异氰酸酯加成物、二聚酸（二聚脂肪酸）等。此外，我国在传统中药的功效成分及油脂脱臭馏出物中多种活性成分的提取和纯化，以及聚酰胺树脂、酚醛树脂、聚氨酯等高聚物中间体中也有广泛应用，其中部分产品还达到了国际领先水平。目前我国分子蒸馏技术的研究和应用在世界上处于前列，应用的前景依然十分广阔。

第二节 分子蒸馏技术的概念及原理

一、分子蒸馏技术的概念

分子蒸馏是指在高真空度条件下（一般在 0.1~10 Pa 条件下）进行蒸馏从而把液体混合物中分子运动平均自由程不同的各组分进行分离的技术。在分离过程中，由于蒸发面与冷凝面的间距小于蒸汽分子的运动平均自由程，可利用液体混合物中各组分蒸发速率的差异进行分离。

二、分子蒸馏技术的原理

（一）分子运动平均自由程

分子运动平均自由程是指在一定的宏观条件下，一个气体分子在两次连续碰撞之间可能经过的各段自由路程的平均值，用 $\bar{\lambda}$ 表示。符合如下关系式。

$$\bar{\lambda} = \frac{kT}{\sqrt{2}\pi d^2 p} \tag{6-1}$$

式中，$\bar{\lambda}$ 为分子运动平均自由程；k 为玻尔兹曼常量，取值为 1.38×10^{-23} J/K；T 为热力学温度，单位为 K；π 为圆周率，取 3.14；d 为气体分子的有效直径，单位为 m；p 为分子所处空间的压强，单位为 Pa。

（二）影响分子运动平均自由程的因素

上述关系式表明，热力学温度、气体分子的有效直径及其所处空间的压强是影响分子运动平均自由程的三个因素。因此，温度不变，气体分子所处空间的压强越低，气体分子运动平均自由程越大。

因此，在高真空度条件下，通过调整冷凝表面与蒸发表面之间的距离使其小于气体分子的平均自由程时，从蒸发表面汽化的蒸汽分子与其他分子之间的碰撞可显著减少，从而直接到达冷凝表面冷凝而获得分离。

（三）分子蒸馏技术的基本原理

常规蒸馏技术是利用了液体混合物中各组分沸点不同，使低沸点组分先蒸发再冷凝从而分离物质。常规蒸馏时会产生被蒸馏汽化的分子流及由蒸汽回流至液相的分子流，汽化的分子流大于回流至液相的分子流，从而实现分离，但是这样只能对液体混合物进行粗分离。而分子蒸馏的目的是只存在从液相到气相的单一分子流向，这样就能显著提高分离效果。

要达到此目的，首先必须要降低不凝性气体的分压，使其分子的运动平均自由程达到蒸

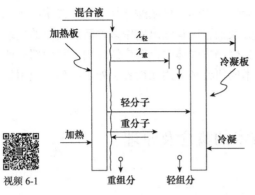

视频 6-1

图 6-1 分子蒸馏原理图（赵欣欣等，2016）

$\lambda_{轻}$. 轻分子的运动平均自由程；$\lambda_{重}$. 重分子的运动
平均自由程

发器表面与冷凝器表面距离的数倍。同时在饱和压力条件下，蒸发器表面到冷凝器表面之间的距离应该小于在操作压力下蒸汽分子和不凝性气体分子的运动平均自由程。

如图 6-1 所示，首先将液体混合液沿蒸发器的顶端加入，到达料液分布器后会在加热面连续均匀地分布，然后会被刮膜器刮成一层湍流状的薄膜，并以螺旋状沿加热板流动。此时，混合液中各组分的分子会受热蒸发。因为轻分子和重分子的运动平均自由程有差异，所以不同组分的分子所迁移的速度和距离也会有差异，轻分子的迁移速度比重分子快，且相对于其分子运动平均自由程来说经过的路线更短。此时，若在合适的位置放置冷凝板，可以令轻分子更快且几乎未经碰撞就能到达冷凝板上冷凝并沿冷凝器管流出，通过出料管进行收集；而重分子则在加热区下的圆形通道中收集，通过侧面的出料管随物料排出，这样就能使液体混合物得到分离。

蒸汽流向的驱动力来源于沸腾薄膜面和冷凝面之间的压差。短程蒸馏器要求在 1 mbar 条件下运行，因此沸腾面和冷凝面的间距必须非常短才能达到要求。在短程蒸馏器中，内置冷凝器在加热面的对面，操作压力通常要降到 0.001 mbar 左右。

从理论上说，蒸发器表面到冷凝器表面的距离要小于在操作压力下蒸汽分子和不凝性气体分子的运动平均自由程，但这样会使成本增高。所以在实际应用中，通常使蒸发器表面和冷凝器表面之间的距离与分子运动平均自由程控制在同一数量级内即可。

（四）分子蒸馏技术的基本特征

分子蒸馏技术是在中、高真空度下进行的，相对分离温度较低。由于分子蒸馏技术是依据分子运动平均自由程的差别使物质进行分离，因而可在低于混合物的沸点下将物质分离。通常，分子蒸馏的分离温度比常规蒸馏的操作温度低 50～100℃。在中、高真空度条件下进行操作，既可以保证单向分子的流动，又可使液体在相对较低的温度下完成高效率蒸发。

分子蒸馏技术的操作过程中一般不产生气泡。分子蒸馏是液层表面的自由蒸发，由于处于低压环境下，液体不含有气体，因此不会发生液体沸腾的现象，避免了鼓泡，使相变发生在需要蒸发物料的液体表面。要实现分子蒸馏的过程，须尽量扩大蒸发面，提高传质速率。目前使用的机械式刮板薄膜蒸发装置，可不断更新蒸发表面，并减少停留物料量，从而缩短物料的加热时间，减少或避免热敏性物质的损失。

由于蒸发器表面到冷凝器表面的距离仅有 2～5 cm，这使得分子蒸馏过程中物料的受热时间比较短。在分子蒸馏过程中，液体受热后形成厚度约为 500 μm 的液态状薄膜，持液量较小。因此，物料在分子蒸馏器内一般仅停留几秒至十几秒，物料受到的热损失极小，这有利于保持产品的色泽、营养和品质。

分子蒸馏技术对液体混合物的分离效率高。由于蒸发表面和冷凝表面间温度差很大，从蒸发表面汽化的蒸汽分子会直接迁移到冷凝表面。因此，分子蒸馏技术与常规蒸馏技术相比有更高的相对挥发度和更好的分离效果。

此外，由于整个过程中不使用有机溶剂，分子蒸馏技术在工艺上具有清洁环保的特点，是一种温和、绿色的操作工艺。

基于上述特征，利用分子蒸馏进行成分的分离具有以下优点。

（1）由于分子蒸馏是在高真空度、低沸点的条件下进行，过程耗时较少，这对于高沸点、热敏及易氧化物料较为适宜。

（2）分离效果更好，能分离常规蒸馏不易分开的物质，通过多级分离可同时分离两种以上的物质。

（3）无残留污染，且操作工艺简单、设备少。

（4）可有效地脱除液体中的物质，如有机溶剂和异臭味等，这对于有机溶剂萃取后的脱残留是非常有效的方法。

（5）耗能低、热损失少。分子蒸馏器的内部压强极低，内部阻力极小，因而可以降低能耗、减少损失。

（五）分子蒸馏技术的应用范围

大量的工业化应用证明，分子蒸馏技术的应用范围可依据以下原则。

分子蒸馏技术适用于各种化学物质分子质量差别较大的液体混合物的分离，尤其是对同系化学物质的脱离，分子质量之间一定要有一些差别，分子运动平均自由程差别越大越易分离。

分子蒸馏技术也可用于分子质量接近但性质差别较大的物质的分离，如沸点差较大、分子质量接近的物料的分离。只要两种物质的分子运动平均自由程不同，就可以应用分子蒸馏技术达到分离目的。

分子蒸馏技术适用于高沸点、热敏性、易氧化、易聚合物质的分离。分子蒸馏技术的操作温度一般远低于沸点，且加热时间较短。所以，分子蒸馏技术可大大降低热对于热敏性、高沸点物质的损伤，从而对于天然物质的提取和中草药中有效成分的分离等具有显著优势。

分子蒸馏技术适用于附加值较高或社会效益较大的物料。由于目前分子蒸馏设备的价格较高，因此对那些附加值不高、社会效益不大的产品不宜采用分子蒸馏技术加以分离。

分子蒸馏技术不能分离同分异构体。同分异构体具有相似的结构和相同的分子质量，导致分子运动平均自由程特别相近，不能实现物质的分离。

随着分子蒸馏技术研究的不断深入和发展，应加强各高校和相关设备生产企业的合作和交流，利用各自优势，深入研究过程机制，理论和应用相结合，推进分子蒸馏技术的发展，推动分子蒸馏设备的研究与开发，带动经济效益和社会效益的同步发展。

第三节 分子蒸馏技术的装置与工艺流程

分子蒸馏技术是在一个较高真空度（0.1～10 Pa）的基础条件下的液体-液体分离技术。它具备最大真空度较高、材料受热时间短、蒸馏时间短、分离程度高的优点，且分散工艺步骤不可逆，特别适合应用于低热敏性、高沸点温度和易氧化材料的分散工艺。分子蒸馏技术已应用于食品、医学、农业、保健、美容彩妆等领域。

一、分子蒸馏装置

（一）分子蒸馏系统

1. 物料输入、输出系统

一般由计量泵、输料泵与物料输出泵等构成，用来实现整个控制系统的持续进料和排料的任务。进料需连续，出料可以是连续或间隙。待处理物质一般包括溶解性的有机气体及一些低沸物成分，在中、高真空度条件下，它们不会被通常温度的冷却水所冷凝，从而影响真空度。要保证真空泵在进入蒸发器之前，将它的负载尽量降低，所以，在物料输送系统中必须设有一个脱气装置，以便预先消除低沸物成分。

2. 蒸发系统

以单分子蒸馏蒸发器为内核，又可分成单级、两级及多级。系统中还设有一级或多级的冷阱。

3. 加热和冷凝系统

按照热源不同而设有不同的加热系统，现在加热系统有水蒸气加热、载体加热、电感加热、热水加热、微波加热、电炉加热等。冷凝系统分为制冷装置和冷却剂等，冷凝器通常用盘管、管束或 U 形管，并安装于蒸馏器下部。而冷凝器的外形与受热表面之间间隙的合理性将会使蒸馏水器内部的真空度、产物的分离纯度和得率受影响。

4. 真空系统

分子蒸馏技术通常是在高度真空下进行，所以，这个系统也是全套设备的关键之一。高真空体系的组成方法有许多种，而实际操作中选用哪种则必须按照材料的特性决定。关键是选用适当的真空装置，通常会采用机械泵与蒸汽喷射泵的混合系统或机械泵。当绝对气压在 $0.1 \sim 1.0\ \mathrm{Pa}$ 时，还必须采用扩散泵。

然后，为了使空气向外界的热分压维持在尽可能低的水准，就必须于真空泵和蒸馏器之间设冷阱，冷阱中的冷媒选用低温液或冷冻水。

5. 控制系统

使用电子设备进行自动控制或结合控制软件使用计算机控制系统。

（二）分子蒸馏设备

1. 间歇釜式分子蒸馏设备

它是构造最简易的蒸馏器之一，是由蒸馏釜与内部冷却器所构成，和单纯的蒸馏实验设备很相似，不过这个方法物料停留时间长，热分散能力差，且分离效率也较差，物料易分解，如今这种方式已经被淘汰。

2. 降膜式分子蒸馏器

降膜式分子蒸馏器圆筒形蒸馏表面经过重力作用使其上的物质变为液膜而下降，由具有圆筒形蒸馏表面的蒸发器与同轴且相距很近的冷凝器组成（图 6-2）。然而，液膜厚度不均匀，当液膜流动时，液膜往往会发生翻转，易于形成热分解组分。生成的气雾通常喷射在冷凝表面，液膜沿层流

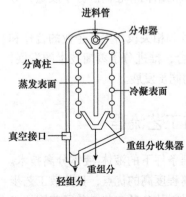

图 6-2 降膜式分子蒸馏器
（霍德华，2018）

流动，其高传质阻力大大降低了分离效果。降膜式分子蒸馏器则是最早期形式的分子分馏或蒸馏技术，分离效果很差，虽然构造简易，但蒸发表面却呈较厚的液膜，目前已很少采用。

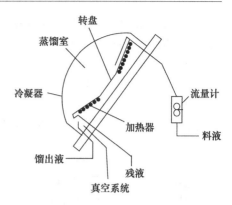

图 6-3　离心式分子蒸馏器的构造
（王志祥等，2006）

3. 离心式分子蒸馏器

离心式分子蒸馏器的构造如图 6-3 所示。离心式分子蒸馏器的原理是将材料送入高速运动的转盘中，当转动面扩展产生背膜的同时，经过加热挥发后在另一侧面的冷凝面中凝结，液料再经进料管流入离心挥发器。由于离心挥发器为一回转体，由它形成离心作用，并且由于料液表层紧贴在蒸馏面上，因此形成泡沫的可能性较小。在离心力的影响下，料液覆膜会随着蒸馏液面自主地向外移动，传质速度也较快，因此料液滞留于蒸馏面上的停留时间也较短。

和以上几个分子蒸馏器比较，其优势主要是：加热的时间较短，基本没有压力损失，可以达到非常薄的均匀液；蒸馏效率、热效率和分离度较高；由于发泡性的风险大大降低了，可应用于黏度较高的液体的蒸馏，因此离心式分子蒸馏器是现在较优的一种设备。但离心式分子蒸馏器最主要的问题还是加工生产问题，如蒸发面积小，加工能力欠佳，其因为没有刮刀部件，故不适于容易焦化的材料。此外，由于机械结构运转较快，它对真空密封技术的要求高，结构复杂，因此制造成本高。

人们经过对分子蒸馏技术的研究，产生了各类分子蒸馏器，如 E 形、V 形、M 形、擦膜式和立式等。离心式分子蒸馏器是分子蒸馏器发展的新趋势。

4. 刮膜式分子蒸馏器

刮膜式分子蒸馏器也可称为膜式分子蒸馏器，经过对降膜式分子蒸馏器的改良而得到，添加了一种内置的旋转刮膜器，借助引力效应沿着受热面向下流淌，通过刮膜器把物质快速刮成不断更换、厚薄均匀的液膜，并均匀分布于受热表面，由于这种过程加强了传质和传热，从而提高了分散效能和蒸馏速度。刮膜器的形态包括刷膜式、滚筒式、滑动式、刮板式等。其中，刮板式刮膜器中通过在旋转轴上安装刮片，使材料在蒸发面上产生极薄的液膜，提高了质量和热能的输送，同时刮片外缘与蒸发器表面有一定的间隙，轴旋推动刮片绕着蒸发面做圆周运动，完成刮膜过程，也有的用分段的刮片来代替整块刮板，刮片紧贴着加热表面运行，不断更新蒸发面上的物料，从而促进了传质过程。

夹套加热的蒸发器是圆柱形外壳结构，冷凝器在与蒸发器位置很接近的内圈里。在蒸发器和冷凝器中，圆筒状环形转动的刮板或刮片将蒸发器的内壁蒸馏面上的物质刮成薄层，持续蒸发表面物料。在蒸馏面向上进料，料液从蒸馏面上流下后，被转动的刮板刮成薄层，其中一些料液被蒸发汽化。脱离蒸发面后的残液被吸收并从残液口排出。汽化后的物质经过转子在冷凝器表层被凝结为蒸馏液，从蒸馏液出口排放。在蒸发器外壳底部与中高真空系统相连，把不凝性气体引出，进而完成分离。

滚筒式刮膜器是把一些圆柱滚筒放置于与轴线平行的滚轴上，滚轮和轴线中间有一定空隙，在轴线旋转时，滚轮沿圆周方向运动翻滚，离心力效应使液层表面的流体不断分配与更换。

刮膜式分子蒸馏器通过对刮膜器的刮擦，产生很薄的液体薄膜，水沿着蒸汽表面流过，被水蒸馏物质在正常操作温度下的停留时间极短，成层比较均匀，热分解较少，产能大，热分离效率高，因此在工业生产上使用得很广泛。目前，一般都使用刮膜式分子蒸馏器。刮膜式分子蒸馏器已经在市场上形成潮流，国内的不少企业也都制造了这些分子蒸馏器。

联邦德国那威克弗莱提克斯（NGW）有限公司制造了 KV 系列的刮膜式分子物质蒸馏设备。KV 系列的刮膜式分子物质蒸馏设备一般使用于分离蒸馏实验中，它的优点有：①以透明玻璃材料制造整套设备；②有在线脱气设备，可预先脱气后再把产物加入蒸馏器中，可确保有高真空度的蒸馏室；③进样斗带有夹套，当材料加热时，其中部集成冷凝器；④轻重组分均通过二级接收瓶，可连续完成十多次的取样测试。

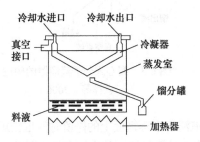

图 6-4　静止釜式分子蒸馏器（李亚洲，2016）

而美国 VTA 有限公司就是专门研究制造刮膜式分子蒸馏器的大型企业之一，它的主要产品构造与德国赛普泰克（UIC）有限公司类似。VTA 有限公司所研制的分子蒸馏器都有自己的成膜体系，有不同的成膜体系可供选择。

图 6-4 所示是一个经典的静止釜式分子蒸馏器。物料经过进一步升温，引起物质的溶解，取得的分离效果较小，如今已经将其淘汰了。

（三）各种蒸发器的优缺点比较

不同的蒸发器具有不同的性能。与刮膜式分子蒸馏器相比，离心式分子蒸馏器的主要优点有：由于转盘高速度运行，获得了极薄、分布均匀的液膜，且基本上无气压损失，因此具有很大的分离效能，且分离效果和水蒸馏速度都更高；料液必须紧贴在蒸发面上，几乎不会产生气泡；物料在蒸汽表面的受热持续时间更短，减少了热敏性物质分解的风险；材料的处理量更大，更有利于在工业生产上连续制造；料液覆膜则在离心力影响下沿蒸汽表面自主地向外移动，使蒸汽表面进行了进一步的更换，使料液受热停留时间较短，传质速度也较高，从而改变了转子刮膜式结构的一些缺陷。

现在，大多数国外企业和一些国内大型企业已使用了这种结构的设备。但是，由于离心薄膜式结构复杂，具有比较高速的机械操作结构，又要求高真空密闭技术，使得加工生产比较麻烦，需要的投资较大，而且蒸发体积较小，表面处理力也不大，又没有刮片构件，因此不宜用作容易结焦的材料。

综上所述，降膜式分子蒸馏器是因为液膜厚、效率差，除一些特殊过程外，已不适宜于工业应用。刮膜式和离心式分子蒸馏器是将来工业应用中的两种重要类型，而且随着更多的应用发展，这两种类型还会派生出许多适合不同物料的不同内部结构的形式。

无论使用了上述哪个分子蒸馏器，如图 6-5 所示，整个蒸馏流程通常都分为如下 4 个过程：①物料在加热表面形成液膜；②液体在液膜表面自由蒸发；③逸出分子向冷凝面运动；④蒸发分子在冷凝面下冷凝。

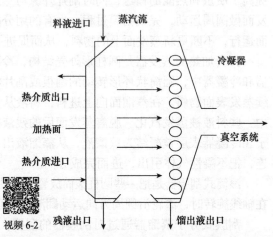

视频 6-2

图 6-5　分子蒸馏系统示意图（李亚洲，2016）

二、分子蒸馏工艺流程

分子蒸馏工艺流程包含单级和多级。在实际的工业应用中,由于所生产的产品质量通常有多方面的要求,或因为混合物中含有两种以上的组分要分离出来,这样通过单级的分离装置就难以达到要求,往往需要设计多级分子蒸馏装置。

图 6-6 为离心式分子蒸馏装置工业化流程示意图,工业化的离心分子蒸馏装置主要包括一个大型离心分子蒸馏器和一个带有整套旋转泵与扩散泵的高真空系统。为了改善真空系统效能,在真空泵前端设有冷阱。生产中,原料通过进料泵被打入原料罐,再由泵将物料经预热器后打入分子蒸馏器,分离后蒸出物分别进入馏出物罐及蒸余物罐,蒸余物可以循环再分离。必须用一个完善的设备来进行产品的蒸发和蒸馏,若有许多馏分就必须从混合物中分离出来,通常要用几种设备。

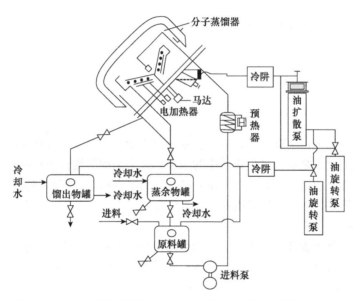

图 6-6 离心式分子蒸馏装置工业化流程示意图(陈莉君,2012)

(一)流程的组成单元

分子蒸馏装置主要包括以下系统。

1. 蒸发系统

蒸发系统以单分子蒸馏蒸发器为核心,有单级、两个或多个层次。除蒸发器外,控制系统中还设有一层或多级的冷阱。

2. 物料输入、输出系统

物料输入、输出系统由计量泵、物料输送水泵与层间输料水泵等组成,主要完成整个系统的连续进料和排料。

3. 脱气系统

脱气系统是把原物料中溶解的挥发性组分全部去除,防止了蒸馏过程的暴沸。

4. 加热系统

加热系统主要涉及导热油泵、导热油炉、油道、温控器表等。

5. 真空获得系统

分子蒸馏系统是在高度真空下进行，所以该系统也是整个装置的基础之一。真空系统的组成方法有许多，须依据材料特性选择。

6. 控制系统

控制系统通过自动控制或电脑控制。

（二）分子蒸馏工艺过程

为确保所要求的高真空度，通常选用两级及两级以上的气泵联用系统，并确保真空泵设液氮冷阱，而分子蒸馏器则是整个装置的核心内容。

常用的几种分子蒸馏过程有：①单级转子刮膜式的分离蒸馏过程；②三级转子刮膜式的分离蒸馏过程；③离心式分子蒸馏过程。

三、分子蒸馏技术的特点

（一）分子蒸馏技术操作特点

由分子蒸馏的基本原理可知，分子蒸馏是不同于普通蒸馏的非平衡状态下的特殊蒸馏。分子蒸馏有以下特点。

1. 操作温度低

它可节省大量的能源消耗。常规蒸馏技术是运用物料混合液中各种物质的沸点差异实现分离，而分子蒸馏技术是运用各种物质中的原子、分子运动平均自由程的差别实现分离，只要原子在溶液中挥发或逸出，无论物质是否已经达到沸点状态，都能够实现分离。由于分子蒸馏的操作远离沸点，因此产品制造的功率非常低。

2. 蒸馏压强低

要求在高真空度下操作，分子运动平均自由程和系统内部压强呈负相关，若增加高真空度，则可得到一定的平均自由程，分子蒸馏的真空度通常都高达 0.1～40 Pa。

3. 受热时间短

低热敏性物质的受热损伤是因为分离蒸馏利用不同化合物分子运动平均自由程的不同值来实现分离，因此要求受热液面和冷凝面之间的间距必须低于最轻分子的运动平均自由程，其间距也极小，所以，当轻分子从水平液面逸出后基本没有接触即径直射向冷凝面，受热持续时间也极短。

4. 分离效率高

轻、重分子相对分子质量差异越大，那么它们的分离蒸馏方法比常规蒸馏就越容易分离，而通常难以通过常规蒸馏分离的物质可以通过分子蒸馏分离，这就是用分子蒸馏技术可以分离共沸液的原因。

分子蒸馏技术和常规蒸馏技术的比较见表 6-1。

表 6-1　分子蒸馏和常规蒸馏技术的比较（王宝辉，2007）

序号	项目	常规蒸馏	分子蒸馏
1	原理	基于沸点不同	基于分子自由度差别
2	操作温度	沸点下	远低于沸点
3	操作压强	常压或真空	高真空度下，一般为 1×10^{-1} Pa

续表

序号	项目	常规蒸馏	分子蒸馏
4	受热时间	受热时间长（若真空蒸馏，受热时间为 1 h）	受热时间短（约 10 s）
5	分离效率（由高相对挥发度表示）	低（$a=P_A/P_B$，其中 P_A、P_B 分别为物质 A、B 的蒸汽压）	高（$a=P_A/P_B\sqrt{M_B/M_A}$，其中 M_A、M_B 分别为物质 A、B 的相对分子质量）

（二）分子蒸馏技术的适用范围

分子蒸馏技术比较适于各种化学物质分子质量差别很大的液态混合物系的分离，尤其是对同系化学物质的脱离，分子质量之间一定要有一些差别，分子蒸馏也可以对分子质量相同而化学性质差别很大的化学物质进行分离，如对沸点差别很大、分子质量和化学性质相同的物系的脱离。分子蒸馏技术尤其适合于高沸点温度、热敏性、容易氧化（或易团聚）物料的分解，还适合于附加值较大或社会效益很大的物料的分解，但分子蒸馏并不适合于同分异构体的脱离。

（三）分子蒸馏技术的优势

从分子蒸馏技术工艺的特性可以看出，其在现实产业化中较常规蒸馏技术工艺有着如下的优点：针对低热敏性、高沸点温度和易氧化物料的脱离，分子蒸馏技术可以实现最佳脱离。由于分子蒸馏技术在接近目标物体沸点的温度下进行，且混合物料时间极短，因此分子蒸馏分离能有效防止易氧化物料的氧化分解，针对混合物中的低分子产物（如有机化合物溶液、臭味物等）的脱除，分子蒸馏技术要比常规蒸馏技术高效得多，这对采用溶剂萃取后液体中的脱溶液是十分可行的方式，分子蒸馏技术还能够利用真空度的调整，有选择地蒸出目的物质，并除去某些杂质。例如，采用多级分散技术能同时分散各种物质，而常规蒸馏技术则没有，减少了受热持续时间过长导致的混合物内一些组分溶解或凝聚的机会。

（四）分子蒸馏技术的局限性

由于设备结构限制了分子蒸馏技术的受热面积，生产能力大大减弱。另外，如果在低沸点情况下进行分子蒸馏，它的汽化率较沸点下所进行的常规蒸馏小许多；若混合液中含有相同的各组分分子运动平均自由程，那么可能无法分开，它主要是为了析出组分分子运动平均自由程差异很大的混合液，而高真空动静密封构造、高真空排放设备等辅助控制系统则是根据分子蒸馏技术的工作要求确定，导致生产技术存在困难，对整个机组设备的耗费较高，维护费用也较高，生产成本也随之相应提高。

因此，应根据分离对象的情况选择两种分离设备，针对一些高沸点温度、热敏性、取得率较低、高价值的物料，采用分子蒸馏技术，对于价格极低廉、产量较大、沸点较低、物理化学稳定性较好的物质，宜采用常规蒸馏技术。

第四节　分子蒸馏技术在食品工业中的发展现状与展望

一、分子蒸馏技术在食品工业中的发展现状

分子蒸馏技术被广泛应用于石化、医药和食品等行业。从真空间歇蒸馏开始，通过降膜

蒸馏和强制成膜蒸馏，进行分子蒸馏。工作温度与物料在大气压下的沸点温度相比很小，材料短时间加热，不会损坏材料本身，对于分离高沸点、热敏性、高黏度的物质非常适用。20世纪30年代，分子蒸馏技术在国外出现，于60年代进行工业生产。国内在80年代中期开始进行分子蒸馏相关研究，现在已经可以制造单级和多级短程降膜分子蒸馏装置并进行应用。北京化工大学在20世纪90年代初对分子蒸馏技术进行研究，开发出30多种新产品、20多条生产线。新研发的分子蒸馏工业装置，可以持续稳定地高真空运行，具有良好的适应性和调节性。胡海燕等用此技术分离纯化广藿香油，其中广藿香醇和广藿香酮的含量比广藿香原油提高了27%~47%；高英等用此技术分离仓术油，通过HPLC法和GC-MS技术对萃取得到的苍术油进行分析，测定了分离残渣和各级精制苍术油含量；古维新等用此技术分离了中药挥发油，通过GC-MS对蒸发产物与萃取物进行分析，在超临界萃取物取得37种成分，在蒸发产物中取得29种成分。王发松等用此技术对毛叶木姜子果油中的柠檬醛进行分离与纯化，得到53%的产率、95%的产物纯度，柠檬醛损耗仅15%。

二、分子蒸馏技术在食品工业中的应用

（一）维生素E的提纯、浓缩和精制

维生素E，也称为生育酚，是人体必需的维生素之一。它是从工业上的减压脱臭馏出物中提取的。溶剂萃取法操作容易，但提取的纯度和产品收率比较低；同样，利用化学法处理得到的产品中含有有机残留，且很难去除，这不利于产品应用。超临界萃取技术的运行条件相对温和，易于分离，但一次性投资较大。使用分子蒸馏技术提纯维生素E，具有设备简单、操作简便、效率高、不引入其他杂质等优点，具有广阔的应用前景。姜守霞等经过两次分子蒸馏从大豆油脱臭馏取物中提取的维生素E，其纯度可达50%以上。栾礼侠等用刮膜法对天然维生素E粗品原料提纯，发现经二次分离之后，原料中天然维生素E的含量从3%提高到了80%。

（二）单脂肪酸甘油酯的分离与提纯

在食品加工中，不同结构和组成的乳化剂发挥的作用不同，有如乳化、润湿、分散、消泡、起泡、增溶、抗老化等各种重要功能。其中最为重要的是单脂肪酸甘油酯（简称单甘酯），消费量占65%，居乳化剂消耗量第一位。我国的研究中，张大金等利用分子蒸馏技术从低温下的中间产物中分离纯化出单甘酯，得到的产物含量为90%~96%，远远优于传统提取单甘酯的方法。

（三）芳香油的精制

芳香油的主要成分为醛、酮和醇，其中大多为萜类物质。这种物质的沸点很高，是热敏性物质。传统的水蒸气蒸馏易使芳香族组分受到破坏。各种物质的组分都能够在各种高温真空度下，运用分子蒸馏技术得到提纯，以消除有色杂物和臭味，从而提高了芳香族化合物原油的品质。胡海燕等曾利用分子蒸馏技术对广藿香油进行分离与提纯，得到的馏分油中广藿香醇和广藿香酮的含量比广藿香原油增加了27%~47%。张琦等使用超临界萃取技术和分子蒸馏技术，将二者组合以得到高度精炼的山玫瑰精油且改善了品质。而黄敏等还研制了使用分子蒸馏技术分离和提纯山苍子油柠檬醛的新工艺技术条件，并发现了柠檬调味醛的质量得

分由 79.61% 增加到了 95.8%，而柠檬调味醛的总产量则为 80.2%。

（四）天然色素的提取和分离

胡萝卜素作为维生素 A 的前体，既可以作为生理活性物质，又可以作为天然色素，在食品和医药等行业获得了广泛认可。通过三级分子蒸馏回收红棕榈油中含有的胡萝卜素，结果得到的天然胡萝卜素含量大于 40%，对比传统提取方法，其效果更好。传统的萃取方式还有皂化萃取法、吸附法等，但上述方式都出现了溶剂残留问题，导致最后产物的品质受到了影响。钟耕等通过分子蒸馏法从脱蜡的甜橘油中获得了类胡萝卜素，由于质量较高，且不含有外来的溶剂，因此色价较高。

（五）天然抗氧化剂的生产

天然抗氧化剂主要存在于茶叶、山楂、柚子等植物性食品中，并被广泛地应用于食品、医药行业。天然抗氧化剂的活力高、化学稳定性强且无色无害。而传统的分离方式大多是通过添加有机合成溶液从植物油或哺乳动物油的原材料中获得的。在提取过程中某些溶液很难去掉，结果污染了所获得的天然抗氧化剂。另外，利用有机溶剂或油脂萃取法也能从植被中获得叶绿素、芳香物质等有色的化学物质，因此必须加大脱色除臭处理，但这些操作会减少天然抗氧化剂的产出，提高了生产成本。

（六）不饱和脂肪酸的分离和除臭

在深海鱼油中，浓度很高的全顺式二十碳五烯酸（EPA）和二十二碳六烯酸（DHA）都有着很大的药用和营养价值，对心血管疾病的预防、孕妇的健康发展及老人的抗老化有着积极作用。常见的分离 DHA 和 EPA 方法有液相色谱法、尿素配位法、真空精馏法、超临界萃取法和分子蒸馏法。前两种方法需使用大量溶剂并会产生副产品。减压蒸馏较高的工作温度将导致不饱和脂肪酸在鱼油中分解，因此，超临界萃取法和分子蒸馏法是分离 EPA 和 DHA 的可选方法。梁（Liang）等利用分子蒸馏法从鱿鱼内脏中提取 EPA 和 DHA，其中 EPA 的含量从 9.0% 增加到 15.5%，DHA 的含量从 14.7% 增加到 34.7%。小西博晃（Hiroaki Konishi）等采用分子蒸馏法对不饱和脂肪酸进行了处理，最终产品完全无臭味。

（七）高碳脂肪醇的精制

高碳脂肪醇指的是直链完全饱和脂肪醇，通常和高级油脂融合生成酯，主要出现于昆虫蜡或植物蜡中。目前，国外科研人员已开展了较大规模的生物学实验与应用研究，已发现高碳脂肪醇对人和哺乳动物都有较强的生物活性，并研制了许多化工产品。在我国，从天然蜡中获得高碳脂肪醇的生产过程主要包括醇相皂化→溶剂萃取→有机溶剂精制。

醇相皂化的基本原理是：酯在醇相系统中能和酸完全接触，化学反应效率较高。因为在反应过程中加入了过量的酸，体系中会产生大量的酸中心和碱中心，酯可直接和酸反应得到更高级的脂肪酸钠盐和高级醇，但不易进行酯交换反应。酯中心发生的反应为

$$NaOH + RCOOR \longrightarrow RCOONa + ROH$$

图 6-7 为糠蜡的醇相皂化工艺流程图。

醇相皂化后，需要多次对各种溶剂进行萃取，必须不断地用不同溶液加以提纯，再通过柱层析或蒸馏法析出，为提高产品纯度，必须经过多次色谱或蒸馏，最后一次再用溶剂结晶

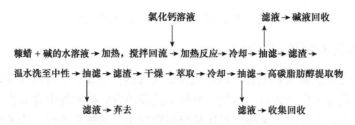

图 6-7 糠蜡的醇相皂化工艺流程图（金惠平，2020）

以得到较高纯度产物。该方法存在工艺相对复杂、产品收率低、环境污染等问题。同时，由于有机溶剂选择不合理，溶剂量大，产品溶剂的残留量高，造成产品存在安全隐患。作为保健品或药物，很难得到国家认可。如用小分子蒸馏精炼，不仅减少了有机溶剂对环境污染和对人体健康的影响，还能有效地去除此道工序的残余溶剂，从而使产品质量可以达到食品卫生和医药的要求。

（八）植物活性成分的提取

多项研究表明大蒜兼具抗炎症、抗病毒、降血压、减少冠状动脉粥样硬化、抗癌防癌等功效。张国军等采用超临界 CO_2 流体萃取技术和分子二次蒸馏对大蒜化学成分进行了天然植物提取和分离，从超临界 CO_2 流体萃取中鉴定出 16 种护肤成分，经基团蒸馏后，得到了 4 种主要成分。而张守尧等则利用超临界 CO_2 流体提取当归中亲脂性成分后，用分子蒸馏对提取的产物进行了分离，产物得率为 2.2%，实际提取率为 15.8%，共鉴别出了 31 种成分。

（九）食品工业中胆固醇的脱除

血中存在少量胆固醇对人类健康有利，胆固醇的平衡浓度也与人类是否得心脑血管疾病有重要关系。胆固醇主要用于人体细胞形成细胞膜、激素和一些身体必需的其他组织。在人类的生活饮食中，如猪油中胆固醇含量就很高，一旦摄入过多，易导致冠心病的产生。兰萨尼（Lanzani）等使用高分子蒸馏技术，成功地去除掉了动物油脂中所含有的高胆固醇脂肪，这种脂肪符合食品卫生规范，而且不会破坏三酸甘油酯等对人类健康产生有益效应的热敏化合物。

（十）毛油脱酸

在脂肪加工程序中，从动物脂肪中获得的原料油含有一定量的植物脂肪，对原油料的颜色、味道和保质期都有不利影响。比较传统的处理办法有化学碱炼法、碱中和毛油法等，但这些方法对米糠油、花椒籽油和麦胚芽油等高酸值油料有一定的破坏作用。另外，由于油的酸值较高，因此化学碱炼法中必须加入过量的酸以保证提炼效率。在游离脂肪酸的中和步骤中，酸会和大部分中性油皂化，增加精炼消耗。物理精炼方法如汽提，需对油和油脂进行较长时间的高温冷却处理，这不利于油和油脂的质量与营养价值的保持。马传国等综合阐述了分离与蒸馏新技术及其在花椒籽油高酸值脱酸中的运用。

李文志等比较了甘油辅助蒸馏和分子蒸馏对生物油中水和酸的去除效果。结果表明，在 90 Pa 和 85 Pa 条件下通过分子蒸馏获得的残渣中水含量降低到 6.1%，与 150 Pa 条件下甘油辅助蒸馏的效果相当。

（十一）其他应用

石勇等用超临界 CO_2 流体萃取技术分离螺旋藻成分，并从蒸馏液中获得了 13 种化学物质，主要组成部分是十六酸乙酯和八碳三烯酸、十一碳三烯酸、十四至二十碳三烯酸。许松林等利用分子蒸馏技术提炼乳酸，一般提取方法需要对粗产品进行进一步的脱水脱色处理来提高样品纯度，而分子蒸馏技术只需要两次操作便可获得高纯度 L-乳酸。当操作系统压力为 0.1 Pa、蒸馏温度保持在 55～85℃时，产品纯度远大于 95%。

三、分子蒸馏技术展望

（一）分子蒸馏技术存在的问题

传统的分子蒸馏法理论是采用分子运动平均自由程的定义，它要求分子物质蒸馏过程应达到挥发面和冷凝面之间的平均距离，应该小于或等于分子平均自由程。但是，由于在实际生产实践中，蒸馏表面和冷却面间的距离远大于分子运动平均自由程，因此蒸馏速率和分离效率并不会明显地改变。在离析蒸馏过程中，水-液体混合物被加热蒸馏后，水-液体界面被迅速冷却，挥发相含量进一步减少，主相具有较高的温度和传热阻力。在水蒸馏过程中，水分子以特定的速率自液固界面逸出。此时具有界面阻力，因此必须兼顾高液膜扩散速度与低分子蒸馏蒸发效果双重因素。

不少国外学者也对分子蒸馏技术进行了更细致的分析与研究，并力图构建分子蒸馏的数理分析模型。同时，给出了基于传质、传热原理和流体力学理论的一维数学分析模型，建立了液膜厚度、蒸汽表面温度和蒸馏速度间的关系，并从微观层次解析了分子蒸馏的连续流程。还利用直接建模的方式，构建了原子蒸馏的一维数学模型，并预估了粒子在原子蒸馏空间内的速率、平均自由程、粒子密度和温度、碰撞频率及动力学温度。根据该模式，还可探讨试样组成、蒸馏表面温度、冷凝面温度、蒸馏表面和冷却表面之间的距离、蒸馏空气几何形式，以及干馏空间真空度对传质效果和分离效果的影响。这些数据和结论为分子蒸馏法的发展提供了指导和理论依据。

（二）分子蒸馏技术的改进方向

作为分子蒸馏技术的核心，来自各国的研究人员不断优化、改进、创新分子蒸馏器，尤其是离心式分子蒸馏器，具体来说集中在以下几点。

1. 对加热装置进行改进

美国研究人员发明了感应加热分子蒸馏装置系统。该装置采用感应加热相关设备取代传统的加热设备，实现蒸馏液的真实、均匀加热。该技术具有高效节能的显著特点。中国研究人员发明了一种静电加热装置，加热套上覆盖金属和外壳，电加热管插入外壳，加热器套内充满了导热油。该发明不需要相应的导热油循环装置，可以直接、迅速、平稳、均衡地把热能传导至加热器壁上。这种设计方式不仅改善了装置构造，减少了巨大的热损失，而且对传热效率进行了改进。

2. 对蒸馏空间外形进行改进

我国的研制人员首先提出了悬锤形离心式和 M 形水分子蒸馏器，并申报了发明专利。M 形水分子蒸馏器的最大真空率系统与水平面倾角为 45°～60°。蒸发面与冷凝面均呈倒帽状，且二面基本相互平行，两侧位置距离可调。它由电热器、冷凝器、最大真空度壳、传输设备等构成。与现有的其他传统技术一样，其总生产量大，安装方便，被应用于热敏性物料的高温真空蒸馏和小分子蒸馏。

3. 对分子蒸馏器的结构进行改进

国外研究人员为分子蒸馏器的分离器设计了一个捕集器，以提高组分馏物的含量，该捕集器非常适合使用闪蒸进行分子蒸馏。有人还设想了一个多效分离蒸馏器，在蒸馏器中产生了不同的真空度状态，从而大大提高了对感温物的分离效果。有学者还设想了降膜回流设备，利用离心力的影响与空气相互作用，使供料水逐渐产生均匀分布的水膜。同时，还可用蒸馏方法分离水以液-水相接触的形式实现多级回流，以增加重要的分离能力。

（三）分子蒸馏技术在食品工业中的发展前景

分子蒸馏技术作为一种新型分离技术，因其无毒无害、无溶剂残留、无污染、纯度高等优点，被广泛应用于分离各种高黏度、高沸点的热敏性物质，不光为食品工业开拓了广阔的发展前景，也为其他工业生产中高纯物质的提取开辟了广阔发展潜力。我国的学者应加强分子蒸馏基础理论研究，将理论与实践相结合，借以来指导深入实践生产。在分子蒸馏领域，大力推进对外相关技术合作与各种信息交流，推动产业化发展进程，加强新分子蒸馏器的持续研发，优化分子蒸馏过程中使用的各种设备，切实有效地解决真空密封等难题，实现资源的更好利用。与传统的气体分离技术相比较，高分子气体蒸馏技术对温度的要求要低得多。在高温真空条件下，体系中基本没有氧气，就促使回收的产物从品质、外形和收率上均优于普通真空蒸馏法的产物。分子蒸馏可以帮助解决传统分散萃取方式的弊端，有效减少传统分散萃取方式产生的环境污染问题，操作与制造流程简单安全，势必推动整个食品行业的发展。

现阶段有关物料在加热面上的传热过程、液膜形成、液膜流动状况、液膜传质及其相关影响因素等方面的研究较多，但具体来讲集中于单组分或双组分的分子蒸馏过程中，与实际工业生产中的多组分物系尚具有较大的差异。另外，由于模型设计较为简单，没有重要数据的支持，分子蒸馏装置的设计与工艺都要求首先根据有关经验及实践研究，因此很难确定分子蒸馏的最佳、最终设计。为更好地促进其在工业化应用的发展进程，迫切需要进一步完善并加强相应的理论基础知识。具体包括：在分子物质蒸馏的汽相转化过程中，由于真空度的提高，气体流动将逐渐转化为不同的状态，并最终产生分子物质流。基于在高真空条件下气体方程的较低偏差，根据分子动力学的气体相关方程，很有必要对分子蒸馏阶段的分子物质通量展开深入研究，在工业生产中，还需测定目标分子物质在超高真空条件下的运动情况，进一步发展了分子蒸馏分离的原理，通过深入研究蒸馏表面与冷凝面之间的距离及其对纯化和收率的影响，形成了相应的模型，以完善分子蒸馏相关装置的结构。在非理想多组分物料的情况下，可用于求解质量、传热技术的模型。为了便于工业生产应用，还需要深入探究该项技术与实验机械设备的结合，加强基础实验研究分析，积累相关数据结果，建立可指导、帮助工业生产的理论和方法或实验模型。运用所构建的模型结构，按照原料组成的色度图、目标组分组成含量图及工业生产条件，合理地调节分子蒸馏技术的工艺参数值和结构尺寸，为优化后续操作提供理论支撑。原子蒸馏法因其在高压的真空条件下执行，在实际工业生产中，为了防止与原材料中轻组分的直接接触摩擦，以及对放射性气体分子物质和自由气化分子物质的直接撞击，通常都必须先对原材料加以预处理。

综上所述，最佳分子蒸馏分离工艺应在探究各种单元技术、多组分的最佳组分分离顺序及设备结构的基础上建立生产工艺和产品指标，从而推动分子蒸馏的工业应用。

第五节　分子蒸馏技术对食品类型的要求

一、分子蒸馏技术对食品类型的要求

分子蒸馏技术是一项新的分离技术，目前在食品中被广泛使用。它摒弃了传统分离技术易受温度影响、易与添加剂发生物理和化学反应及引起有效成分的破坏等缺陷。它具有操作时间短，分离效果显著，绿色无污染，可以尽可能地保持产品原有品质等一系列优势。同时也适用于一些具有高沸点、高黏度、高分子质量等生物活性特点的化合物，能有效降低物料的热分解量。所以，分子蒸馏技术目前在医药设备、食品、香精香料、塑料、农药及石油化工等行业都得到了广泛应用。

二、水蒸气蒸馏技术对食品类型的要求

水蒸气蒸馏技术是一种蒸馏温度高且操作时间长的蒸馏手段，所以某些化合物在其加工过程中会发生热分解。其他的提取方式，如超临界流体萃取对压力的要求极高，有机溶剂提取成本高且提取率不理想。相比于这两种提取手段，虽然水蒸气蒸馏技术也存在一些缺陷，但仍然被用于植物精油生产中，如茉莉花精油、薄荷精油、紫罗兰精油等。

三、膜蒸馏技术对食品类型的要求

膜蒸馏技术是一种基于膜的水处理方法，它使用跨越疏水膜的蒸汽压力梯度作为水蒸气（和其他挥发物）通过膜的动力，同时阻止液态水（包含污染物）通过膜。在膜蒸馏过程中，当膜两侧的进料流和渗透流之间形成温度差时，水蒸气在温度低的一侧形成冷凝水，从而使溶液进行浓缩。因为这个过程会阻止液态水通过膜，而且驱动力不是压差，膜蒸馏技术通常用于处理含有低浓度挥发性物质的高度污染的废水，其稳定性好并且还可用于高热敏性物质的蒸馏。

第六节　食品工业中分子蒸馏技术的应用案例

分子蒸馏技术之所以在精制天然产物中有着举足轻重的地位，是因为它不仅能够满足分离纯度的要求，还能够最大限度地保持天然产物中有效成分的活性。例如，从植物精油中提取的抗氧化活性成分要求活性高、稳定性强、无毒无害，且不会对产品造成污染。分子蒸馏是在超高真空度环境中进行的，因此，给予较低的加热温度即可实现物料的分离。对于那些在较高温度下易分解变质的热敏性物质而言，采用分子蒸馏可有效地降低物料的热损伤，提高产品质量。另外，分子蒸馏具有停留时间短的优点，即物料持续受热的时间很短，也有效避免了热敏性物料受损，这是传统的釜式蒸馏所无法达到的。

在精细化工领域，对某些传统产品的精制提纯往往有一整套的方案，但传统工艺具有耗能大、产品质量低、污染严重等缺点。并且其产生的大量废水极大程度上污染了环境。随着绿色化工的兴起，以牺牲环境为代价的生产方式已不被提倡。因此，刮膜式分子蒸馏技术在

传统产品精制与工艺改进中占据了绝对的优势。例如，若采用分子蒸馏技术脱除甘油三酸酯中的游离酸，可彻底避免对环境的污染，还可以得到游离酸副产品。

一、分子蒸馏技术分离单脂肪酸甘油酯

工业上经常采用甘油解法和酯交换法生产制备甘油单酯与甘油二酯（DAG）。根据催化手段可将其分为化学法、生物酶法和微生物发酵法。通常都是采取适当的酶处理或化学处理进行油脂分解，油脂经一步水解过程可以获得一分子脂肪酸和甘油二酯，进一步水解后，可以获得甘油酯和两分子脂肪酸。

脂肪酸甘油三酯经过水解得到的甘油单酯因具有良好的乳化性被应用在工业生产中。此外，该产物中还含有一部分甘油单酯和甘油二酯，因为甘油单酯是一种对温度有极高敏感性的物质，所以不能利用一般分馏法对其进行提纯，因而用分子蒸馏更为理想。利用分子蒸馏提纯可以得到纯度在90%、得率在80%以上的甘油单酯产品。此外，该方法也可用于链长不饱和脂肪酸的分离。

油脂按照最佳反应条件得到的酯化反应产物——甘油二酯，可以采用分子蒸馏方法纯化，未经纯化的甘油二酯中含有游离脂肪酸（FFA）和甘油单酯，这两种物质可以通过分子蒸馏的方法除去。分子蒸馏将其分为两相：轻相和重相。FFA和甘油单酯主要分布在轻相中，而DAG则在重相中。由此可知，使用分子蒸馏的方法可以将甘油单酯和DAG同时分离出来。制得的甘油单酯纯度达90%~96%。得到的纯化DAG纯度达到80%以上。

采用分子蒸馏技术对酶法酯交换反应合成的丙二醇单酯初产物进行了分离纯化，主要针对蒸发温度和进料速度对椰子油基丙二醇单酯纯化效果进行研究。通过单因素试验确定二级分子蒸馏纯化椰子油基丙二醇单酯的条件。通过二级分子蒸馏提纯后，产品中椰子油基丙二醇单酯的纯度可以达到93.15%。对分子蒸馏提纯后的椰子油基丙二醇单酯产品的理化性质进行研究，并考察了椰子油基丙二醇单酯的乳化性、乳化稳定性及抗菌性。通过检测，该产品各项理化指标符合食品添加剂的标准。将椰子油基丙二醇单酯应用于人造奶油中，研究其对人造奶油晶体行为及热性质的影响。添加椰子油基丙二醇后，人造奶油的硬度明显降低；通过差示扫描量热仪（differential scanning calorimeter，DSC）对结晶曲线进行研究，人造奶油在添加了椰子油基丙二醇后结晶峰更尖细，结晶热有所升高，结晶后晶体完善程度更高；利用X射线衍射（XRD）对人造奶油的晶型展开研究，添加椰子油基丙二醇后短间距结晶度有所增大，β′晶体相对密度有所升高，偏光显微镜（polarizing microscope，PLM）主要针对晶体的形态进行分析，添加后人造奶油晶体尺寸有所增大，晶体的不规则维数增加，结晶网格中存在大的晶球，在一定程度上改善了人造奶油品质。

二、分子蒸馏技术提取不饱和脂肪酸

深海鱼油因其含有丰富的不饱和脂肪酸而深受大众喜爱，其中含量最多的是EPA和DHA，它们同属于ω-3型多不饱和脂肪酸。现代医学证明，EPA和DHA在调节血脂、预防关节炎和老年痴呆、改善视力等方面都发挥着很重要的作用。尤其是在改善人的记忆力、提高头脑及视觉敏锐度、维持人体心血管神经系统健康、预防动脉硬化和中风等多种疾病方面都有很好的功效。近年来，人们主要通过分子蒸馏技术以期获得高纯度的EPA和DHA，结果表明，在一定的操作条件下，采用此方法可以得到产率高达90%的不饱和脂肪酸鱼油产品。

　　不饱和脂肪酸对保护人体健康具有重要的生理意义，因此目前对不饱和脂肪酸的压榨提取和综合分离，国内外都高度重视。目前传统饱和脂肪酸的压榨提取和综合分离利用方法主要有半压榨提取分离法、有机溶剂提取分离法、精馏提取分离法、有机尿素盐的包合提取分离法及尿酸综合法等。但由于传统的提取方法具有以下几大缺点：稳定性差、容易发生劣变、有机溶剂残留造成产品污染等，因此很难提取高纯度的不饱和脂肪酸。分子蒸馏技术是通过多级蒸馏将不同的组分进行分离，适用于分子运动平均自由程大的单不饱和脂肪酸分离，而多不饱和脂肪酸因其分子运动平均自由程小，所以在蒸馏过程中最后被蒸出。由于EPA、DHA 的分子氧化聚合程度很高，容易直接分离发生不同分子间的聚合、氧化等，且分子沸点相对较高，因此在进行首次蒸馏前需要先进行乙酰化。不饱和脂肪酸的提取进料工艺中直接影响刮板分离进料效率的参数有真空度、刮板分离转速、初始进料分离温度、蒸发进料温度及内冷进料温度等。

　　α-亚麻酸是长链 ω-3 脂肪酸、EPA 和 DHA 的前体，是一种含有 18 个碳和三个顺式双键的羧酸，是人体健康所需的一种必需脂肪酸。可通过定期摄入含有 α-亚麻酸的食物（如亚麻籽）来补充 α-亚麻酸。据报道，α-亚麻酸对心血管和神经起保护作用，除此之外还有抗癌、抗骨质疏松、抗炎和抗氧化的作用，也可以降低肝脏和心脏生理功能代谢负荷。目前广泛采用的 α-亚麻酸提取方法是分子蒸馏技术，其提取率可以达到 82.3%。

　　二十八烷醇是一种长链脂肪族醇，众所周知，其具有很好的抗疲劳功能，还可以促进血钙素形成促进剂，用于治疗血钙过多的骨质疏松，对促进健康有益处，还有一定的药理作用，如降低胆固醇或血脂，改善运动表现，减少血小板聚集和降低溃疡风险。据报道，二十八烷醇可用于开发预防疼痛和炎症的新药品。经证实，二十八烷醇是安全无毒的，并且耐受性良好，在健康食品、医药和化妆品中得到了广泛的应用。目前，采用分子蒸馏法对其进行分离提纯，可以得到纯度更高的产品，并且分离过程的持续时间和稳定速率明显要优于传统的一些分离方法。

　　此外，分子蒸馏技术还可以有效地脱除产品中的化学杂质及酸臭味，以改善产品中的色泽、风味及降低食品的腐败劣变程度。应用分子蒸馏技术可以很好地解决这些问题，它能够起到很好的脱酸作用，使得到的产品色泽良好且口味更佳。此外，还可以有效地脱除一些热敏性化学物质及轻质高分子化学物质，如香精、香料、大蒜油在制备过程中的除臭。分子蒸馏技术的出现不仅可以保证产品安全，由于其操作过程中温度低、时间短、易去除液体中的低分子物质（如有机溶剂、臭味等），还能保持产品原有的品质。

　　利用分子蒸馏技术实现了生物油中不同族类化合物在馏分中的高效富集，随着温度的升高和压力的降低，获得了蒸出馏分，且未发生结焦现象。此外，水、小分子酸类及酮类富集在轻质馏分中，具有较高的酸性；活性较低的单酚类化合物存在于中质组分中；重质组分则是一些类似黑色沥青的物质，具有较高的热值。

三、分子蒸馏技术提取天然色素

　　分子蒸馏技术提取的天然色素纯度高、无有机溶剂残留、色价高。刘泽龙（2008）的研究表明分子蒸馏技术具有高效优质的特点。当进料温度在 60℃、冷凝温度设置为 35℃、刮膜转速采用 18 r/min、真空度为 3 Pa、进料在 200 mL、蒸馏温度定为 108～112℃、进料速度设为 52～55 g/h 时，分子蒸馏得到的油树脂产品没有溶剂的残留。研究还表明对于辣椒红素、红枣色素和花类色素等也可以使用分子蒸馏技术。分子蒸馏技术还可以应用于分离纯化多糖酯、精制生理活性高碳醇、分离乳脂中的杀菌剂、脱除有害物、浓缩及提纯热敏性物料等。

用传统方法分离提取的天然活性物质，其有机溶剂残留量和透明度难以完全符合标准，分子蒸馏技术在天然植物材料提取色素中具有不可磨灭的独特优势。所得天然色素产品的质量、外观和得率均明显优于真空蒸馏法，克服了目前传统分离提取色素方法的诸多缺陷，在天然植物色素的分离制备中发挥出了巨大作用。大量科学成果和研究证实了分子蒸馏法在天然植物分离色素提取过程中的巨大优越性。从脱蜡甜橙油中分离提取出的天然色素产品无有机溶剂残留，且纯度和色价都较高。通过二级分子蒸馏法处理得到的辣椒素中有机溶剂的残留仅占全部体积分数的 0.002%，达到了联合国粮食及农业组织（FAO）和世界卫生组织（WHO）的标准。

四、分子蒸馏技术提取天然抗氧化剂

天然抗氧化剂广泛存在于包括红辣椒、生姜、丁香等一些天然植物中，可以广泛用在食品中。目前人们期望获得高活性、稳定性强的高品质天然抗氧化剂产品，且对人体无害。此外，有机溶剂或天然油脂还可以从植物中提取出叶绿素、芳香族化合物等天然色素，降低提取天然抗氧化剂的得率，增添脱色脱臭的成本。原料中天然抗氧化剂可以应用分子蒸馏技术直接提取，既保证了产品质量，又降低了生产成本。

五、分子蒸馏技术提取食用植物油

在食用植物油加工成产品的过程中，从食用植物油中提取的原油中含有一定量的游离脂肪酸，严重影响着食用油的色泽、风味和保质期。传统的精炼方法主要是将原油与碱结合，进行化学中和脱酸。近年来已应用于原油物理脱酸。但对于精炼辣椒籽油、米糠油、小麦胚芽油等多种高酸油，目前精炼工业生产中无论是直接使用碱的化学精炼，还是直接使用物理蒸馏都存在一定的技术局限性。由于精炼化工生产过程中油酸值高，在精炼工艺过程中使用碱的化学添加用量一定要保证精炼原油的质量。在用碱和多种游离脂肪酸进行混合的加工过程中，大量的中性脂肪油脂发生皂化，这就必然增加了一定数量的精炼原油消费；用水蒸气进行脱酸，油在很长一段时间的高温处理过程中，影响了原油的质量和降低了卫生保健物质的主要营养价值。

传统加工提取植物油技术主要包括压榨技术和溶剂萃取技术。采用压榨技术加工提取出的植物油具有提取率低、废油含量高的缺点。而且压榨后天然植物中的蛋白质结构被破坏并发生变性，生物效价出现严重的折扣，只能将其作为动物饲料进行使用，造成巨大的生物资源消耗浪费。利用溶剂萃取技术得到的产品中的有机溶剂不能全部被去除，且部分有机溶剂残留易燃、易爆，提取的有机植物油产品纯度不高。分子蒸馏技术主要用于提取植物油脂。提取的植物油脂没有任何化学溶剂残留，没有化学污染，适用于低温挥发性、高温高沸点、热敏性、易氧化性各种物料的溶剂分离。

采用分子蒸馏法对多种花椒籽油产品进行了高酸值脱酸试验。研究结果表明，如果花椒籽油的酸价为 41.2 mg KOH/g，单次采用分子蒸馏的方法试验得到的 KOH 为 3.8 mg/g，达到了国家油酸二级标准。如果花椒籽油的 KOH 为 21.7 mg/g，经分子蒸馏后则可下降至 0.28 mg/g，达到了国家高级标准烹调品的油酸值标准。因此，分子蒸馏技术在进行高酸值烹饪油的脱酸试验过程中仍然具有广阔的技术应用范围和前景。

小麦胚芽油因富含维生素 E、亚油酸、二十八碳醇、谷氨酰胺等微量生物活性成分，所以具有很高的营养价值。小麦胚芽油产品早在 20 世纪 70 年代就在美国、日本和其他国家的市场上广受欢迎。中国在 20 世纪 80 年代开始研究和开发，但由于各种技术原因，发展缓慢，这样宝贵的优质小麦植物胚芽油的资源完全没有得到充分和有效的回收利用，只作为一般动物饲料进行处理。用分子蒸馏法提取小麦胚芽油具有良好的市场前景。分子蒸馏加工精制过程的关键工艺控制参数受蒸馏器的压力、温度和受热时的压力温差影响，对精制出的高碳脂肪醇的提取效果有显著性和波动性的影响。此外，影响蒸馏精制效果的关键因素还包括混合物进料过程中的温度、蒸发器内冷凝面与蒸发面之间的温度、受热压力、温差等诸多重要因素，也取决于待分离物料的结构成分。

脱酸是油脂加工工业中的一个重要过程，因为我们使用的油（原油）含有一定量的游离脂肪酸，脂肪酸和其他属于石油的主要有机化学底物相互作用水解就会引起酸败，FFA 类的原油油脂更容易被氧化为脂肪酸甘油酯，食用油和其他油类食物受氧气、水、光、热、微生物等影响，逐渐水解或氧化而引起酸败现象。从油脂中迅速分解去除这些活性游离脂肪酸的氧化过程称为脱酸。原油脱酸常用的方法是化学碱精制和蒸汽蒸馏，对于酸值高的原油，这两种方法的精制收率都很低。以上两种油液脱酸技术起到去除油中游离脂肪酸的作用，同时也会去除部分含在油脂成分中的各种维生素 E 和甾醇，导致有效成分的大量损失。利用新型分子蒸馏技术对高酸值油进行脱酸，也是一种有效的脱酸方法。采用分子蒸馏装置对轻质油脱酸将酸价从 1040 mg KOH/g 降到酸值小于 4 mg KOH/g。同样对于原料生茧油进行脱酸也取得了可观的脱酸效果。为此，研究人员得出了脱酸过程中控制油液脱酸工艺效果的关键参数有系统真空度、刮板启动速度、初始进料处理温度、蒸发处理温度和内部物料冷水处理温度等。同时，输送泵能否在高真空下正常输送脱酸物料，将直接影响整个过程的连续高效生产。分子蒸馏还可以通过提取需要去除的气味来进行除臭。

六、分子蒸馏技术提取香料精油

分子蒸馏技术是一种特殊的液-液离子分离提纯技术。与传统蒸馏技术相比，能有效分离、提纯和浓缩天然物质，非常适合分离高沸点、易氧化和具有热敏性质的物料。在提取玫瑰精油时，分子蒸馏技术可以有效地去除低沸点和高沸点组分，保持天然玫瑰精油产品的品质。与传统方法相比，分子蒸馏技术具有提取时间短、色剂和树脂含量低等优点。经分子蒸馏技术纯化后，孜然香精的纯度从 11.48% 提高到 30.30%，这是孜然特有香气的来源。薰衣草精油在分子蒸馏的最优条件下，其主要成分中芳樟醇、乙酸芳樟酯、乙酸薰衣草酯的纯度分别为 25.52%、45.11%、14.27%。郭永来等用传统的有机溶剂技术提取一种玫瑰花后，采用分子蒸馏的方法即可提取香气纯正、色泽鲜艳的高级玫瑰精油，精油得率为 0.1%。

目前，溶剂萃取法和超临界萃取法在提取过程中通常会使用一些胶水、蜡和其他会导致香味变质的物质。溶剂萃取法存在溶剂去除的问题，所以产品的下一步是净化精炼。另外，天然植物香精的化学成分较为复杂，主要化学成分为醛、酮、醇，其中以萜类化合物居多。这些化合物沸点较高，是一种热敏性强的物质，加热时非常不稳定。因此，分子蒸馏的特性刚好满足天然香料的提纯要求，目前分子蒸馏还成功应用于一些精油的提炼，如优质玫瑰油、茉莉花油、茶树油、广藿香油、柏木油等。分子蒸馏法提取野菊花超临界产物的精制工艺如下：预热温度 50℃，一次蒸馏温度 60℃，一次冷凝温度 5℃，二次蒸馏温度 100～110℃，二次冷凝温度 20℃，进料速度 4 mL/min，刮膜转速 250～350 r/min。与其他传统方法相比，该方法获得的挥发油在外观、香气和品质上都有优势。

王萍等应用分子蒸馏技术从烟草提取物中制备烟草香精。结果表明，在不同介质温度提取条件下，烟草抽提物的香气风味成分明显高度富集，40～60℃温度条件下烟草抽提物中茄酮的含量高达17.0%。杨静利用分子蒸馏技术分离烟草提取物，与其他传统提取方法相比，该提取方法具有提取温度低、效率高、无化学污染三大优点，对提取条件进行优化后还可以显著提高馏出物中烟草风味特征物和香气风味成分的相对含量。目前，分子蒸馏法在我国烟草专用精油样品提取中被广泛应用，且烟草不能直接将其作为蒸馏法的主要原料。所以烟草样品在采用分子蒸馏前必须先直接采用有机溶剂或超临界技术进行提取。

通过分子蒸馏法对水溶性抗氧化剂进行浓缩，尽量去除溶液中的残留醇，为喷雾干燥生产水溶性抗氧化剂粉末奠定基础。以大花蕙兰香芹酮的提取为例，以高纯度和高得率的柠檬烯为原料，通过科学的工艺优化，进料流量为2.5 g/min，柠檬烯纯度达76.35%，进料流量为2.0 g/min时，产率达81.29%。为了获得高纯度的柠檬烯，最佳蒸馏温度为27.9℃，压强为4.9 mbar，柠檬烯纯度可达82.52%。为获得收率较高的柠檬烯，适宜的工艺条件为蒸馏温度58.4℃，压强6.4 mbar，柠檬烯收率为92.05%。分子蒸馏是一种新型高效的分离方法，特别是在一些高沸点物质的分离与纯化中，可以有效避免传统分离方法对活性组分的破坏、分解变质和聚合。

思 考 题

1. 分子蒸馏技术的基本原理是什么？
2. 分子蒸馏技术对食品有哪些要求？
3. 简述分子蒸馏技术的特点及其在食品中的应用。
4. 食品中不饱和脂肪酸可用什么蒸馏技术进行脱色和除臭？
5. 分子蒸馏系统包括哪些部分？
6. 离心式分子蒸馏设备与其他蒸馏器相比有哪些优点？

主要参考文献

陈晨. 2010. 分子蒸馏技术的工业化应用 [J]. 河南科技，(15)：71-72.
陈芳，赵广华，蔡同一，等. 2007. 二十八烷醇对强制冷水应激大鼠行为及神经内分泌指标的影响 [J]. 营养学报，29（4）：408-410.
陈莉君. 2012. 离心式短程蒸馏的流体力学及传递过程研究 [D]. 天津：天津大学硕士学位论文.
陈乐清，林文，丁朝中，等. 2013. 分子蒸馏纯化亚麻籽油中α-亚麻酸的研究 [J]. 食品工业科技，4：216-219.
董丽萍，许松林. 2006. 天然香料的提取分离技术 [J]. 化工文摘，(4)：45-47, 50.
霍德华. 2018. 分子蒸馏过程的低能耗控制策略研究 [D]. 长春：长春工业大学硕士学位论文.
吉铁林. 2002. 油料中油脂酸价测定方法初探 [J]. 粮油仓储科技通讯，(1)：43.
金惠平. 2020. 糠蜡二十八烷醇一步钙皂化制备工艺的研究 [J]. 中国粮油学报，35（8）：111-113, 127.
雷玲，徐辉. 2018. 基于分子蒸馏技术的生物油分离与提取研究 [J]. 化工管理，479（8）：60-62.
李燕，刘军海. 2011. 分子蒸馏技术在天然产物分离纯化中应用进展 [J]. 粮食与油脂，(3)：7-11.
李亚洲. 2016. 分子蒸馏过程给定值优化方法研究 [D]. 长春：长春工业大学硕士学位论文.
刘莹. 2015. 辣椒籽中天然抗氧化物的提取及生物学活性研究 [D]. 长春：吉林大学硕士学位论文.
刘泽龙. 2008. 番茄红素高效提取与浓缩工艺的研究 [D]. 无锡：江南大学硕士学位论文.

马君义，张继，徐小龙，等. 2009. 分子蒸馏及其在天然产物分离提纯方面的应用研究进展 [J]. 安徽农业科学，37（21）：9849-9852.

宋志华，王兴国，金青哲，等. 2009. 分子蒸馏从大豆脱臭馏出物中提取维生素 E 的研究 [J]. 粮油加工，（1）：79-81.

孙月娥，李超，王卫东. 2010. 分子蒸馏技术及其应用 [J]. 粮油加工，（2）：91-95.

田龙，林文，王志祥，等. 2008. 深海鱼油中 EPA 和 DHA 的富集方法研究进展 [J]. 药物生物技术，15（6）：489-492.

汪运明，覃小丽，王卫飞，等. 2012. 酶法制备椰子油基丙二醇单酯的研究 [J]. 中国油脂，37（10）：28-31.

王宝辉，张学佳，纪巍，等. 2007. 分子蒸馏技术研究进展 [J]. 食品与生物技术学报，26（3）：121-126.

王志祥，林文，于颖. 2006. 分子蒸馏设备的现状及其展望 [J]. 化工进展，25（3）：5.

王虎，刘吉平，马超，等. 2008. 分子蒸馏技术及应用 [J]. 现代化工，（S1）：132-135.

王华. 2004. 传统天然植物药与纺织品的保健抗菌整理 [J]. 纺织学报，25（1）：109-111.

王磊，袁芳，高彦祥. 2013. 分子蒸馏技术及其在食品工业中的应用 [J]. 安徽农业科学，41（14）：6477-6479.

吴俏槿，张嘉怡，杜冰，等. 2015. 适宜提取方法提高美藤果油提取率及油品质 [J]. 农业工程学报，（21）：285-292.

徐一东. 2008. 特殊聚醚多元醇产品中皂化值的测定 [J]. 高桥石化，23（4）：50-52.

杨大勇. 2007. 内模控制在过程控制系统中的应用研究 [J]. 计算机与现代化，12：49-51.

赵世兴，陈志雄，孙胜南. 2016. 分子蒸馏技术及其应用进展 [J]. 轻工科技，32（8）：21-22，36.

赵欣欣，张明成，陈倩，等. 2016. 分子蒸馏技术在甘油二酯纯化中的应用 [J]. 食品工业，37（12）：217-220.

第七章 食品工业中的毛细管电泳分离技术

第一节　毛细管电泳分离技术的概念及原理

一、毛细管电泳分离技术的基本概念、发展简史和特点

毛细管电泳（capillary electrophresis，CE），又称为高效毛细管电泳（high performance capillary electrophresis，HPCE），是在 20 世纪 80 年代中后期得到迅速发展的一种分离分析方法，是一项将电泳技术和色谱理论相结合的分离技术，包含色谱、电泳及其交叉内容，使分离分析科学取得重大进展。CE 是一类使用内径细小的石英毛细管作为分离通道，以高压直流电场为动力，依据样品中各组分迁移速度和分配行为的差异而实现分离的新型液相分离技术，主要由毛细管、进样系统、高压系统、检测系统和数据收集系统 5 部分组成。发展至今，毛细管电泳不再局限于分离大分子粒子，还适合于分离阳离子、阴离子、中性分子，使单细胞分析，乃至单分子分析成为可能。

（一）基本概念

（1）电泳：是指带电质点在直流电场作用下于一定介质（溶剂）中所发生的定向运动。

单位电场下的电泳速率（v/E）称为淌度或电迁移率（μ_{ep}），在无限稀释溶液中（稀溶液数据外推）测得的淌度，称为绝对淌度（μ_{ep}^{0}）。

在电场作用下，带电质点受到的电场力 F_{ep}，等于其净电荷 q 与电场强度 E 的乘积，即

$$F_{ep}=qE \tag{7-1}$$

$$E=UL \tag{7-2}$$

式中，U 为毛细管两端所加的直流电压；L 为毛细管的长度。电场力促使带电质点向与其电荷极性相反的电极移动，质点在移动过程中，受到一种与电场力方向相反的阻滞力 F_f 的作用，F_f 与质点的迁移速率 v 成正比，即

$$F_f=fv \tag{7-3}$$

式中，f 为质点平移运动所受的阻滞力系数。对于小的球状质点，可用斯托克斯定律表示，即

$$f=6\pi\eta r \tag{7-4}$$

式中，η 为溶液的黏度；r 为带电粒子的半径。即阻滞力 F_f 正比于溶液的黏度、质点的大小及其电泳速率。当带电质点进入电场时，因受到电场力的作用而被加速，同时质点受到的阻滞力也逐渐变大，一定时间（一般 $<10^{-11}$ s）后，电场力 F_e 与阻滞力作用达到平衡，即 $F_e=F_f$，此时质点做匀速运动，电泳进入稳态，其迁移速率（μ_{ep}）称为电泳速率 v_{ep}。

$$qE=fv_{ep} \tag{7-5}$$

$$v_{ep}=qEf=qE6\pi\eta r \tag{7-6}$$

$$\mu_{ep}=v_pE=q6\pi\eta r \tag{7-7}$$

若用带电质子的电动电位 ζ 来表示，即

$$\zeta=q\varepsilon r \tag{7-8}$$

式中，ε 为介质的介电常数，则

$$v_{ep} = \varepsilon\zeta 6\pi\eta E \qquad (7\text{-}9)$$
$$\mu_{ep} = \varepsilon\zeta\delta 6\pi\eta \qquad (7\text{-}10)$$

式中，δ 为双电层厚度。

对于大分子或胶体，其关系式可表示为

$$\mu_{ep} = 2\varepsilon\zeta 3\pi FKa \qquad (7\text{-}11)$$

式中，K 为德耶·哈克尔（Deye-Huckel）常数；F 为法拉第常数；a 为离子半径；$F \cdot Ka$ 是一个常数，其值为 $1\sim1.5$，取决于迁移质点的形状。

（2）电渗：毛细管中的溶剂因轴向直流电场的作用而发生整体的定向流动，称为电渗流（electroosmotic flow，EOF），简称电渗。

（3）电渗率：单位电场强度下，电渗流的线性速率，称为电渗率（μ_{eo}）。

HPCE 技术几乎都是在熔融石英毛细管中完成的，毛细管表面带有许多硅醇基，其可在一定条件下解离，表面带有负电荷。这些牢固地结合在管壁上，在电场作用下不能迁移的离子或带电基因，称为定域电荷。由于静电力的作用，定域电荷将吸附溶液中的相反电荷离子（在石英毛细管中吸附阳离子），使其聚集在定域离子周围，形成了所谓的吸附双电层，如图 7-1 所示。

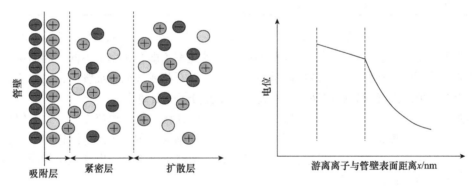

图 7-1　毛细管中的双电层（靳淑萍，2009）

固液界面形成的双电层，使靠近管壁的溶液层中形成了浓度高于溶液本体的"自由"离子。它们在电泳过程中通过碰撞、溶剂化等作用，给溶剂分子施以单向的推动力，使体相溶液在外电场作用下整体以平头塞状的流形朝一个方向运动，如图 7-2 所示，这种现象就是电渗流。电荷均匀分布，整体移动，电渗流的流动是平流，为塞状流形。液相色谱中的溶液流动是层流，为抛物线流形，管壁处流速为零，管中心处的速度为平均速度的 2 倍。

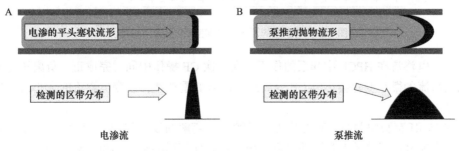

图 7-2　电渗流与泵推流的流形及区带（陈义，2000）

理论研究表明，对于 0.001～0.1 mmol/L 的 KCl 溶液，在开管（两端不封闭）的条件下，电渗流的平头塞状流速在管截面方向上不变。电渗率 μ_{eo} 可表示为

$$\mu_{eo} = v_{eo}E = \varepsilon\xi_{eo}\eta \quad (7\text{-}12)$$

式中，v_{eo} 为电渗速率；E 为电场强度；ξ_{eo} 为管壁电动电位。而 ξ_{eo} 的计算公式为

$$\xi_{eo} = \delta\theta\varepsilon \quad (7\text{-}13)$$

式中，δ 为双电层厚度；θ 为管壁上定域电荷的面密度。所以

$$\mu_{eo} = \delta\theta\varepsilon\eta \quad (7\text{-}14)$$

（4）迁移速率：在多数水溶液中，石英和玻璃毛细管表面因硅醇基的解离会产生负的定域电荷，许多有机高聚物材料如聚四氟乙烯、聚苯乙烯等也会因为残留的羧基同样产生负的定域电荷，其结果均产生指向负极的电渗流。当样品从正极端注入由上述材料制备或填充的毛细管中时，不同符号的离子将按表 7-1 的迁移速率向负极迁移。表 7-1 中 μ_H 为合淌度，v_H 为合速率（或有效速率）。

表 7-1　在电渗中多种质点的迁移速率（陈义，2006）

质点	合淌度	合速率	质点	合淌度	合速率
正离子	$\mu_H = \mu_{ep} + \mu_{eo}$	$v_H = v_{ep} + v_{eo}$	负离子	$\mu_H = \mu_{ep} - \mu_{eo}$	$v_H = v_{ep} - v_{eo}$
中性质点	$\mu_H = \mu_{eo}$	$v_H = v_{eo}$			

在毛细管电泳中，电渗速率 v_{eo} 可比电泳速率 v_{ep} 大一个数量级，所以能实现所有样品组分的同向泳动，但由于带不同符号电荷的质点泳动速率（即合速率）不同，因而可以实现正、负离子的同时分离，这和传统的电泳技术不同。在石英或玻璃毛细管中，电渗流向阴极移动，所以分离后出峰的先后次序为：正离子—中性分子—负离子。

如图 7-3 所示，在外加强电场之后，正离子向阴极迁移，与电渗流方向一致，但移动得比电渗流更快。负离子向阳极迁移，但由于电渗流迁移率大于阴离子的电泳迁移率，因此负离子缓慢移向阳极。中性分子则随电渗流而迁移，一般移动速率总与电渗速率相同，不同组分的中性分子得不到分离。

图 7-3　电渗流的形成（丁晓静和郭磊，2015）

因此，电渗流在 HPCE 中起泵的作用，在一次 CE 操作中同时完成正、负离子的分离分析，而电渗流的微小变化会影响 CE 分离测定结果的重现性，改变电渗流的大小或方向从而可改变分离效率。

电渗与 pH 有密切关系，其变化类似于滴定和离解曲线，如图 7-4 所示。这显示它们的定域电荷主要来源于管壁上基团的电离。很显然，任何影响管壁电荷解离的因素，如毛细管

的种类、性质、洗涤过程、电泳缓冲溶液的组成、介质黏度、体系温度等都会影响或改变电渗。电磁场及许多能与毛细管表面作用的物质如表面活性剂、蛋白质等，也会对电渗产生很大的影响。利用这种现象，能够根据不同的分离对象控制电渗。

（5）两相分配与权均淌度：毛细管中一旦加入缓冲液，就会形成固-液界面，这就有了相分配的条件。进一步，如果特意在毛细管内引入另一个相（如胶束、高分子团等准固定相或色谱固定相）P，则样品就完全有机会在溶剂相与 P 相之间进行分配。容易得出，样品组分在电迁移过程中发生相分配，会改变其速度和淌度。这种改变后的速度和淌度，称为加权平均速度和加权平均淌度，简称为权均速度和权均淌度，分别以符号 v 和 μ 表示。

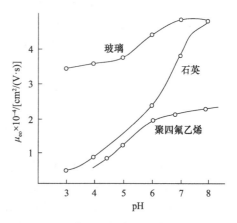

图 7-4　电渗与毛细管材料、pH 的关系
（聂永心，2014）

（二）发展简史

早在 19 世纪初就已发现溶液中电荷粒子在电场中的泳动现象，与色谱工作一开始就作为分析方法研究不同，在米凯利斯（Michaelis）关于酶的鉴别工作之前，电泳仅被作为一种物理化学现象。电泳法的发展大致可分为三个阶段：1950 年以前属于初创阶段，主要是界面移动自由电泳，一般是在 U 形管内进行，没有支持物。50～80 年代中期，出现了各种有支持物的电泳方法，如纸电泳、醋酸纤维电泳、琼脂糖电泳、聚丙烯酰胺凝胶电泳（SDS-PAGE）等，70 年代后，基本上实现了仪器的自动化。而在 80 年代后期，出现了毛细管电泳，实现了微型化、自动化、高效、快速分析，同现代色谱技术相比，毛细管电泳技术已经成为分析化学领域中一个令人瞩目的分支。

在 19 世纪中叶，针对溶液中电荷离子在电场作用下的泳动现象，维德曼（Wiedemann）和巴夫（Buff）开始进行研究，后来，科尔劳施（Kohlrausch）在实验的基础上导出了离子移动的理论公式，描述了包括区带电泳、等速电泳和移动界面电泳在内的电泳基本理论。电泳在真正意义上进入分析化学领域是在斯维尔德伯格（Sverdberg）和蒂塞利乌斯（Tiselius）的开拓性研究之后，他们在 1926 年提出了移动界面电泳技术。电泳技术开始得到较为迅速的发展是在蒂塞利乌斯（Tiselius）公布了移动界面电泳技术的细节之后。从此，电泳技术成为生物医学的基础研究手段之一，成功地应用于人的血清分离中，获得了血清白蛋白。

1967 年，赫顿（Hjerten）首先用内径为 3 mm 的石英毛细管进行了电泳分离。1979 年，米克斯（Mikkers）等首次从理论上研究了电场聚焦现象及其对分离区带扩展的影响，随后在实验上用 200 μm 内径的聚四氟乙烯管实现了高效电泳分离，这项研究成为毛细管区带电泳（capillary zone electrophoresis，CZE）发展史上的第一个重大突破。1981 年，乔根松（Jorgenson）等使用更细的毛细管和内径为 75 μm 的熔融石英管做 CZE，在 30 kV 电压下每米毛细管的效率高达 4×10^5 的理论塔板数。他们设计出了结构简单的 CE 装置，而且从理论上推导出了 CZE 分离的效率公式。他们成功的实验和出色的理论工作，轰动了分离科学界，引起了巨大的反响，成为高效毛细管电泳划时代的里程碑。CE 高效快速的特点，和它与色谱的相似性，吸引了许多色谱工作者加入研究 CE 的行列中，促进了毛细管电泳的进一步发展。

  1983 年，赫顿（Hjerten）首次在毛细管中填充聚丙烯酰胺凝胶，从而形成了毛细管凝胶电泳（capillary gel electrophoresis，CGE）。CGE 具有极高的分辨特性，可用于蛋白质碎片的分离及 DNA 序列的快速分析。1984 年，寺边（Terabe）等在 CE 电解质溶液中加入离子表面活性剂十二烷基硫酸钠（sodium dodecyl sulfate，SDS），在溶液中形成离子胶束作假固定相，可以实现中性离子的分离，这种模式叫作胶束电动毛细管色谱技术。此后，随着毛细管电泳研究的深入，其他分离模式，如毛细管等电聚焦（capillary isoelectric focusing，CIEF）、毛细管等速电泳、毛细管电色谱（capillary electrochromatography，CEC）等分离模式不断被引入，极大地拓宽了毛细管电泳技术的应用范围。

  CE 因具有高效、快速、柱平衡快、低成本、操作模式多样且易于切换等优点，成为近年来分离科学的研究重点。毛细管电泳分离领域逐渐被开拓，分离模式不断被创新。理论研究、方法的探索及应用领域的共同需求，推动了毛细管电泳仪器的商品化发展。1988～1989 年，第一批毛细管电泳商品仪器出现了，这使毛细管的应用突飞猛进；1989 年，召开了第一届国际毛细管电泳会议，标志着一门新的分支学科的产生；1983 年，杜邦公司的佩斯（Pace）开发出了芯片毛细管电泳；1990 年，瑞士汽巴盖伊（Ciba-Geigy）公司的曼茨（Manz）和威德默（Widmer），首次提出全微分析系统（miniaturized total chemical analysis system，μ-TAS）的概念和设计，并且他们和加拿大艾伯塔（Alberta）大学合作利用玻璃芯片毛细管电泳，最终完成了对寡核苷酸的分离。在生命科学领域，由于对多肽、蛋白质（包括酶、抗体）、核苷酸及脱氧核糖核酸（deoxyribonucleic acid，DNA）分离分析的需求，CE 技术以强劲的优势得到了迅速发展。

  从 20 世纪 80 年代后期开始，CE 研究成为分析化学领域的热点，每年会举办多次国际性或区域性学术会议。目前，毛细管电泳已成为发展最迅速、最具发展潜力的微纳分离技术之一。对于我国而言，CE 研究起步早，发展快，研究工作比较全面，有些研究成果已经达到国际先进水平，并定期召开全国及亚太地区国际 CE 会议，在国际上有一定的影响。为了与国际学术界接轨，根据我国毛细管电泳界同仁的建议，2008 年起，全国毛细管电泳会（National Symposium on Capillary Electrophoresis，CCE）改名为全国微纳生物化学分离分析会议（National Symposium on Micro/NanoScale Bioseparations and Bioanalysis，CMSB）。

  （三）特点

  毛细管电泳相比于其他分离方法，具有分离效率高、选择性好和分析时间短等优点，现在已被广泛应用于诸多领域，如食品分析、分子生物学、医药及环境监控等。因此，它被认为是当代分析化学领域中最具有发展潜力的研究课题之一。在食品安全分析方面，由于食品成分的复杂性、多样性，一般对食品分析技术和方法会有很高的要求。毛细管电泳由于分离模式多、分离效率高、分析速度快、试剂和样品用量少、对环境污染小等优点，在食品分析领域被广泛应用。

  毛细管电泳通常使用石英毛细管作为样品的分离通道，其内径一般满足 $25\,\mathrm{m} < R < 100\,\mathrm{m}$。其所用的石英毛细管有很多优点，具体如下。

  （1）高效：石英毛细管中自由溶液的分离效率可以达到 $10^5 \sim 10^6$ 理论板。

  （2）快速：仅需几十秒至十几分钟即可完成分离。

  （3）微量：检测体积小，进样所需的体积可小到 $1\,\mu\mathrm{L}$，消耗体积为 $1 \sim 50\,\mu\mathrm{L}$，故称为 1CE。

（4）分离模式多样性：整个实验过程只需要一台仪器就可以实现不一样的分离模式。

（5）检测样品多样化：可以分析无机离子，也可以分析单个细胞。

（6）成本低：实验成本只有几毫升的缓冲溶液，费用低。

（7）环保：一般用水溶液进行实验，污染比较小，属于"绿色"分析。

毛细管的使用也给毛细管电泳带来了很多缺点。

（1）由于单次的进样量很少，因此待分析样品的制备能力特别差。

（2）由于实验用的石英毛细管的内径只有几千微米，管内光路特别短，使用很多检测方法时，检测的灵敏度不高。

（3）凝胶、色谱填充管需专门的灌制设备。

（4）毛细管内的电渗会因样品的组成不同发生变化，影响实验的重现性。

二、毛细管电泳分离技术的原理

（一）毛细管电泳分离技术的理论基础

电解质溶液中的带电粒子在电场作用下，向着电荷相反的电极迁移的现象称为电泳（图7-5）。依据带电质点电荷数、符号与大小不同使迁移速率不同而实现分离。电渗流如图7-6所示。毛细管电泳仪器的基本装置包括进样系统、两个缓冲液槽、高压电源、一个检测器、控制系统和数据处理系统（图7-7）。能分离的主要原因为电泳迁移和电渗迁移。电泳迁移是指带电粒子在电解质溶液中结合电场作用，以不同的速度向其所带电荷相反方向进行的移动。电渗迁移是指在pH>3时，充满缓冲液的毛细管壁上的硅羟基发生解离，使管壁带有SiO^{2-}负电荷，与此同时会和溶液形成双电层，通上电流后，带正电荷的液体向负极移动，这样就会形成电渗流。在电解质溶液中，$v_{带电粒子}=v_{电泳}+v_{电渗}$（$v_{电泳}<v_{电渗}$）（图7-8），因此，即使是负离子也会从阳极流向阴极。减少电渗流的方法主要有增加溶液酸度、添加有机试剂等。带正电离子的运动方向和电渗流一致，因此最先流出；中性粒子的电泳速度为0，它移动的速度就是电渗流的速度；带负电离子的运动方向和电渗流方向正好相反，所以它只能依靠电泳速度，因此它最后流出。这样，不同的带电粒子因为迁移速度不同而得到分离。

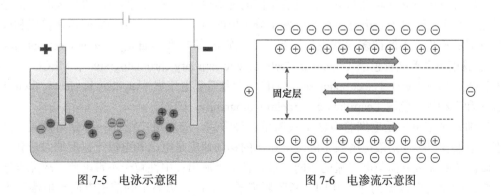

图7-5 电泳示意图　　　　　　　　图7-6 电渗流示意图

（二）毛细管电泳分离技术的进样方式

毛细管的分离通道十分细小，每次实验所消耗的样品只有几纳升。色谱实验中样品存在较大的体积，会很大程度上使分离效率下降，因此色谱实验中常用的进样方法在毛细管电泳

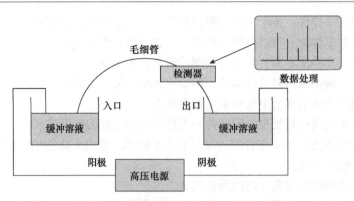

图 7-7　毛细管电泳（CE）仪器结构示意图

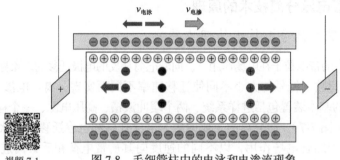

视频 7-1　　　　　图 7-8　毛细管柱中的电泳和电渗流现象

实验中并不适用。随后发明了一个相对简单的方法，即使用石英毛细管和样品直接接触，再由重力或电场力驱动待测样品进入毛细管中，这种方法可以实现零体积进样。在进样的过程中可以通过改变外界施加的驱动力大小或者毛细管进样时间的长短来控制进样量的多少。相应的采样系统必须包含功率控制、定时控制、电极槽及毛细管的位置控制。

（三）毛细管电泳分离技术的分离模式

　　毛细管电泳根据分离机制不同，具有不同的分离模式，它们之间没有直接关联，但是又可以相互补充，这对于分析复杂样品有着十分重要的意义。随着应用领域的迅速扩展和成熟商品仪器的推出，不断向多模式发展，包括毛细管区带电泳（capillary zone electrophoresis，CZE）、胶束电动毛细管色谱（micellar electrokinetic capillary chromatography，MECC）、毛细管凝胶电泳（capillary gel electrophoresis，CGE）、毛细管等电聚焦（capillary isoelectric focusing，CIEF）和毛细管电色谱（capillary electrochromatography，CEC）。

　　毛细管区带电泳是毛细管电泳中最简单、最常用、应用最广泛的一种分离模式。基本原理：毛细管内缓冲溶液电解质中的带电粒子的移动速度是电泳和电渗流速度的矢量和，其中，阳离子的前进方向与电渗流的相同，最先在负极流出；中性粒子不带电荷，故无电泳现象，它的速度与电渗流的速度相同，紧随阳离子后流出；阴离子的前进方向与电渗流不一致，由于电渗流的速度比电泳速度大几倍，因此在负极最后流出。阳离子、中性粒子及阴离子组均朝一个方向迁移，从而在一次分析中得到分离。在这种情况下，不但可以按类分离，同种离子由于差速迁移也可以被分离。在毛细管区带电泳各项操作条件中，如缓冲溶液类型、浓度、pH，以及添加剂的种类和浓度、分离电压、分离温度都会对实验组分的分离产生重要影响。毛细管区带电泳已被广泛用于氨基酸、多肽等分析中，并取得了较好的效果。

　　胶束电动毛细管色谱将电泳技术与色谱技术完美结合，把电泳分离对象从离子化合物延伸至中性化合物，从而扩大了电泳的应用范围，是目前研究最多、应用最广泛的一种毛细管电泳模式。胶束电动毛细管色谱是 1984 年由寺边（Terabe）首先提出的，其实验操作与毛细管区带电泳基本相同，唯一的差别就是在操作的缓冲溶液中加入了表面活性剂。该模式的基本原理：在胶束电动毛细管色谱系统中，其中一相是带电的离子胶束，是不固定在柱中的载体，另一相是导电的水溶液相，是分离载体的溶剂。在电场作用下，熔硅毛细管中的液体由电渗流驱动流向阴极，离子胶束依据其电荷极性不同，迁向阳极或是阴极。通常情况下，电渗流的移动速度大于胶束的移动速度，所以胶束的实际移动方向与电渗流一致，都向阴极运动。在分离中性组分时，为了避开亲水性的缓冲溶液，表面活性剂疏水性一侧一起聚集朝向里，带电荷的一侧则面向缓冲溶液，其结果是中性分子被包在疏水性的胶束内，因而使中性分子也带上电荷，可以利用电泳方法进行分离。

　　毛细管凝胶电泳：自 1983 年赫顿（Hjerten）首次将传统的聚丙烯酰胺凝胶引入毛细管电泳以来，在生物大分子的高效快速分离中表现出优异的性能，它结合了毛细管电泳和平板凝胶电泳的优点，目前已经成为分离度极高的一种电泳分离技术。基本原理：毛细管凝胶电泳是将平板电泳的凝胶移到毛细管中作为支持物而进行的电泳，交联或是非交联的聚丙烯酰胺常被用作介质填充于毛细管内。荷质比相同，但结构不同的化学分子可以在电场力的推动下，在凝胶聚合物组成的网状介质中进行电泳，其运动势必受到网状结构的阻碍。受到的阻力通常与分子大小有关，大分子受到的阻力大，在电泳过程中迁移速度较慢，小分子受到的阻力较小，则在电泳过程中迁移速度快，根据分子运动速度的快慢可以将其分离。毛细管凝胶电泳的分离度和分离效率与毛细管区带电泳相当，可以通过加入手性选择试剂、离子对试剂或是其他更复杂的试剂来调节它的选择性。

　　毛细管等电聚焦是一种根据等电点差别分离生物大分子的高分辨率电泳技术。pI 也叫作两性物质的等电点，表示其电中性状态时的 pH，根据两性物质在 pI 时呈现电中性、淌度为零的特性，等电聚焦技术由此产生。等电聚焦主要包括三个步骤：①进样，进样端为阳极端，安放于阳极电解质溶液中，检测端为阴极端，置于阴极电解液中；②聚焦，当带电荷的溶质到达与其等电点相同的 pI 位置时，电荷为零，停止迁移；③移动，各物质 pI 差异导致聚焦 pH 范围不同，进而形成独立溶质带而相互分开，在电解液中加入盐后会破坏已形成的 pH 梯度，样品重新带上电荷被压力推出或是电渗流使聚焦后的区带发生移动而达到检测的目的。

　　毛细管电色谱是在毛细管上键合或涂渍高效液相色谱的固定液，以电渗流为流动相，试样组分在两相间的分配为分离机制的电动色谱过程。

第二节　毛细管电泳分离技术的装置及工艺流程

一、毛细管电泳分离技术的装置

　　毛细管电泳是继高效液相色谱技术之后，在传统的电泳基础上发展起来的一种新型高效分离技术。毛细管电泳仪的结构由几部分组成，分别是毛细管、电极槽、高压电源系统、进样系统、检测器及数据采集处理系统。其基本装置如图 7-9 所示。自动化较高的毛细管电泳仪还会配有毛细管恒温设备、自动采样器、微制备组分收集器和基于计算机的自动化及数据评价系统。毛细管电泳的核心部件是毛细管,毛细管是毛细管电泳分离的心脏,理想的毛细管必须是电绝缘、紫外/可见光透明且富有弹性的材料。毛细管电泳通常使用内径为 25~100 μm 的弹性(聚酰亚胺)涂层熔融石英管,这就是商品毛细管,还可以使用的有玻璃或聚四氟乙烯塑料等。毛细管电泳的运行过程如下:将毛细管两端分别插入两个装满缓冲液的缓冲瓶中,样品从毛细管的一端导入,在毛细管两端通过高压电源施加高压后,样品中各组分利用迁移速度的差异得到分离,依次到达检测器被检出,由数据采集处理系统将信号记录下来,得到按时间分布的电泳图谱。在组建毛细管电泳装置时,需要考虑以下几个问题:①进样结构不应该存在较大体积,能使毛细管直接与进样溶液接触的方法都可以考虑采用;②要有能够清洗毛细管的结构,如加压法、电渗法等,可以采用较为简便的注射器推或抽的方法;③电极选用铂丝为最佳;④高压直流电源以高端直流电源(即有一端可接地)为好;⑤检测器尽量安装在接地端,优先考虑柱上紫外检测方式;⑥要有良好的控温系统,这是进行精密分离分析的前提条件。

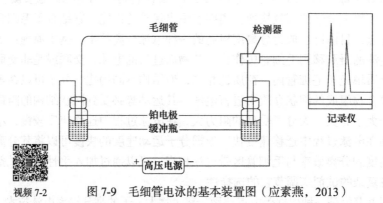

视频 7-2　　　　图 7-9　毛细管电泳的基本装置图(应素燕,2013)

二、毛细管电泳分离技术的工艺流程

(一)毛细管电泳的进样技术

人们采用了内径更小的分离毛细管来提高进样效率,进样量最小,可达纳升级。这固然可以满足分析微量试样的要求,但也给进样技术提出了更高的要求。首先准确度要高,即进样量的大小要控制准确;同时要求重现性好,分析同一样品时,每次所进入的样品量要相等,使相对偏差尽量小;另外要求进入毛细管的样品组成要与原样品保持一致。毛细管电泳需要的样品量较少,并且分离效率高,分析范围广,速度快,可实现在线分析,为一些较复杂的微区环境分析提供了一种分析手段。现代毛细管电泳通常选用内径较小的毛细管作为分离通道,直接将毛细管伸入样品池中,在重力、电压或其他动力作用下进样。毛细管电泳进样方式主要有电动进样、压力进样、扩散进样、直接在线进样及微进样。以下对几种进样方法进行介绍。

1. 电动进样

电动进样是普遍应用于毛细管电泳进样的一种方式,依据的是电泳与电渗流原理,并且其进样量与电泳淌度、电位梯度和进样时间有关。电动进样可以用来分析高黏度的样品,这是由于电动进样的动力来源于电泳介质本身,并且所需的电泳装置简单,采用电压控制,操作灵敏度也有所增加。

电动进样原理如图 7-10 所示。简单来说就是把毛细管的进样端插入样品溶液中，然后在检测端的缓冲液间加入外加电场，一段时间后，样品中的各个组分会进入毛细管中，电动进样易于实现自动化，适用范围广泛，但是电动进样对离子组分进样量有一定的选择性，这使得分析结果失真，不能采用归一化法对各组分的含量进行测量。

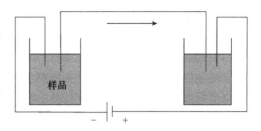

图 7-10　电动进样原理图

2. 压力进样

压力进样也称为虹吸进样。其原理如图 7-11 所示，具体来说就是将毛细管进样端插入试样溶液中，通过进样端加压（图 7-11A）或者检测端出口减压（图 7-11B），或调节进样端试样溶液液面大于出口端缓冲液液面高度（图 7-11C），利用虹吸现象，使进样口端与出口端形成正压差，并维持一定时间，试样在压差作用下进入毛细管进样端，再把进样端放回缓冲液液槽中，进行电泳。

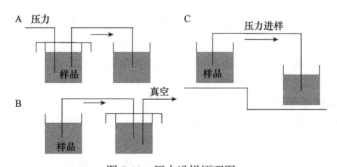

图 7-11　压力进样原理图

压力进样的优点在于没有进样歧视现象，但是局限性在于选择性差，只适合自由溶液的电泳模式，样品及其背景都同时被引进管中，对后续分离可能会产生影响。需要注意的是进样提供的通常是不变的进样压力，所以如果在使用不同长度的毛细管进行电泳条件研究和比较时，需要调整进样时间来保证进样量不变。

3. 扩散进样

扩散进样是利用浓度差将被分析样品加入毛细管中的一种进样方法。当毛细管进样端插入进样溶液中时，在毛细管与缓冲槽之间会存在一定的浓度差，被分析样品发生扩散进入毛细管中。扩散进样存在双向性：当样品分子由于扩散效应进入毛细管时，毛细管中的缓冲液也会向毛细管外扩散，这样可抑制背景的干扰进一步提高分离效率；同时扩散不受电泳移动速度和方向的影响，不会发生进样偏向现象，这在一定程度上提高了分离的准确性。并且这种方法具有较好的定量特性，还有一定的抗区带电场畸变的能力，这是它的优势所在，但其缺点在于工作效率大大减慢。

4. 直接在线进样

直接在线进样的优点是：由取样毛细管和分离毛细管在一个微交叉的组件中通过高压转换，样品在取样毛细管电渗流的作用下进入取样毛细管，通过进样毛细管中电流的大小来控制进样量。直接在线进样排除了外界干扰，可用于封闭体系，且为联用分析提供了广泛前景。其解决了传统的电迁移进样要把毛细管入口端从缓冲池移到样品池且进样有歧视现象的问题。

5. 微进样

毛细管电泳进样量是在纳升级别上进行研究的技术，随着进样体积越来越小，在生命活体中生物微小环境和单细胞进行分析时，操作和样品的引入是很困难的。这些样品不仅体积小，而且在液体中迅速无规则地运动，此时需要使用微注射器。微进样是在一只微注射器上面连接一个极其细小的移液管尖，直接插入分离毛细管管口。微进样更容易控制并且进样的重现性更高。

最早的双管微进样器的可靠性较差。单管微进样器在双管的基础上性能进行了改进，高压电极与进样管留有一定空间，因此不存在电耦合和电解干扰问题。尖端极细（<10 μm），可刺入活体细胞中取样。微进样器在制作时应注意的问题是毛细管与微量进样装置要精密连接，提高重现性。

（二）毛细管电泳检测器

毛细管电泳有许多检测方法，如光吸收法、电化学法、电导法及荧光、质谱法等。如何实现灵敏检测而又不使其微小的区带展宽是毛细管电泳技术面临的首要问题。仪器的功能与应用范围很大程度上依赖于检测器的性能与水平。十几年来，人们在检测方法和检测器开发方面展开了大量研究，为了适应毛细管电泳微体积在柱检测的需要，研发了多种类型的检测器，包括光学、电化学及质谱学检测器等。

1. 紫外可见吸收检测器

紫外可见吸收检测器是毛细管电泳中最早选用的检测器，因为仪器简单、操作方便、灵敏度适中而被广泛应用。它一般采用柱上检测，也可实现柱后检测。柱上检测简单方便，仅需要在毛细管的出口端适当位置除去不透明的弹性保护涂层，让透明部位对准光路即可。凡是能吸收紫外可见光的物质，都能用紫外可见吸收方法检测。但其最大的缺点就在于毛细管的检测光程很短而难以进一步提高检测的灵敏度，远远满足不了越来越多的对低浓度和极微量样品分析的要求。因此，围绕提高毛细管检测灵敏度的问题，研究者开展了大量科研工作。有人在入射光方向加高品质石英聚光球来提高灵敏度，其原理如图 7-12 所示，增加检测狭缝的长度也是一个值得考虑的办法。

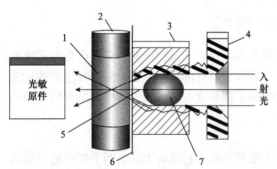

图 7-12   利用球镜聚焦增强紫外可见
检测器的灵敏度（陈义，2006）

1. 检测窗口；2. 毛细管；3. 基座；4. 调焦机构；
5. 圆形狭缝；6. 狭缝片；7. 球透镜

2. 激光诱导荧光检测器

激光诱导荧光检测器是在普通荧光检测器的基础上发展起来的，也是毛细管电泳中一种常用的柱上检测器，具有灵敏度高、性能可靠、易操作等优势。激光诱导荧光检测器的光路结构与吸收型检测器不同。其一，激光准确聚焦在管中心，减少了管壁的干扰；其二，信号收集要有很好的背景滤波设计。检测器主要由激光器、光路系统、检测池和光电转换器等组成。

按照入射激光、毛细管和荧光收集方向的对应位置可以将其分为正交型和共线型两种。两种检测器的结构如图7-13所示。正交结构：荧光采集垂直投射于毛细管和入射激光所构成的平面。共线结构：光源、聚焦光和荧光共面，并且入射光和发射荧光采用同一透镜聚焦。该检测方法也存在缺点，它只能用于本身容易被荧光试剂标记和染色的物质测定，而且检测价格十分昂贵。但是由于其具有很高的选择性和灵敏度，因此应用依然十分广泛。

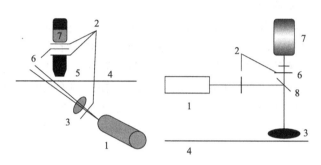

图 7-13　正交型和共线型激光诱导荧光（LIF）检测器结构（陈义，2006）

1. 激光器；2. 干涉滤光器；3. 聚焦透镜；4. 毛细管；5. 采光透镜；6. 狭缝；7. 光电倍增管；8. 双色镜

3. 电化学检测器

电化学检测器特别适合用于具有电化学活性物质的检测，检测器的灵敏度取决于电极表面而不是检测池的体积。众所周知，光学检测器最大的缺点是光程太短，而电化学检测器的体积较小，可以有效避免该问题，将该检测器用于毛细管电泳是一个突破。电化学检测器主要包括安培检测器、电位检测器和电导检测器三类，其中安培检测器是操作最简单、应用范围最广的一种检测器。电化学检测器的优点在于灵敏度高。

4. 质谱检测器

CE 可以快速高效地分离复杂混合物，但不能对未知样品进行定性分析，而质谱能提供组分的相对分子质量和结构信息，CE-MS 联用实现了分离与检测的"强强联合"。但是联用系统中有一个关键部分是接口问题，一是接口处流速要十分缓慢；二是必须解决操作过程中毛细管的电接触问题。目前成功应用到接口中的离子化技术有电喷雾离子化（ESI）、连续流动快原子轰击（CF-FAB）、离子喷雾（ISP）、大气压化学电离离子化（APCI）、基体辅助激光解吸离子化（MALDA）和等离子体解吸离子化（PDI）等。

5. 化学发光检测器

化学发光检测器主要用于肽的检测等。在化学发光检测过程中，发光试剂的选择十分重要，常用的发光剂为过氧草酸、高锰酸钾和 N-溴代琥珀酰亚胺等。与其他光学检测器相比，化学发光检测器的应用相对要少一些，这主要是因为发光反应和试剂较少。

（三）CE 与其他分析技术联用时的进样问题

1. 流动注射-毛细管电泳联用（FI-CE）

流动注射-毛细管电泳联用利用流动注射具有快速密闭及自动化等特点，两者连接在恒定的高压条件下。进样时，注入 FI 的样品在电解质的作用下流向接口，一部分样品进入毛细管得到分离。用这种接口可以在电泳分离中多次连续进样。

2. 毛细管电泳-质谱联用（CE-MS）

毛细管电泳-质谱联用现在已进入发展阶段，所研究的已经从过去的分散对象变成了蛋白质组学等重要研究项目。质谱检测器是一种通用的检测器，具有选择性和专一性，灵敏度优于紫外分光光度法，对于分析大分子物质如蛋白质、多肽等，CE-MS更有优势。CE-MS的优点：分离效率高、仪器简单、方法开发快、分析时间相对短、样品消耗量低、分析灵敏度高。MS不仅提高了CE的灵敏度和选择性，还可以提供分析物的结构信息，能够识别和确认复杂混合物中的未知成分。

CE-MS装置与LC-MS有许多共同之处，一般来说只要改变接口，既能用于LC-MS，也可以用于CE-MS。接口技术是实现CE-MS的关键所在，也是研究的重点，目前来说CE-MS应用最多的离子源是电喷雾电离（ESI）。ESI的自身优势及技术的日益成熟，使它在CE-MS技术中占主导地位。ESI通常分为两种模式：有鞘流液模式和无鞘流液模式，而多数传统的CE-MS采用有鞘流液的ESI作为在线联用的接口，其原理如图7-14所示。这种接口的优点在于通过提高样品流速使喷雾更加稳定，有利于形成稳定的电流回路。无鞘流液接口技术随着科学技术的发展也越来越受研究者的青睐，它消除了稀释样品的不利因素，能满足电喷雾离子源的要求。

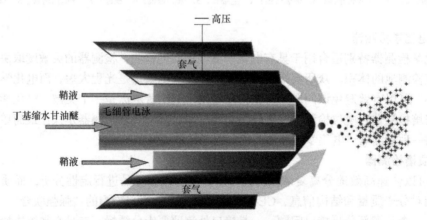

图7-14 传统的CE-MS采用的接口（胡丽焕，2020）

3. 固相萃取-毛细管电泳联用（CE-SPE）

毛细管电泳具备自动化程度高、分离速度快等优点，被广泛应用于医疗检测、离子分析等领域中，但是毛细管内径的限制导致紫外检测的浓度灵敏度低，所以采用毛细管电泳在线富集技术如等速电泳，然而，对于复杂的样品，这些方法将会在分析时将目标组分和其他组分一起富集，引起干扰。故可以采用色谱法富集痕量样品，最常用的是固相萃取技术。这种方法可以有效避免基体组分对目标组分的干扰，提高检测的灵敏度，在电泳分离之前对样品溶液进行预浓缩，先将大体积低浓度的样品溶液流过固相萃取柱，将目标组分吸附在固定相上，再用洗脱液洗脱，达到萃取的最终效果。

固相萃取-毛细管电泳联用技术包括4种模式，即离线式、自动离线式、内嵌式、在线式，如图7-15所示。在这几种模式中，在线式和内嵌式联用的优点有：分析时间短、自动化程度高、样品损失小。缺点是：内嵌式中 SPE 柱是 CE 系统的一部分，吸附剂的存在会影响电泳分离，而且在上样过程中可能会对 CE 系统造成污染。而在固相萃取与毛细管联用系统中，通过一个接口将两个独立的系统联系起来，优化各自的操作条件，所以这种联用受到了广泛关注。

经报道，固相萃取与毛细管电泳在线联用的接口有多种，这些接口的作用是通过连接毛细管的回路，使洗脱液不发生稀释效应，并且试样能够从固相萃取系统进入毛细管电泳系统。

4. 毛细管电泳-核磁共振联用（CE-NMR）

核磁共振（NMR）作为一种结构鉴定技术，和 MS 一样是一种优良的检测手段。核磁共振在化学、生物、医药等领域有非常重要的用途。由于 NMR 对氧不敏感，灵敏度也较低，分辨率

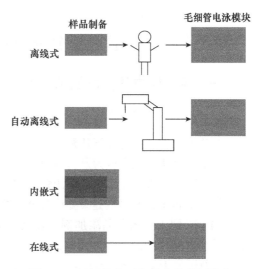

图 7-15　固相萃取-毛细管电泳联用模式
（马世雍，2019）

有限，因此通常要采用停流检测的方式来积累核磁共振信息。

CE-NMR 的仪器结构并不复杂，样品探头是用来在磁场中定位放置样品管或流通池的关键器件，包括激光扫描和信号接收圈等，为了克服温度老化的影响，探头中还可以安装温度传感和控制机构。CE-NMR 的作用在于对组分的结构鉴定上，它也可以检出分离峰，得到核磁信号强度随保留时间变化的电泳图谱。CE-NMR 技术还可以反过来用于毛细管电泳分离过程、样品区带变化的研究，可用于毛细管内温度变化的测定。CE-NMR 常用于精氨酸、赖氨酸、咖啡因等研究，与常规方法相比大大节省了时间，能够快捷有效地进行鉴定。但是 NMR 的应用受到灵敏度低和价格昂贵的限制，如何进一步提高灵敏度使该方法发挥更大的作用还需进一步研究。

5. 毛细管电泳-拉曼光谱联用（CE-RS）

拉曼光谱（RS）与毛细管电泳联用的研究几乎与 CE-MS 同步，但它发展较缓慢，原因在于 RS 灵敏度较低，但拉曼光谱具有自己的优势，如不破坏被鉴定的分子，还可以做成探头，实施对生物组织的活体分析等。

CE-RS 分为两种形式，分别为在线和离线联用。与 MS 不同，RS 可以直接用作 CE 的检测器，构建无接口的 CE-RS 系统。但是在如何解决灵敏度的问题上，在线联用没有取得明显突破。而离线或柱后联用可以作为一种策略，在线 CE-RS 的操作基本上与光吸收相同，纯水的拉曼光谱强度很弱，因此拉曼装置可以很容易通过毛细管窗口和毛细管电泳在线联用，使水溶液体系的毛细管电泳在线定性分析成为可能。离线联用方法就涉及了样品的连续收集问题，离线联用 CE-RS 的关键是接口，而接口制作的核心是毛细管出口导电膜的制作，采用 TLC 薄层板作为介质来收集毛细管电泳的流出物，优点在于可以根据需要选择铺板材料、厚度和显示办法。常用的 TLC 介质有硅胶和氧化铝等，介质厚度应该以能充分吸收流出样品和溶剂为指标。为了利于拉曼光谱的测定，原则上收集介质厚一些比较好，有利于组分往深度方向吸入而不是往两边展开，如果介质过薄，则会不利于拉曼光谱的高灵敏度测定。

第三节　毛细管电泳分离技术在食品工业中的发展现状与进展

一、毛细管电泳分离技术在食品工业方面的发展现状

（一）非法添加物

非法添加物主要有以下几种。

（1）不属于传统上认为是食品原料的。

（2）不属于批准使用的新资源食品的。

（3）不属于国家卫生健康委员会公布的食药两用或作为普通食品管理物质的。

（4）未列入我国食品添加剂《食品添加剂使用标准》（GB 2760—2014）及国家卫生健康委员会食品添加剂公告、营养强化剂品种名单《食品营养强化剂使用标准》（GB 14880—2012）及国家卫生健康委员会食品添加剂公告的。

（5）其他我国法律法规允许使用物质之外的物质。

（6）可以添加到一种食品中，但在另外一种食品中是不能添加的。

食品安全问题是人们一直关注的问题，现在涉及非食用添加剂的案例非常多。国家卫生健康委员会公布了多种食品中可能违法添加的非食用物质添加剂，如苏丹红、瘦肉精、孔雀石绿、三聚氰胺和皮革水解物等。

三聚氰胺为一种三嗪类含氮杂环有机化合物，近几年被非法分子添加到奶粉等奶制品中，给食用者身心带来了严重的伤害。福治（Fukuji）等采用 MEKC 方法，通过向毛细管柱内注入不同的缓冲溶液，成功分离出了苏丹红（Ⅰ）、苏丹红（Ⅱ）、苏丹红（Ⅲ）和苏丹红（Ⅳ）。

（二）农兽药残留

所谓农药残留是指施用农药以后，在食品内部或表面残存的农药，包括农药本身及其降解产物。毛细管电泳在农药残留领域也具有广泛应用。比科（Yolanda Picó）等基于固相萃取（SPE）技术，将毛细管电泳-质谱方法（CE-MS）联用，对水果和蔬菜中的杀菌剂定性定量分析。以 2% 甲醇的甲酸-甲酸铵（pH 3.5）为缓冲液，在单四极杆正离子和选择离子监测模式下，通过 CE 的色谱行为和 MS 的专属性，分析多种杀菌剂。

目前兽药残留检测方面的研究主要集中在样品前处理技术的建立、提高检测的灵敏度和发展新型的检测技术等方面。在兽药残留方面，毛细管电泳因其自身优点也具有广泛的应用。克里斯蒂安·霍斯特科特（Christian Horstkötter）等确立了一种用于鸡肌肉组织中兽医抗菌剂恩诺沙星及其活性代谢产物——脱乙基环丙沙星的残留检测方法。采用蒸发光检测器，此检测器与传统的紫外线（UV）检测激光相比，灵敏度大大提高。对该方法的线性、重复性、检测限等进行测定，证实该方法适用鸡肌肉中药物残留的检测。测得恩诺沙星和环丙沙星的定量限（LOD）分别为 5 μg/kg 和 0 μg/kg，线性范围分别为 5～1000 μg/kg 和 20～1000 μg/kg，为其他兽药残留的测定提供了依据。

（三）重金属污染

自工业革命至今，人类通过对自然界不断地开发和利用，自身生活水平和文明水平不断提高到新的层面。但人类在享受文明成果的同时，也对自然环境及生态系统带来了一定程度

的影响与破坏，随之而来的一些隐患时时刻刻地威胁着人类的健康和安全，如重金属污染、空气污染、白色污染等。其中，重金属污染已经成为全人类面临的主要污染问题之一。广义上的重金属，一般指相对密度在 4.5 g/cm^3 以上的金属元素。在环境污染方面所指的主要是汞（Hg）、镉（Cd）、铅（Pb）、铬（Cr）等，因为以上几种重金属元素会对生物体造成较大的不良影响。重金属对于自然及人类的污染有许多种，其主要有水体污染、土壤污染、食品污染等。

自 20 世纪 80 年代出现至今，毛细管电泳（CE）作为一种新型、高效的分离分析技术，以其样品用量小、分析速度快、分离效果好等优点，已经渗透到分析化学各个学科领域。CE 检测重金属离子的原理与 HPLC 类似，都是采用合适的衍生剂与金属离子络合后，结合合适的检测器和方法对金属离子进行检测。曾春城等建立了一种 CE-间接紫外检测法检测多种金属离子的方法。电解质采用 20 mmol/L 的咪唑溶液（乙酸调节 pH 至 4.0），检测波长 214 nm，分离电压 15 kV，采用压力进样方式，柱温保持在 25℃。实验结果表明，7 min 内就可实现 5 种金属离子（Ca^{2+}、Mg^{2+}、Fe^{2+}、Zn^{2+}、Cu^{2+}）的分离检测。

（四）致病微生物及其毒素

食品生产是一个时间长、环节多的复杂过程。与食品有直接和间接关系的致病性微生物都可能污染食品。

（1）能引起人类疾病和食物中毒的致病性微生物，如沙门氏菌、葡萄球菌、链球菌、副溶血性弧菌、口蹄疫病毒等。

（2）能产生毒素并引起食物中毒的微生物，如肉毒梭菌、葡萄球菌和产气荚膜杆菌，也包括一些真菌，都会产生毒素。

《中华人民共和国食品安全法》规定，任何食品都不得检出致病菌，即食品中均不能有致病菌存在，这是一项非常重要的食品卫生质量指标，是绝对不能缺少的检测项目。

细菌表面既包含正电荷基团，又包含负电荷基团，因而细菌可被看成两性物质。细菌为胶体颗粒，表面积极大，而且覆盖着许多物质如多糖类、肽聚糖、脂类等。这些化合物在电泳缓冲液中可因解离和吸附形成双电层，因而毛细管电泳能将细菌当作"离子"看待。细菌在一定的生理条件下，其表面基团的电离状态和双电层的厚度是电泳缓冲液种类、pH、离子强度和温度等参数的函数，可以通过优化这些参数分离不同种类的细菌。细菌在电泳过程中受电场力和摩擦力作用，其迁移时间可作定性的依据，其峰高或峰面积则是定量的基础。毛细管电泳理论指出，分离柱效果随样品分子扩散系数或分子质量的增大而上升，这就预示着 CE 在细胞分离中具有独特的优势。

20 世纪 80 年代以来，毛细管电泳技术在细菌分析、分离和鉴定中逐渐得到了运用。1988 年，首次利用毛细管电泳技术对细菌进行了分类。与此同时，用毛细管电泳对粪肠球菌、化脓链球菌、无乳链球菌、肺炎链球菌和金黄色葡萄球菌 5 种细菌进行了分离，发现不同发育阶段的菌体细胞对应着不同的特征峰，而且大多数细菌在电泳后仍能保持活体状态。细菌电泳在实际操作中要获得很好的准确性和重现性有一定难度。主要原因是细菌表面状况因培养条件的不同而有差异；其次，在电泳过程中，有些细菌细胞可能会破碎；再次，细菌的代谢产物在表面的积累或释放对电泳缓冲液也有影响；最后，细菌还可能在生长过程中形成紧密相连的聚合体。因此，细菌电泳的关键在于细菌的培养、缓冲液的选择及样品的前处理。与常规等电聚焦相比，两性电解质的微量消耗和高效分离效果是其非常重要的优点。但这种方式不能保证电泳分离后细菌的活性。

（五）多肽和蛋白质

CE-MS 已被证实是进行蛋白质组学研究的一种强大的替代方法。随着 CE-MS 发展，多肽和蛋白质已成为 CE-MS 分析的普通种类。此外，质谱提供的信息和电脑运算的发展，促进了 CE-MS 进行多肽和蛋白质分析的快速发展。CE-MS 进行蛋白质分离面临一个问题，即带正电荷的蛋白质和带负电荷的毛细管壁之间可能产生干扰。近年来出现了一种新的可与 CE-MS 兼容的聚合物涂层，用它进行实际样品中的蛋白质测定非常有效，目前已通过解决食品科学中感兴趣问题的方式证实。分析从小鸡和火鸡蛋白提取出的细胞壁溶解酶时，CE-MS 方法提供了两种方式即迁移时间和分子质量来辨别与确认这些蛋白质，进而用来区别加工食品中的动物源种类。

（六）其他

除上文所述，毛细管电泳分离技术近年来在食品工业方面的应用还有如下几方面：采用新型双端注射毛细管电泳法可同时检测啤酒中的 37 种阴、阳离子；环糊精介导的 CZE 检测膳食补充剂中芥子油苷的含量；CE 在线富集和检测生物与化妆品样品中的硫酸软骨素、硫酸皮肤素和透明质酸；使用便携式拉曼光谱仪-CE 完成含糖食品中的 TiO_2（＜100 nm，具有细胞毒性）的检测；基于核酸适配体的微芯片毛细管电泳检测器可在 135 s 内完成废水与牛奶中大肠杆菌的检测，检出限为 $3.7×10^2$ CFU/mL；基于核酸适配体的黄曲霉毒素 B_1（AFB_1）的检测方法，可通过互补 DNA（cDNA）与黄曲霉毒素 B_1（AFB_1）竞争性结合 AFB_1 的核酸适配体，实现 AFB_1 的定量检测，在稀释血清、人尿、玉米粉等复杂样品基质中的检出限达到了 0.2 nmol/L。

二、毛细管电泳分离技术在食品工业方面的新进展

（一）微型化

为了适应现代科学技术发展和实际应用的需求，分析仪器正向自动化、集成化和微型化发展。而微型化成为当前毛细管电泳系统的一个重要发展方向。典型的毛细管电泳分析仪主要包括进样模块、电泳通道模块、电泳高压模块、检测模块及电子控制系统等 5 个部分。由于电子控制技术的飞速发展，电子控制系统和电泳高压模块已经实现微型化，故近年来毛细管电泳仪的微型化工作主要围绕进样模块、电泳通道模块和检测模块几个方面展开。

由于电泳分离的速度和施加电场强度成正比，和毛细管的有效分离距离成反比。常规毛细管电泳通道通常使用有效分离长度在 50～100 cm 的石英毛细管作分离通道。为提高分离速度，电泳过程中需在毛细管两端施加上万伏的高电压。但高电压产生的电流又会产生焦耳热，焦耳热会使毛细管中温度升高，从而加速分子运动，导致电泳过程中样品区带的扩散，从而影响分离效率。同时还可能在通道中产生气泡，对电泳过程产生干扰。因此为控制焦耳热效应，常规毛细管电泳系统通常需避免使用过高的场压（通常不超过 500 V/cm），这一要求又反过来限制了电泳分离的速度，使其系统通常需要数十分钟的分离时间。但较长的分析时间又会进一步加剧毛细管通道内焦耳热的堆积现象，为此常规毛细管电泳仪中除避免使用过高的场强外，还需通过额外的主动降温设备对毛细管进行温度控制，这在很大程度上加大了系

统微型化的难度。并且毛细管的长度越长，获得相同的场强就意味着需要施加更高的电压，这意味着需要更大的高压电源功率和高压电源体积，这些都不利于毛细管系统的微型化。当前微型化毛细管电泳大多采用短毛细管或微流控芯片作为电泳通道模块。微流控芯片上由于分离通道较短，短通道也缩短了电泳分离的时间，因此毛细管电泳系统只需被动散热就能获得很高的分离效率，避免了大体积的主动温控设备的使用，进一步减小了电泳系统的体积。图 7-16 即典型的微流控芯片十字通道夹流进样原理示意图。还有一些工作将样品前处理单元甚至检测单元（如电化学检测中的电极和光学检测中的光学零件）也部分集成在芯片上，实现了进样系统的整体微型化。

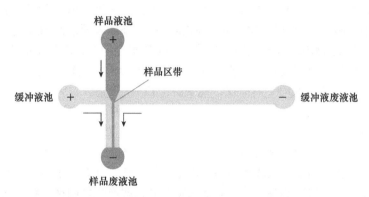

图 7-16 微流控芯片十字通道夹流进样原理示意图（张婷，2009）

由于微流控芯片高度集成化的特点，现今大部分商业化毛细管电泳分析仪均采用了微流控芯片作为毛细管电泳模块。许多研究组也发表了基于微流控芯片的毛细管电泳系统。以安捷伦公司 2100 生化分析仪中使用的 DNA 芯片（图 7-17）为例，该微流控芯片为一次性使用，尺寸为 17 mm×17 mm，分离通道长度为 15 mm，每个芯片有 16 个液油。不同样品按顺序通过进样口进入分离通道进行电泳分离，在分离通道的末端有激光诱导激光检测器对分离的 DNA 样品进行检测。由于电泳缓冲液中含有染料，DNA 样品在分离过程中同时完成了在线衍生的反应步骤。

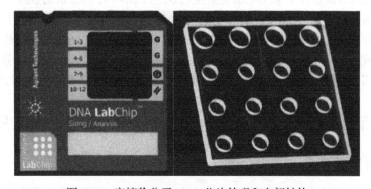

图 7-17 安捷伦公司 DNA 芯片外观和内部结构

除电泳通道模块和进样模块外，检测模块是另一个制约毛细管电泳分析仪微型化的重要因素。现今毛细管电泳的检测方法主要为电化学检测和光学检测。电化学检测仅需要电极和相应的测量电路，微电子技术的发展使得电化学检测电路的体积易于微型化，电极也可通过微加工技术集成在微流控芯片中，因此早期微型化的毛细管电泳仪大多采用电化学检测器。光学检测器则需要相对昂贵的光学元器件和精密复杂的光路结构，相比电化学检测器而言微型化难度更高。但微型化在蛋白质、核酸等复杂样品体系中的分离分析中有着不可替代的作用，因此毛细管电泳系统中光学系统的整体微型化具有重要的意义。

（二）联用仪器

近年来，由于气压电离、电喷雾电离及新型质谱仪等新技术的出现，CE-MS、CE-MS-MS 等联用技术得到了快速发展，并成为实验室的重要分析方法之一。

CE 的许多模式，如 CZE、MEKC、CITP、CGE、ACE 和 CEC 等都能与质谱检测器成功地连接，其中应用较多的仍是 CZE-MS。MEKC 由于添加表面活性剂形成的胶束会抑制样品离子的信号，因此 MEKC-MS 使用得较少。与 CE 相连的 MS 最常用的电离方式是 ESI，可以直接把样品分子从液相转移到气相，而且可以测定分子质量较大的样品。与 CE 相连的质谱仪主要有三元四极（QQQ）质谱仪、离子阱（TTT）质谱仪、傅里叶转换离子回旋加速器共振（FT-ICQ）质谱仪和飞行时间（TOF）质谱仪等，前两者较为常用。CE-MS 常用的接口有无套管接口、液体接合接口和同轴套管流体接口三种，后两种接口均在毛细管流出部分引入补充流体，以维持一个稳定的电喷雾流。与质谱相连的 CE 中常使用加入较高含量有机溶剂（如甲醇、乙腈）的缓冲液或者使用非水毛细管电泳，这有利于离子喷雾过程，可以提高检测的灵敏度。天然植物药各组分之间及药物与其代谢产物之间往往结构比较相似，使用 CE-MS 无论对分离还是鉴定都显示出优势。

（三）阵列毛细管凝胶电泳

阵列毛细管凝胶电泳是将毛细管凝胶电泳与板凝胶电泳的优势相结合，采用毛细管凝胶电泳基本装置，将多支毛细管并列进行分离与检测，板凝胶电泳的优势弥补了毛细管凝胶电泳的不足。

虽然阵列毛细管凝胶电泳的研究尚处于开始阶段，但从目前的研究来看，实现百支毛细管并列电泳是可行的，数百支乃至上千支毛细管并列电泳的实现，还需要时间的进一步考验。目前在优化的分离条件下采用毛细管凝胶电泳进行 DNA 序列分析的速度已可达 500 bp/h，用阵列毛细管凝胶电泳可达 50 000 bp/h。如果仅从分离上考虑，人的基因组共 30 亿碱基对，基因测序在 7 年内只采用一台仪器即可完成。所以，目前面临的问题是如何使阵列毛细管凝胶电泳进一步完善。针对此问题，首先应解决凝胶柱的制备问题，然后使各分离步骤实现自动化操作，再实现测序过程的整体自动化，则该法必将在 DNA 序列分析中发挥着重要作用。

第四节　毛细管电泳分离技术对食品类型的要求

一、蛋白质类食品

氨基酸是生命有机体的重要组成部分，参与人体各项生理活动和新陈代谢，在人体中发挥着特殊作用，是人体必不可少的营养成分之一。通常要对氨基酸进行衍生化处理，使之具有较强的紫外或荧光吸收强度，以便检测。多肽分离、结构分析、纯度鉴定及蛋白质的荷质比、等电点、分子质量可以用毛细管电泳进行测定。

毛细管电泳分离蛋白质的方法主要有以下几种。

（1）涂层去活分离蛋白质：如采用甲基纤维素、硅烷、环氧二醇、麦芽糖、聚乙二醇、聚醚、聚丙酰胺等涂层物质，该图层 pH 在 4～11 时稳定，对于碱性蛋白质，分离效率可提高 1000 倍，涂层不宜受损。

（2）动态分离蛋白质：添加非离子表面活性剂或阳离子表面活性剂。采用高离子强度和两性离子，添加聚乙二醇、二氨基丁烷等其他添加剂。在 0.1 mmol/L 精胺存在下，蛋白质与毛细管内壁间的吸附作用可减少 90%，在分离缓冲液中加入阳离子表面活性剂，可分离出 60 多种蛋白质。

（3）其他分离方法：如毛细管串联法、毛细管等电聚焦法、毛细管等速电泳-毛细管区带电泳（CITP-CZE）串联法、毛细管凝胶电泳法等。

分离正电荷多肽蛋白的主要问题是它们容易吸附到石英毛细管内壁上，导致峰形变宽、区带变形、分离效率低、重复性差。目前有以下几种方法可减少吸附。

（1）使用低 pH 缓冲液。

（2）选择 pH 高于等电点的缓冲液。

（3）向电解质溶液中加入碱金属离子，缓冲液中加入高浓度两性离子。

（4）缓冲液中加入高浓度两性离子。

（5）使用中性亲水性物质对管壁进行化学改性以遮掩硅羟基。

（6）向缓冲液中加入阳离子表面活性剂。

（7）运用外加电场，直接控制电势和电渗流，从而控制多肽蛋白的管壁吸附。

二、甜味料

糖是构成生命的基本物质之一，在生物体内起着很重要的生理功能，如调节生物体的免疫系统，参与细胞和分子的识别等过程。一般糖的分析采用色谱技术，由于色谱技术存在着分析时间长、仪器昂贵、很多生化试剂难以找到等缺点，限制了它们的使用。高效毛细管电泳是一种迅速发展的分离新技术，具有分离效率高、分析时间短、进样量少、检测限低和多模式等特点，广泛地应用于各类化合物的分析，如无机离子、手性分子、多肽和蛋白质、DNA 的分析等。而在糖分析中应用较少，这是因为糖一般是亲水性强的电中性物质，不能直接进行毛细管区带电泳分析，很难直接采用胶束电动色谱分离模式。

（一）糖类的毛细管电泳分析存在的两个问题

一是多数糖类解离程度十分微弱，且具有较强的亲水性，给分离造成困难。二是多数糖类不具有很强的紫外或荧光生色基团，使分离以后的检测有一定困难。糖类的不带电性可以采用一些化学措施加以解决。例如，采用络合（可用硼酸根、某些金属离子）、解离（强碱作用）、衍生等方法使糖带电。糖的检测问题可以采用衍生方法，所用衍生试剂应该既能吸光（或发光）又能电离。

（二）糖的衍生化技术

糖的衍生化技术是随着糖分析的要求而出现的。糖一般不带电荷，并且很少有 UV 吸收，也很少有荧光发色基团。糖要经过适当的衍生变成带有电荷且具有一定 UV 吸收或荧光活性的物质，这样就可以利用衍生糖的淌度差异进行区带电泳分析。目前广泛利用硼酸与糖反应，糖中相邻的两羟基与硼酸中的硼配位，失去两分子水，形成带负电复合物，然后用2-氨基吡啶衍生还原性糖，UV检测。

（三）直接测定法

糖的直接测定法是指不经衍生化反应直接测定。常用的两种方式，一是在高pH下，用强碱确保糖的离子化，采用UV、荧光或电化学检测。二是选择荧光标记或UV吸收物质作缓冲液，当分析物流经检测窗口时，分析物置换了缓冲液，记录为负吸收峰。

三、功能性食品

毛细管电泳的功能性食品分析大致可分为以下三部分。

一是功能性食品的定量、杂质的测定、药剂的分析，以及对它们稳定性的评价等以功能性食品质量管理为目的的测试方法。这些方法要求有良好的选择性、适当的分析灵敏度和可靠的准确度。

二是对进入人体内的功能性食品或代谢物的吸收、分布、代谢、排泄等体内动态的研究，即临床功能性食品分析。

三是手性功能性食品的分离分析。中草药化学成分的定量分析是功能性食品分析工作者面临的一项艰巨任务。由于中草药种类多、成分多，定量相对较难。对于同一功能性食品，因产地、栽培方法、生长环境及收获季节的不同，其中的成分和含量差别较大，因而中草药的成分分析更是复杂。目前，中草药成分分析有多种方法，其中高效液相色谱法是重要的分析方法。

但是这种分析手段有两方面的问题：第一，色谱柱容易污染，再生困难，一些色谱固定相比较昂贵，而且色谱柱的寿命不长；第二，由于中草药成分多，给分离工作带来了困难，即使采用适合保留因子（k）值变化较宽的梯度洗脱方式，也较难完全分离各种成分，而且分析时间长，分离效率也不是很高。高效毛细管电泳（HPCE）是一种发展十分迅速的分离分析新技术，具有高效、快速、微量、灵敏度高、实验经济等特点，在化学、生命科学和药学领域均有广泛的应用，尤其适合于功能性食品化学成分分析。采用CE作为功能性食品分离的手段，首先需要判断分析对象的存在状态，以离子形态存在的样品，一般选择毛细管区带电泳（CZE）分离模式，而非离子状态的样品则选择MECC分离模式。这两种分离模式都难以达到满意结果时，有必要考虑在泳动电解液中加入一些能与样品产生相互作用的添加剂，如环糊精或有机溶剂。在泳动电解液中添加适当的修饰剂使分离效果得到改善也是CE分析的主要特征之一。手性化合物是其化合物结构左右对称，它们的化学、物理性质非常相似。手性化合物尤其是手性功能性食品对映体的分离分析具有非常重要的意义，已成为分析化学领域中广泛研究的课题之一。

四、重金属污染类食品

金属离子在毛细管电泳中的分离是基于其不同的电泳流动性。金属离子的电泳流动性是由其自身的分子大小及所带电荷大小决定的。由于部分金属阳离子之间的淌度相差很小，给分离带来了一定的困难。例如，钾离子和铵根离子由于具有相同的淌度而无法分离。因此，往往需在电解质溶液中加入弱络合剂，以使金属阳离子的有效淌度和迁移速率有选择性地降低，从而使分辨率提高。要求所加入的弱络合剂与金属离子形成络合物的稳定常数不能太大，以免使分离速度太慢；且络合平衡建立要快速，以免导致峰变宽或多重峰。通常加入的络合剂为小分子且为低浓度（5～10 mmol/L）。

毛细管电泳技术的检测技术有多种，如紫外检测器、激光诱导荧光检测器、化学发光检测器、电导检测器、电势检测器、二极管阵列检测器、安培检测器等。紫外检测器是毛细管电泳分析金属离子常用的检测方法。金属离子如钾离子和钠离子由于没有发色团，因此无法直接利用紫外线检测。所以这些金属离子（以及有限发色团的物质）的检测需要通过间接紫外检测法。在间接法中，检测信号不是来自被测物本身，而是来自加入缓冲溶液中的某种背景电解质（BGE）。在间接紫外吸收法中，背景电解质的选择非常重要。背景电解质的淌度应和被检测物质相近。如果背景电解质的淌度远远大于或小于被检测物质会产生电分散效应，导致信号峰过宽。这种宽峰会导致检测的灵敏度和分辨率下降。背景电解质应在检测波长处具有强的光吸收，由于被检测物质在区带中取代了背景电解质，其浓度降低，使相对于其稳态时的信号降低，从而产生信号峰。

五、天然抗生素食品

抗生素是微生物在代谢过程中产生的一种对其他微生物具有杀灭或抑制作用的次级代谢产物。由于抗生素被广泛用于饲料添加剂和各种动物药物中，因而在畜产品和蜂蜜制品中会有残留。食品中的抗生素过多会损害人体健康，因此需对食品中抗生素残留量进行限制和监测。按照其化学结构，抗生素可以分为氨基糖苷类、喹诺酮类、大环内酯类、β-内酰胺类和四环类等抗生素。抗生素的发现和化学抗菌药的合成在预防、控制人类和动物疾病中占有的重要地位是不可替代的。但随着科学的进步与发展，抗生素的弊端也日渐显著，它在食品中残留所引起的安全隐患越来越吸引人们的关注，食品中抗生素的检测和分析也成为食品安全的热点问题之一。

毛细管电泳技术在抗生素分析中的条件因分析对象的不同而不同。

（一）大环内酯类抗生素

大环内酯类化合物是指化学结构中有12～16碳内酯环的一大类抗菌药物，它们在水溶液中的溶解度较低，不适宜采用毛细管区带电泳分析。但随着毛细管区带电泳分析理论的进步及分析技术的发展，毛细管区带电泳分析也逐渐应用于疏水化合物。实验主要是使用常见的电泳缓冲液如硼酸盐、磷酸盐、乙酸盐，加入20%～50%的有机修饰剂，一般是甲醇或乙腈。在该实验条件下，溶质不一定是荷电物质；中性物质可在有乙腈的条件下，通过与四己基铵离子的疏溶剂作用，引入正电荷而得到分离。

（二）氨基糖苷类抗生素

氨基糖苷类抗生素是指分子内有一个氨基环醇类和一个或多个氨基糖分子，并且由糖键连接形成苷的一类抗生素。这类物质具有极好的水溶性，带正电荷，所以较适宜用毛细管电泳进行分析。但是氨基糖苷类抗生素的分子结构中没有合适的生色团，故选择适当的检测手段非常重要。采用硼酸盐缓冲系统在 UV 195 nm 波长下直接检测，12 种氨基糖苷类抗生素及其他种类（庆大霉素 C1、庆大霉素 C1a、庆大霉素 C2、西索米星、地贝卡星、链霉素、双氢链霉素、妥布霉素、阿米卡星、卡那霉素 B、卡那霉素 A、巴龙霉素、布替罗星 A、布替罗星 B、核糖霉素）可被分离，其中布替罗星（Butirosin）A 和 B 为顺、反异构体。

（三）四环类抗生素

四环类抗生素是放线菌产生的广谱抗生素。它的等电点通常为4～6，在低pH条件下带正电荷，在高pH条件下带负电荷，在其等电点附近呈两性。根据其特性，采用毛细管区带电泳法进行分析，酸性缓冲液系统（30 mmol/L磷酸盐缓冲液，pH3.9）或碱性缓冲液系统（80 mmol/L碳酸盐缓冲液、1～5 mmol/L乙二胺四乙酸，pH9.0）可使之与其带正电荷或负电荷的杂质按荷质比的差异分离。利用胶束电动色谱技术，以15 mmol/L的乙酸胺缓冲液、20 mmol/L的SDS（pH5.6）作为电泳缓冲液，根据四环类抗生素胶束/水分配系数（Pmw）的差异进行分离，其Pmw不仅与缓冲系统的pH有关，与其具体结构也有关。

（四）β-内酰胺类抗生素

β-内酰胺类抗生素是指含有β-内酰胺环的一类抗生素，如青霉素、头孢素。β-内酰胺类抗生素具有良好的水溶性和较强的紫外吸收，故这类抗生素十分适合采用毛细管区带电泳（CZE）分析。

（五）喹诺酮类抗生素

喹诺酮类抗生素是化学合成的一类药物，通常不仅具有多个解离基团，且具有较强的紫外吸收，可用毛细管区带电泳或胶束电动毛细管色谱模式进行分析。

第五节　食品工业中毛细管电泳分离技术的应用案例

毛细管电泳分离技术是以毛细管为分离通道，以高压电场为驱动力，根据待测组分之间的浓度和分配系数的差异进行分离的一种新型技术。该技术在食品、药品及生物领域被广泛应用。目前，毛细管电泳分离技术在食品工业中的应用主要集中在食品安全方面，如分析食品中的某种物质残留，根据相关物质残留的规定判断该食品是否合格，是否存在危害人体健康的潜在风险。

一、乳品中的三聚氰胺

（一）三聚氰胺概述

三聚氰胺，俗称"蛋白精"，又名三胺、密胺、三氨三嗪，是一种氮杂环有机化工原料，该物质难以被人体代谢，一旦进入人体易引发肾结石和肾衰竭。2008年，为提高奶粉中的氮含量，一些不法分子向三鹿奶粉的原料中掺入了三聚氰胺，致数万婴幼儿患病，该事件引起各国的高度关注及对乳制品的担忧。同年，我国颁布了《原料乳与乳制品中三聚氰胺检测方法》（GB/T 22388—2008）。该方法共有三部分，分别是高效液相色谱（HPLC）、液相色谱质谱（HPLC-MS）和气相色谱质谱联用（GC-MS）。虽然目前检测三聚氰胺的方法不少，但是现有的方法还存在一些问题。例如，气相色谱检测非挥发的三聚氰胺需要预处理，这个过程复杂且容易造成二次污染；高效液相色谱成本较高，推广普及较为困难。毛细管电泳分离检测三聚氰胺具有用量少、分析速度快、分离效果好、仪器简单、分析成本低等特点。

（二）三聚氰胺分离原理

毛细管电泳法分离三聚氰胺是合理地调整样液酸碱度，根据样液自身的介电常数、浓度及黏度等的不同而在毛细管中的迁移速度不同来进行分离的。然后通过检测器记录分析物通过终点时的情况，最后得到电泳图谱并进行分析。在分离过程中，分离电压、毛细管温度等参数要设置得恰当。

（三）三聚氰胺分离方法

以乳酸菌作为电解质，采用电容耦合非接触式的电导检测法，可以检测出乳制品中的 K^+、Ca^{2+} 和 Na^+ 等金属离子。采用三氯乙酸和乙腈混合溶剂超声提取乳品中的三聚氰胺，提取液经过滤离心后，取其上清液以固相萃取的方法，用 5% 的氮化甲醇溶液进行洗脱，蒸干后分析。同时以金纳米颗粒作为三聚氰胺的萃取溶剂，实现三聚氰胺的富集和分离，富集之后将三聚氰胺用毛细管电泳分离技术进行检测。

二、饮料中的防腐剂

（一）防腐剂概述

防腐剂是指通过天然或化学合成，为了延长食品、化妆品、药品等保质期而加入其中的一类物质。食品防腐剂一般是通过干扰微生物的酶系、破坏微生物的生存物质及改变微生物膜的通透性等方式来达到保持食品原有营养和品质、延长食品货架期的目的。目前，食品防腐剂的检测主要有高效液相色谱、气相色谱和毛细管电泳等。

（二）防腐剂分离原理

在最佳电泳条件下，样品经过前处理后，不同的检测物质因自身的性质不同而产生不同的迁移速度，通过检测器记录不同物质通过终点的情况，得到电泳谱图，根据峰面积和迁移时间进行分析。

（三）防腐剂分离方法

配制 pH 为 9.35 的 40 mmol/L 硼砂盐缓冲液，设置分离电压为 25 kV、柱温为 20℃，并在 200 nm 波长下分离检测饮料中的苯甲酸、山梨酸、对羟基苯甲酸甲酯、脱氢乙酸、对羟基苯甲酸丙酯、对羟基苯甲酸乙酯、对羟基苯甲酸丁酯 7 种防腐剂，毛细管柱的冲洗程序为 NaOH 甲醇溶液（0.1 mol/L）和水（$V:V=50:50$）缓冲溶液。

三、羊乳婴幼儿配方粉中的蛋白质

（一）乳品中的蛋白质

蛋白质是乳品中最重要的营养成分，是乳品检测必不可少的指标。乳蛋白主要分为乳酪蛋白和乳清蛋白，乳酪蛋白含量约为总蛋白的 80%，主要以 α-酪蛋白、β-酪蛋白和 κ-酪蛋白为主，乳清蛋白以 α-乳白蛋白和 β-乳球蛋白为主。

（二）蛋白质分离原理

毛细管区带电泳是芯片毛细管电泳分离蛋白质的一种最基本的分离模式，是基于不同的蛋白质分子在电场中的迁移速率不同而实现分离，是一种简单、快速的分离方法。在蛋白质组学和蛋白质分离研究中，凝胶电泳是广泛使用的分离技术。它是以凝胶等聚合物作为分离介质，利用其网络结构并依据被测组分的分子体积不同而进行分离的一种分离模式。芯片等电聚焦分离蛋白质的原理与常规毛细管等电聚焦基本相同，都是依据蛋白质的等电点（pI）不同而进行分离的。

（三）蛋白质分离方法

采用毛细管凝胶电泳技术，称取 500 mg 样品于 15 mL 离心管中，加入 2% 的 SDS 样品缓冲液 7 mL，涡旋振荡直至充分溶解。准确量取样液 10 μL，分别加入 SDS 样品缓冲液 85 μL、10 kDa 内标蛋白溶液 1 μL 和 β-巯基乙醇 5 μL，盖紧瓶盖充分混合，置于沸水浴中处理 3 min，分析测定前将样品置于室温水浴中冷却 5 min，上样进行电泳分析。电泳步骤：在 50 psi（344 737.85 Pa）条件下用 0.1 mol/L NaOH 碱洗 5 min，再用 0.1 mol/L HCl 酸洗 2 min，而后用去离子水冲洗 2 min，改为在 40 psi（275 790.28 Pa）条件下 SDS 凝胶灌注 10 min，5.0 kV 电压上样 20 s，5.0 kV 电压分离 30 min，采用光电二极管阵列（PDA）检测器，在 4℃ 条件下检测，获取数据。

思 考 题

1. 理解电泳、电渗、电泳淌度等几个基本概念。
2. 简述毛细管电泳装置的主要部件及其发展情况。
3. 简述毛细管电泳技术在生化领域的应用进展。
4. 电渗流是如何产生的？电渗流在电泳分离中的作用有哪些？

主要参考文献

白沙沙，李芝，臧晓欢，等. 2013. 磁性石墨烯固相萃取-分散液液微萃取-气相色谱法测定水和绿茶中酰胺类除草剂残留 [J]. 分析化学，41（8）：1177-1182.

陈林情. 2017. 毛细管电泳法检测饮料中的防腐剂 [J]. 吉首大学学报（自然科学版），38（6）：67-71，7.

陈义. 2000. 毛细管电泳技术及应用 [M]. 北京：化学工业出版社.

陈义. 2006. 毛细管电泳技术及应用 [M]. 2 版. 北京：化学工业出版社.

丁晓静，郭磊. 2015. 毛细管电泳实验技术 [M]. 北京：科学出版社.

董亚蕾，陈晓姣，胡敏. 2012. 高效毛细管电泳在食品安全分析中的应用进展 [C] // 甘肃省化学会色谱专业委员会，广西化学化工学会. 西北地区第七届色谱学术报告会甘肃省第十二届色谱年会论文集. 桂林.

董娅妮，方群. 2008. 微流控芯片毛细管电泳在蛋白质分离分析中的应用研究进展 [J]. 色谱，26（3）：269-273.

方晓霞. 2016. 基于短毛细管的微型化高速电泳分离系统的研究 [D]. 杭州：浙江大学博士学位论文.

高慧君. 2013. 毛细管电泳法在药物和生物分析中的应用研究 [D]. 太原：山西大学硕士学位论文.

郭爱珍，陈斌，程曼，等. 2016. 我国蔬菜重金属污染现状及防控措施 [J]. 山西农业科学，44（4）：138-142.

胡法莲. 2014. 高效毛细管电泳应用于食品安全检测的方法研究 [D]. 烟台：烟台大学硕士学位论文.

胡丽焕. 2020. 基于毛细管电泳-串联质谱联用技术的二苯甲酮类紫外线吸收剂的灵敏检测 [D]. 长春：东北师范大学硕士

学位论文.

黄勇. 2014. 浅析重金属污染现状及治理技术研究进展［J］. 低碳世界,（1）: 9-10.

靳淑萍. 2009. 毛细管电泳-电化学检测技术在药物分析中的应用研究［D］. 上海: 华东师范大学硕士学位论文.

李可心, 曾颜, 郭刘杨. 2015. 毛细管电泳法测定人发中多种微量金属离子［J］. 南昌航空大学学报（自然科学版）,（29）:
63-69.

李琴. 2011. 毛细管电泳及其质谱联用技术在违禁药物检测中的研究与应用［D］. 福州: 福州大学硕士学位论文.

李忠, 王玉洁, 刘国诠. 2001. 在线多通道拉曼光谱检测系统的建立及与毛细管电泳的联用［J］. 高等学校化学学报, 22
（10）: 1654-1657.

刘鸣畅, 侯艳梅, 杨艳歌. 2019. 毛细管电泳技术检测羊乳婴幼儿配方粉中的牛乳成分［J］. 中国食品学报, 19（5）: 270-275.

刘营. 2015. 基于纳米材料的毛细管电泳分离检测性能研究及应用［D］. 青岛: 青岛科技大学硕士学位论文.

刘钰, 刘军, 李志强. 2007. 食品中结核杆菌和李斯特菌的污染状况监测分析［J］. 中国初级卫生保健, 21（1）: 79-80.

吕秀华, 娄维义, 党永岩. 2001. 电泳技术的发展和应用［J］. 农业与技术, 21（3）: 43-45.

马世雍. 2019. 一种新型固相萃取与毛细管电泳在线联用电渗驱动液流阀接口的设计与评价［D］. 大连: 辽宁师范大学硕士
学位论文.

毛煜, 徐建明. 2001. 毛细管电泳技术和应用新进展［J］. 化学研究与应用, 13（1）: 4-9.

蒙飒. 2015. 毛细管电泳-电致化学发光在氯普噻吨及生物碱分析中的研究和应用［D］. 桂林: 广西师范大学硕士学位论文.

孟凡婷, 陆利霞, 熊晓辉. 2007. 毛细管电泳法分析食品中残留抗生素的研究进展［J］. 食品科技, 32（11）: 178-181.

聂永心. 2014. 现代生物仪器分析［M］. 北京: 化学工业出版社.

潘振朝, 叶为果. 2017. 高效毛细管电泳在食品安全检测中的应用实践分析与研究［J］. 现代食品,（7）: 34-36.

邵娅婷. 2015. 高效毛细管电泳分离分析几类药物活性成分的研究［D］. 昆明: 云南大学硕士学位论文.

宋立国, 熊少祥, 陈洪, 等. 1996. DNA 序列分析新技术——阵列毛细管凝胶电泳［J］. 化学通报,（8）: 13-18.

王义明, 魏伟. 1996. 高效毛细管电泳在糖分析中的应用［J］. 分析化学, 24（12）: 1459-1463.

杨霞. 2017. 高效毛细管电泳法测定食品和药物中的活性成分［D］. 临汾: 山西师范大学硕士学位论文.

杨晓泉, 王学兵, 张水华. 1999. 毛细管电泳在食品分析中的应用［J］. 食品与发酵工业,（5）: 58-63.

叶兴乾, 张献忠, 刘东红. 2012. 食品中非法添加物检测及分析技术进展［J］. 北京工商大学学报, 30（6）: 19-23.

应素燕. 2013. 毛细管电泳在生物样品分离分析中的应用研究［D］. 金华: 浙江师范大学硕士学位论文.

查娜. 2019. 使用超声萃取和毛细管电泳技术检测牛奶中的三聚氰胺方法的介绍［J］. 现代农业,（6）: 6.

张飞. 2014. 基于界面堆积及 Au 纳米材料的毛细管电泳富集分离技术研究及其应用［D］. 青岛: 青岛科技大学硕士学位论文.

张礼春. 2015. 高效毛细管电泳法同时测定饮料中七种防腐剂［J］. 分析试验室, 34（1）: 77-80.

张胜. 2011. 基于四丁基磷酸铵辅助无胶筛分毛细管电泳检测 DNA 的新技术［D］. 广州: 华南师范大学硕士学位论文.

张婷. 2009. 微流控皮升级平移自发试样引入方法及其在高速毛细管电泳中的应用［D］. 杭州: 浙江大学博士学位论文.

张晓丽. 2014. 电膜微萃取-毛细管电泳联用技术在饮用水消毒副产物分析中的应用研究［D］. 上海: 华东师范大学硕士学位
论文.

Berner R, Petz R, Lüchow A. 2014. Towards correlated sampling for the fixed-node diffusion quantum monte carlo method [J].
Zeitschrift Für Naturforschung A, 69(7): 279-286.

Carolina S, Carlos E, Nieves G, et al. 2004. Capillary electrophoresis-mass spectrometry of basic proteins using a new physically
adsorbed polymer coating: some applications in food analysis [J]. Electrophoresis, 25(13): DOI: 10. 1002/eips.200305790.

Chen Y C, Eisner J D, Kattar M M, et al. 2000. Identification of medically important yeasts using PCR-based detection of DNA sequence
polymorphisms in the internal transcribed spacer 2 region of the rRNA genes [J]. Journal of Clinical Microbiology, 38(6): 2302-2310.

Fukuji T S, Castro-Puyana M, Tavares M, et al. 2012. Sensitive and fast determination of Sudan dyes in chili powder by partial-filling
micellar electrokinetic chromatography-tandem mass spectrometry [J]. Electrophoresis, 33(4): 705-712.

Horstktter C, Jiménez-Lozano E, Barrón D, et al. 2015. Determination of residues of enrofloxacin and its metabolite ciprofloxacin in
chicken muscle by capillary electrophoresis using laser-induced fluorescence detection [J]. Electrophoresis, 23(17): 3078-3083.

Terabe S, Otsuka K, Ichikawa K, et al. 1984. Electrokinetic separations with micellar solutions and open-tubular capillaries [J].
Analytical Chemistry, 56(1): 111-113.

Xia L, Zhu D, You T. 2011. Simultaneous analysis of six cardiovascular drugs by capillary electrophoresis coupled with electrochemical
and electrochemiluminescence detection, using a chemometrical optimization approach [J]. Electrophoresis, 32(16): 2139-2147.

第八章 食品工业中的结晶分离技术

第一节 结晶分离技术概述及原理

一、结晶分离技术概述

(一)概念

结晶是物质内部分子、原子或离子高度组织有序排列形成晶格的过程,宏观上表现为溶液或气体向晶体的相转变。在过饱和溶液中,过饱和度推动固相从母液中分离出来,因此结晶过程可以作为一种分离技术来获得固体产品。

为更好地理解和控制结晶过程,众多学者进行了大量基础性研究并提出了相关理论,其中涉及结晶热力学、结晶成核、晶体生长动力学、晶体形态等方面,而且这些相关理论已经被用于更好地指导实际工业生产。近年来,结晶分离技术发展迅速,涉及许多行业,包括医药工业的药物提纯;航空航天、电子、材料等工业中高强度、高纯、超高纯及各种特殊性能材料的获取;食品工业中糖、盐、味精等的分离与提纯。

(二)特点

随着现代工业的发展,分离技术越来越多,而结晶分离作为传质分离技术中的一种,相比于其他工艺,其具有以下特点:①操作温度较低、能耗较少;②厂房结构简单、易于施工和维护,比其他分离过程更经济;③设备材质的要求较低,排放的污染物较少,是比较绿色的分离方法。从产物的角度,有以下特点:①能够从杂质较多的混合体系(溶液或多组分熔融态)中,单步有效地获得高纯度固相,尤其适合于食品这种安全性要求较高的产业;②分离出的晶体具有特定的晶体结构和形态,适合直接包装和销售;③但该方法通常只纯化一个组分,产量受到相平衡的限制。

与其他替代方法相比,结晶过程动力学更复杂,获得详细的动力学参数需要复杂的实验过程。就食品工业而言,配方和工艺等许多因素都会影响最终产品的形态和感官,因此需要更好地运用结晶动力学知识来控制结晶过程。

二、结晶分离的原理

(一)过饱和溶液与介稳区

结晶过程由以下阶段组成,即溶液过饱和、晶核形成、晶体生长、再结晶、重结晶,各个阶段在时间上的次序可能不同,可能连续进行或同时进行,通常是在过饱和区内形成晶核,在饱和区生长。

根据溶液的饱和度可分为不饱和溶液、饱和溶液和过饱和溶液。饱和溶液是指在热力学稳定状态下包含最大浓度溶质的溶液,此时溶质的浓度也称为平衡浓度;不饱和溶液是指溶质浓度低于平衡浓度的溶液;过饱和溶液是指热力学不稳定的溶液,其溶质浓度高于平衡浓度。

过饱和度可用三个指标表示，即绝对过饱和度 Δc、相对过饱和度 δ 和过饱和系数 s。

$$\Delta c = c - c_{eq} \tag{8-1}$$
$$\delta = (c - c_{eq})/c_{eq} \tag{8-2}$$
$$s = c/c_{eq} \tag{8-3}$$

式中，c 为溶质的浓度；c_{eq} 为饱和溶液中的溶质浓度。

根据稳定性进行区域划分，不饱和溶液与饱和溶液构成稳定区，过饱和溶液可划分为介稳区和不稳定区（图8-1），介稳区又分为两个区域，即第一介稳区和第二介稳区。第一介稳区（M_1）在溶解度曲线 0 和虚线 1 之间，该区域的特点是在排除外来晶核的条件下，溶液可在一定时间维持澄清状态不变（即不结晶），虽然此区无新的晶核形成，但晶体可以生长，因此若要在区域内完成结晶，需要加入晶种。第二介稳区（M_2）位于曲线 2 和虚线 1 之间，该区域内晶核可以自发形成，但需要经过一定的时间间隔。

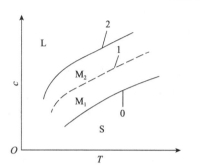

图 8-1　溶液状态图（娄向阳，2017）

S. 稳定区；M_1、M_2. 第一和第二介稳区；L. 不稳定区；0. 溶解度曲线；1、2. 第一和第二介稳度界限的曲线；T. 温度

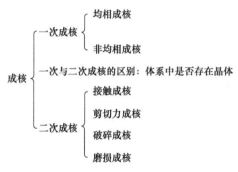

图 8-2　结晶成核过程的分类

（二）晶核形成

晶核是在过饱和溶液中新生成的微小晶体粒子，是晶体生长过程的核心。晶核的大小粗估为数十纳米至几微米，通常随着结晶操作的进行及体系过饱和度的降低，晶核的形成速率会逐渐减小，直至后期晶核数目基本不变，达到动态平衡，此时溶质主要在晶核的表面析出，维持晶核生长。

根据成核作用的发生方式，可分为一次成核和二次成核，一次成核又可细分为均相成核和非均相成核，如图8-2所示。

一次成核是在没有晶体存在的情况下自发产生晶核的过程，是从纯液体或纯溶液中形成新的相。一次成核速度较大，对过饱和度变化非常敏感，很难将其控制在一定水平，因此要尽量避免一次成核的发生。

二次成核是在已有晶体的条件下产生晶核的过程，主要受温度、过饱和度、晶体粒度与硬度等影响。二次成核基本上是在弱过饱和溶液中（即溶液处于第一介稳区内）发生的，当然二次成核在更高的过饱和度下也可能发生。根据晶体与外部物体（晶体、溶液、器壁、搅拌桨）的作用不同分为接触成核、剪切力成核、破碎成核和磨损成核。一般认为在工业结晶过程中，接触成核是最简单、最好的方法，其优点是：过饱和对接触成核的影响较小，易实现稳定操作控制；成核是在低饱和度条件下进行的，易得到优质产品；产生晶核所需的能量非常低，被碰撞的晶体不会造成宏观上的磨损。

均相成核中要明确均相物系。均相物系是不含其他相杂质的体系，均相物系的新相可能是在不稳态下或介稳态下形成的。均相物系的特征是成核速度明显与过饱和度有关，而非均相物系中相变的特性和固体表面积均会对成核过程有影响。因此，在成核过程中，均相成核是指在一理想体系中各处有相同的成核速度,而非均相成核是指从外界某些不均匀处(如容器壁、杂质等)产生晶核的过程。

成核速度为单位时间内在单位体积溶液中形成晶核的数目,成核速度是决定晶体粒度分布的首要动力学因素。

(1)从绝对反应速度理论的阿伦尼乌斯方程(Arrhenius equation)出发可近似得成核速度公式:

$$B = k e^{-\Delta G_{max}/RT} \tag{8-4}$$

式中,B 为成核速度;ΔG_{max} 为成核时吉布斯自由能,即成核时必须越过的能垒;k 为常数;R 为摩尔气体常数;T 为热力学温度。

(2)用简单经验公式表示成核速度,即

$$B = k_n (c - c^*)^n \tag{8-5}$$

式中,k_n 为晶核形成速度常数;c 为溶液中溶质的浓度;c^* 为饱和溶液中溶质的浓度,相当于 c_{eq};n 为成核过程中的动力学指数。

图 8-3 是过饱和度和温度对成核速度的影响。开始时成核速度 B 随着绝对过饱和度 Δc 的增大而增大,由式(8-5)可知,由于溶液过饱和度增大,吉布斯自由能减小,相应地成核速度就增大;但达到最大值后,随着过饱和度增大,成核速度反而降低,这是因为黏度增大,阻碍了晶核的形成。温度对成核速度的影响趋势也是相同的,因为温度同样也是通过影响过饱和度来实现的。

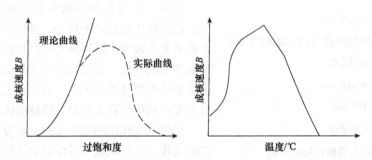

图 8-3 绝对过饱和度和温度对成核速度的影响(陈国豪,2007)

(三)晶体生长

1. 晶体生长过程

晶体生长过程是指在过饱和溶液中形成晶体后,结晶物质在一定温度、压力、pH、浓度、介质等条件下,以过饱和度为推动力,在晶体表面溶质质点有序排列,晶体逐渐长大形成特定维度尺寸的过程,如图 8-4 所示。该过程中结晶物质从溶液中向晶体表面扩散,被表面吸附,然后以某种方式嵌入晶格,使晶体长大,同时放出结晶热,并且将放出来的结晶热传至溶液中。

2. 晶体生长理论

近年来,晶体生长理论获得了极大的发展,这些理论在晶体生长实践中起到了一定的指导作用。下面主要对晶体平衡形态理论、周期键链理论、界面生长理论作简要介绍。

(1)晶体平衡形态理论是指晶体具有特定的生长习性,晶体生长外形表现为一定的几何形状的多面体,晶面的类型和大小本质上受晶体结构的控制,并遵循一定的规律,包括 BFDH 法则(或称 Donnay-Harker 原理)、居里-吴里费原理、弗兰克(Frank)运动学理论。BFDH 法

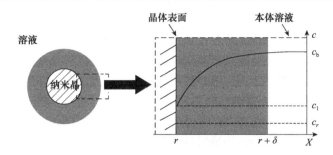

图 8-4 晶体生长过程（Liu et al., 2020）

c. 离表面一定距离（X）的溶质浓度；c_1. 晶核和溶液界面处溶质的浓度；c_r. 半径为 r 的溶质的溶解度；
c_b. 晶核表面与溶液中溶质浓度相等时的浓度，即平衡浓度

则是在布拉维法则的基础上，很好地阐释了实际晶面与空间格子的面网之间的关系。居里-吴里费原理说明对于平衡形态而言，晶体中心到各晶面的距离与该晶面的比界面能成正比。Frank 运动学理论是 Frank 在描述晶体生长或熔化过程中晶体的外貌时，提出的运动学第一定律和运动学第二定律。

（2）周期键链理论是在 1955 年由哈特曼和珀多克等提出的，他们从晶体结构的几何特点和质点能量角度讨论了晶面的生长。晶体结构中存在着一系列周期性重复的强键链，其重复特征与晶体中质点的周期性重复相一致，这样的强键链称为周期键链。晶体沿着平行于键链的方向生长，键力最强的方向生长最快。

（3）界面生长理论是研究者以对晶体结构的认识为基础，提出的多种界面微观结构模型，并推导出界面动力学规律，这些理论称为界面生长理论。液固界面相位于晶相和液相之间，具有一定的厚度，从宏观角度看，晶体生长过程可视为生长界面持续向液相推移的过程，因此，研究界面相可以揭示晶体生长规律，深入认识晶体生长机制。

3. 晶体生长模式

晶体生长模式主要包括三种：层生长模式［弗兰克-范·德·默夫（Frank-van der Merwe）模式］、三维生长模式［沃尔默-韦伯（Volmer-Weber）模式］和介于二者之间的斯特兰斯基-克拉斯塔诺夫（Stranski-Krastanov）模式，如图 8-5 所示。层生长模式是一层层堆积的过程，即在一个新的晶体层趋向形成前，其下方必然是一层完整的晶体层（图 8-5A），这种模式也称为二维生长模式；三维生长模式是许多晶体层同时生长，原子沉积在相对较高的晶体层上，导致晶体表面形成小丘和空洞的生长模式（图 8-5B）；Stranski-Krastanov 模式是开始时逐层生长，到一定程度后，又以三维模式生长。

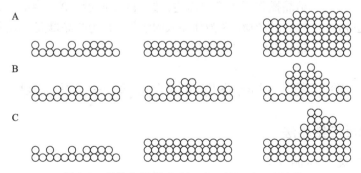

图 8-5 晶体生长模式（Levi and Kotrla，1996）

A. Frank-van der Merwe 模式；B. Volmer-Weber 模式；C. Stranski-Krastanov 模式

4. 影响晶体生长速率的因素

晶体生长速率可以用各晶面的生长线速度表示，或者用晶体质量随时间的变化表示，而无论是晶体生长线速率还是晶体生长的质量速率，内在影响因素都是溶液的过饱和度或熔体的过冷度。外在因素如温度、压力、液相的搅拌速度、有无杂质存在等也会影响晶体生长速率。式（8-6）为晶体的线生长速率 L：

$$L=k\Delta c \tag{8-6}$$

式中，k 为晶核生成速率常数；Δc 为绝对过饱和度，即溶液中溶质的浓度与饱和溶液中溶质的浓度差。

（四）再结晶

再结晶过程通常出现在金属热加工或冷加工后再加热的过程中，同样包括再结晶晶核的形成和生长两个典型过程。在再结晶过程发生之前，组织通常会产生回复，以进入更低的能量状态，之后在特定的条件下，在金属或合金的显微组织中产生再结晶核心，而后新晶粒不断长大，直至原来的变形组织完全消失，金属或合金的性能也发生显著变化。再结晶机制包括静态再结晶和动态再结晶两种机制，区别在于材料加热或自身发热过程中是否产生变形现象。

（五）重结晶

重结晶是利用杂质和结晶物质在不同溶剂与不同温度下的溶解度不同，将晶体用合适的溶剂溶解，而后再次结晶，从而使其纯度提高。

进行重结晶是因为溶质结晶后，其大部分晶体中或多或少残留杂质，这是由于：①杂质的溶解度与产物类似，所发生的共结晶现象；②结晶过程中杂质被包埋于晶体结构内；③晶体表面黏附的母液虽经洗涤，但很难彻底除净。因此，工业生产中往往采用重结晶方法以获得纯度较高的产品。

重结晶的关键是选择合适的溶剂，一般遵循以下原则：①溶质在某溶剂中的溶解度随温度升高而迅速增大，冷却时能析出大量结晶；②溶质易溶于某一溶剂而难溶于另一溶剂，若两溶剂互溶，通过试验确定其在混合溶剂中所占的比例。

最简单的重结晶方法是将收获的晶体溶解于少量的热溶剂中，然后冷却使之再形成晶体，分离母液或经洗涤就可获得更高纯度的新晶体。若要求产品的纯度很高，可重复结晶多次。这类简单的重结晶操作可用简图描述，如图 8-6 所示，P_i（$i=1,2,\cdots,n$）表示原结晶产物，S 为新加入的溶剂，L 为结晶母液，但这种最简单的重结晶方法的产品收率低。

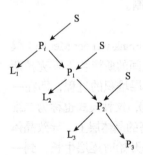

图 8-6　最简单的重结晶
转化过程
（欧阳平凯等，2010）

第二节　结晶分离技术的装置与工艺流程

一、化学反应结晶法

（一）化学反应结晶法概述

反应结晶法作为传统结晶方法之一，一直受到人们的重视。工业结晶方法一般可分为溶液结晶、熔融结晶、升华、沉淀 4 类。反应结晶或反应沉淀是沉淀的主要类型之一，大多数情况下是借助于化学反应产生难溶或不溶固相物质。反应结晶过程是一个复杂的传热、传质过程，在不同的物理（流体力学等）、化学（组分组成等）环境下，结晶过程的控制步骤可能改变，反映出不同的结晶行为。随着人们对反应结晶过程研究的逐步深入，目前已取得了一些突破性进展。而近几年来国内外逐步加强对反应结晶过程的机制研究，进一步探索各过程相互作用机制，系统地研究操作参数对晶体产品的影响，并提出合理、通用的工业放大设计方法，以指导工业生产，适应反应结晶应用范围迅速扩大的趋势。

化学反应结晶法是通过加入反应剂（通过引入气体或液体）与溶液发生反应，或者通过调节 pH，使反应产物逐渐积累达到过饱和或者构成产物的各离子浓度超过浓度积，析出固体物质的方法。对大多数物质来说，结晶所选 pH 要与沉淀时的 pH 大致相同。对于两性电解质溶液，结晶 pH 就是该溶液的等电点；对酶等生物活性大分子进行结晶时，选用的 pH 要避免影响其生物活性。

化学反应结晶法可满足工业上连续化、高效率、可持续性的要求。首先，该方法无须蒸发结晶、冷却结晶等许多其他结晶分离方法的热能，节约了热分离过程所需的能源成本；其次，反应和结晶二者的结合可以减少中间产物的滞留，减少操作次数，消除了在容器之间转移物料的需要，从而降低了时间成本。例如，使用相同的溶剂进行反应结晶，不仅可以避免回收溶剂的操作，甚至可以减少额外废物的产生。

（二）化学反应结晶法的装置

结晶分离技术在工艺上的应用，最主要的是结晶装置的选择，对于化学反应结晶法的结晶装置，其各组成部件应满足如下要求：反应器应满足对结晶动力学的影响，一般有间歇式和连续式两种反应器，如图 8-7 所示。间歇式反应器（图 8-7A）有利于反应和结晶条件的时间分离，而连续式反应器（图 8-7B）有利于反应和结晶条件的空间分离。模型和过程控制系统应保持反应和结晶条件，由于晶体的形状和尺寸分布受到过饱和度的强烈影响，需要进行严格的过程控制。采用连续化或半连续化体系以便于可以随时将所需结晶物质与反应物催化剂等液相分开。但是，在用非均相催化剂促进预期反应的情况下，将催化剂从产品晶体中分离是一个额外的挑战。

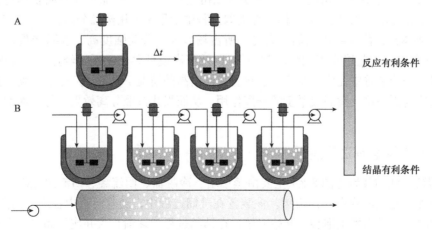

图 8-7 化学反应结晶法的结晶器装置图（Mcdonald et al., 2021）

A. 间歇式反应器；B. 连续混合反应器（上）和管式反应器（下）

（三）化学反应结晶法的工艺流程

化学反应结晶法包含两个步骤：反应和结晶。首先，要进行化学反应，需要保证反应物的充分混合，该过程会受到对流和扩散作用的影响，随后发生的化学反应会同时涉及动力学、热力学，而影响化学反应的许多因素包括不同的反应形式（离子或共价反应）、反应平衡、催化剂等，在反应结晶过程中也会被涉及。而后随着反应的进行，体系中会产生晶核，晶核再逐渐生长形成较大的晶体颗粒。不同于其他结晶形式，该过程往往还伴随着粒子的老化（即相转变）、聚结和破碎等二次过程。

上述每个过程均会对最终的结晶效果产生很大的影响。例如，如果在结晶器的初始过程中没有充分地混合，则容易在加料口处出现大量晶核；反应速率越快，系统在高过饱和度下的反应时间越短，达到的过饱和度峰值也越高，因此为提高整体收率和粒度分布，加快反应结晶过程，可采取一些研磨的手段。

所有结晶方法的未来研究趋势都会更加关注过程强化，以实现多种技术的同时或顺序应用。例如，在第一个液相中发生反应，而在第二个液相中发生结晶，以及相之间的快速传质；或者反应结晶在高温下发生，而随后冷却以降低溶解度并产生过饱和现象，同时减小反应速率。反应结晶法下一步的关注点在于反应催化剂的使用与回收。例如，使用可溶性催化剂，后续通过超滤或膜分离技术进行回收。同时，该方法会进一步研究复杂环境中，如多种溶质或溶剂和表面结晶的基本原理，将使未来的合成和分离过程具有更高的收率与可持续性。

二、蒸馏结晶法

（一）蒸馏结晶法概述

蒸馏结晶法是利用物质溶剂溶解度的不同分离沸点接近，熔点相差较大的有机物质。这种工艺方法实际就是利用一级固液平衡来代替几级气液平衡，将蒸馏与结晶结合，是一种较先进的生产工艺。

蒸馏结晶工艺在目前的生产生活中已经得到了很大的应用。蒸馏结晶工艺在分离精萘等易结晶物质（该技术采用蒸馏技术与静态熔融结晶技术相耦合的方法，从煤焦油中提取精萘，并且通过与溶剂法相比较，发现蒸馏-结晶耦合法所得产品纯度和回收率高，操作温度低，自动化程度高）、同分异构体（在提取过程中如果单纯用蒸馏分离，需三塔耦合操作，能耗大、成本高，而单纯用结晶分离时，所占场地大、劳动强度高、泄漏严重，故采用蒸馏-结晶耦合操作工艺以实现大幅度节能），以及恒沸或低共熔物系（经过实验证明蒸馏-结晶过程可在一个装置中完成，在相同填料、相同塔高的情况下，提高产品的纯度，其主要原因是在某些物系中可发挥固液平衡的分离作用，从而强化蒸馏分离效果）等方面都有广泛的应用。

（二）蒸馏结晶法的装置

蒸馏结晶法的装置（图8-8）主要由蒸馏塔、冷凝器、回流罐、回流比控制仪、产品罐组成，蒸馏塔连接冷凝器和回流罐。该装置在蒸馏过程中，随着溶液中各组分的蒸发冷凝，溶液浓度增加，进而发生饱和，开始成核，在结晶过程中逐渐长大并成为晶体。主要是根据结晶物、结晶方法和产品特性等选择适合的冷凝器。

（三）蒸馏结晶法的工艺流程

蒸馏结晶分离体系实际是利用固液平衡突破蒸馏过程气液相的热力学障碍，达到进一步提纯的目的。图 8-9 是蒸馏结晶的工艺流程，该过程可简述为：①蒸馏，首先在蒸馏塔中蒸发溶液，脱除溶液中的溶剂，达到必要的浓度；②冷却，当溶液接近饱和状态时，进入冷凝器冷却；③结晶分离和回流，当冷凝液从蒸馏塔的冷凝器中出来时，就会被引入冷却结晶器中进行结晶，结晶器中的结晶物被作为产品收集，而富集杂质较多的熔融液及没有结晶的组分会经过预热升温，溶质的溶解度升高而使溶液又变为不饱和状态，以回流的形式返回蒸馏塔中；④重复上述蒸发冷凝结晶回流的过程。

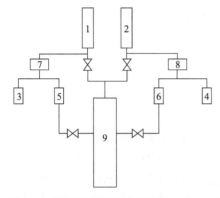

图 8-8　蒸馏结晶设备图（刘英杰，2010）

1、2. 冷凝器；3、4. 产品罐；5、6. 回流罐；
7、8. 回流比控制仪；9. 蒸馏塔

视频 8-1

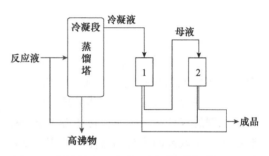

图 8-9　蒸馏结晶工艺流程图（郭建国等，2018）

1、2. 结晶及分离器

三、萃取结晶法

（一）萃取结晶法概述

萃取结晶是一种萃取与结晶相耦合的技术，通过向饱和水溶液中加入一种有机萃取剂，原溶液中的一部分水萃取到有机溶剂中，导致原溶液过饱和，从而使溶质分离出来的一种方法。该过程实质上是萃取剂与结晶溶质对水分子的争夺过程，随着萃取剂的加入，溶质在饱和溶液体系中的溶解度降低，得以析出结晶。

因此，萃取结晶工艺的合理开发需要理解相关理论规律和影响因素。例如，选取合适的萃取剂，需要清楚结晶溶质在水和有机萃取剂混合体系下的溶解度数据。此外，由于盐析作用可以使完全互溶的混合溶液产生液液分相，因此有必要了解水-萃取剂-结晶溶质体系的液液平衡数据及液液固平衡数据。

此外，水-萃取剂-结晶溶质三相体系中各组分的相互作用也会对萃取产生很大的影响，包括：水化作用，即偶极分子水分子与溶质离子会产生较强的"离子-偶极"作用，增加溶质的溶解度，不利于萃取结晶；萃取剂氢键作用，该作用会使萃取剂与水分子形成氢键缔合，有利于萃取结晶，但若是待萃取溶液中含有大量亲水基团，与水生成氢键，则不利于萃取结晶；溶质效应，即在待萃取溶液中加入有机萃取剂后，由于溶质与水、溶质与有机萃取剂、水与有机萃取剂之间的相互作用，构成了一套非常复杂的溶解结构，改变了原来结晶溶质在水溶液中的溶解度。相反，溶质的作用也相应改变了有机萃取剂在水中的溶解度。

上述相关作用会影响萃取剂的选择、用量、回收和萃取操作条件，进而影响萃取结晶的效果，从节能的角度来看，萃取结晶工艺过程的优化目标是达到最大的结晶物质析出量、最小的萃取剂用量和最接近室温的操作温度。

（二）萃取结晶法的装置

整个反应系统主要包括进料系统、流化系统、收集样品系统和萃取剂回收系统，工艺有连续循环操作控制，只需定期清洗泵和管道即可，而且萃取剂的回收利用会大大降低生产成本，也会减少因废液排放而产生的环境污染。在流化系统中，为了增加流体的轴向速度，避免晶体在溶液中悬浮，可以在相分离槽中加入一根导管，并在导管上留下一些孔，最后过滤干燥得到样品晶体。

（三）萃取结晶法的工艺流程

萃取结晶工艺流程如图 8-10 所示，主要包括萃取、结晶、过滤和溶剂回流 4 部分，图中结晶器和过滤器设置两组。在萃取过程中控制结晶器温度为结晶温度，引入萃取剂，使其与水互溶促使溶液过饱和从而发生溶质结晶现象；通常在结晶器和相分离器之间设有缓冲槽，保证混合溶液中相的快速分离，减少停留时间。在溶剂回收塔中接收来自结晶器中的水和萃取剂的混合液，控制在再生温度下产生液液分相，通过将两液相分离从而把水去除，得到的再生萃取剂回到结晶器循环使用。萃取结晶工艺利用溶剂与水具有会溶点，很好地将结晶和溶剂再生结合在一起。

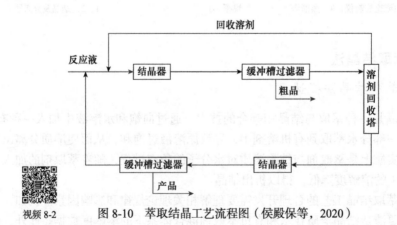

视频 8-2　　图 8-10　萃取结晶工艺流程图（侯殿保等，2020）

四、超临界流体结晶法

（一）超临界流体结晶法概述

当一种流体（气体或液体）的温度和压力均超过其相应临界点值时，则称该状态下的流体为超临界流体（SCF）。与常规溶剂相比，超临界流体的优势在于其密度近似于液体，黏度近似于气体（低黏度），具有对溶质的溶解度高、似气体、易扩散、传质效率高等特点。超临界流体萃取结晶兼具精馏和液-液萃取的特点，操作参数易于控制，溶剂可循环使用，尤其适合于中药热敏性物质的分离，具有无溶剂残留的特点。

超临界流体结晶技术是近年来发展的一种结晶分离方法，就是在超临界条件下以一种液体作为萃取剂，从液体或是固体中萃取出特定成分，从而达到分离的目的。超临界萃取常使用的萃取剂为 CO_2。单一组分流体对溶质的溶解度和选择性有较大的局限性。例如，CO_2 在萃取极性溶质时，溶解度较小，萃取量低，因此为提高萃取能力，常加入适当的非极性或极性溶剂，即夹带剂（也称改性剂），增强溶质在其中的溶解度和选择性。

目前对该结晶技术的研究可分为超临界溶液快速膨胀结晶法（RESS）和超临界流体抗溶剂结晶法（SAS）等。

超临界溶液快速膨胀结晶法是指将溶质溶解于超临界流体中形成溶液，在极短的时间内（$<10^{-5}$ s）快速膨胀到低压或常压体系，超临界流体密度降低很快变成气体，而此时溶质的过饱和度突然快速增加，多半会引起核的均匀爆发，形成超细晶体。该过程可控制晶体粒度及粒度分布，在传统结晶过程中不易实现，此外，该过程的溶剂以气体状态离开，晶体中不包含任何溶剂，这在制药产品中是非常重要的。但该方法仅限于对可溶解在超临界流体中的溶质进行结晶。

超临界流体抗溶剂结晶法是 1989 年以后被广泛报道的一种新型结晶技术，该方法是指利用近临界或超临界高压气体作为抗溶剂，当其被溶解到溶液中时，使溶液体积膨胀形成微滴，在较短的时间内形成较高的过饱和度，溶质就会结晶析出，得到粒度分布均匀的晶体颗粒。与常规结晶工艺相比，膨胀的液体溶剂具有较高的扩散系数和较低的黏度，并有望形成较纯的产品，溶剂夹杂较少。

超临界流体结晶技术的优点：①所用萃取剂在常温常压下为气体，因此在萃取后方便萃取物与萃取组分分离；②常用萃取剂 CO_2 在生理上是安全的，且不易燃烧、廉价、易得；③该技术具有低温处理、选择性好、无氧变质、能够有效地萃取易挥发物质且无残留等优点，同时也能够避免生物活性物质的氧化分解，操作简单，萃取和分离一步到位；④萃取过程非常灵活，适用于热敏性天然物和有生物活性物质的萃取与分离，该工艺可以应用于工业生产中。

（二）超临界流体结晶法的装置

1. 超临界溶液快速膨胀结晶法

超临界溶液快速膨胀结晶法的相关装置主要包括气体贮瓶、膨胀装置、萃取器和收集器（图 8-11）。根据超临界流体与溶液是否混合，装置图也有所不同（图 8-11A 对应于二者不混合，图 8-11B 对应于二者混合）。膨胀装置（主要包括压缩机和热交换器）几乎都是预热到较高的预膨胀温度，以防止溶剂冷凝或再升华；通过分散到水胶体或适当的基材上，在收集器中进行沉淀颗粒的收集；用湿式或干式气体流量计或流量总计仪测量溶剂的总量。

在大多数实验中，收集器内的压力为常压，但有时保持在中间压力，以降低溶剂再压缩成本，并允许对平均粒径和粒径分布进行更大的控制；或将其保持在低于大气的压力下，尽量减少空气中二氧化硅或氧化铝的潜在健康危害，并防止在环境条件下使用的液体共溶剂冷凝。收集室的压力控制是通过微计量阀、背压调节器或真空泵来完成的。

2. 超临界流体抗溶剂结晶法

超临界流体抗溶剂结晶法的装置（图 8-12）主要包括气体贮瓶、气泵、缓冲器、分离

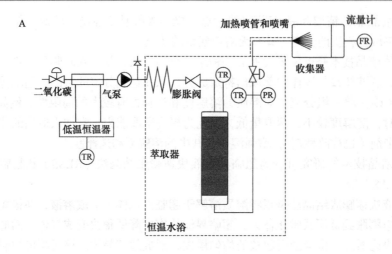

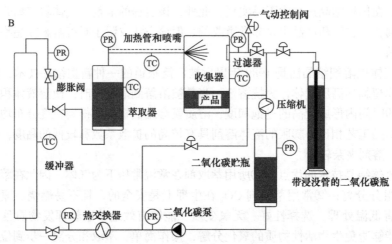

图 8-11　超临界溶液快速膨胀结晶法装置图（Berends，1994）

PR. 压力记录仪；TR. 温度记录仪；TC. 温度控制器；FR. 流量记录仪

器和结晶器 5 部分。主要需要控制的部分是气体的流动，气体（以二氧化碳为例）流入结晶器是通过气动控制阀、压力传感器控制，保证结晶器中的压力曲线遵循程序内部设定的压力分布图，加热气动控制阀以防止冻结，缓冲器也保持在相同温度。二氧化碳既可以通过底部供气管进入结晶器，使其在液体中产生气泡，也可以通过顶部和底部供气管进入结晶器。此外，二氧化碳也可以通过搅拌轴供应，使液相更好地分散和更快地吸收气体，但它有将溶液推过滤板的风险，因为滤板下面的压力较低。

（三）超临界流体结晶法的工艺流程

1. 超临界溶液快速膨胀结晶法

溶质的结晶沉淀是通过喷嘴、孔板或微计量阀膨胀超临界溶液来实现的。完整的流程是首先用高压泵或压缩机将液体溶剂压缩到所需的超临界萃取压力，并在热交换器中加热到所需的超临界萃取温度；然后，超临界流体通过一个装满溶质的萃取器，在萃取器中溶质饱和，萃取器中的压力和温度决定了平衡溶解度；最后是进行结晶物质的收集（图 8-13A）。在

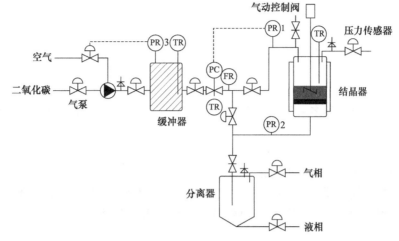

图 8-12　超临界流体抗溶剂结晶法装置图（Berends，1994）
PR. 压力记录仪；TR. 温度记录仪；PC. 压力控制器；FR. 流量记录仪

某些特殊情况下，可以将超临界流体以液体形式与待结晶溶液混合，而后同时进入收集器，如图 8-13B 所示。

2. 超临界流体抗溶剂结晶法

超临界流体抗溶剂结晶法是通过控制反溶剂以近临界或超临界高压气体形式进入结晶器，从而导致结晶器中液-液相分离为分散的富聚合物相和连续的富溶剂相，加入更多的反溶剂会导致富聚合物相中原溶剂的残留量更少，该相最终变成固体，而后进行过滤操作得到结晶产物。

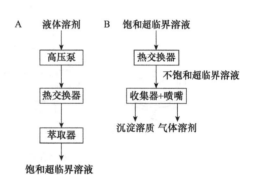

图 8-13　超临界溶液快速膨胀结晶法工艺流程图
（胡爱军和丘泰球，2002）

沉淀步骤后，在相同的压力下进行过滤步骤，以防止沉淀溶解，并在闪蒸容器中减压，使溶剂和反溶剂容易分离。与传统的工艺相比，可以更好地控制颗粒特征，如平均粒径、粒径分布、形状和内部结构及颗粒中溶剂残留量。

五、冷却结晶法

（一）冷却结晶法概述

冷却结晶法基本上不去除溶剂，而是通过降温的方法使溶液达到过饱和，从而实现溶质结晶析出的方法。按照冷却的方式可分为自然冷却结晶法、间壁换热冷却结晶法和直接接触冷却结晶法。工业上注重效率，比较倾向于采用间壁换热冷却结晶法，但该方法的缺点是器壁表面常有晶体析出，称为晶疤或晶垢，难以清除，同时造成冷却效果下降；而直接接触冷却结晶概念的构想早在 20 世纪 70 年代就有人提出，但因为生产能力低、选择冷却剂困难，所以该技术一直难以获得工业应用。直接接触冷却结晶法具有节能、无须设置换热面、不会导致晶体破碎等特点，克服了间壁换热冷却结晶法的缺点，但需要注意避免加入的冷却介质对结晶产品的污染。

（二）冷却结晶法的装置

冷却结晶法装置的重点是冷却结晶器的选用，一般有自然冷却结晶器和强制循环冷却结晶器。由于第一种不带任何搅拌装置，传热效果差，作用时间长，而且调节范围也非常有限，因此目前在工业上应用较多的是第二种。通常要有搅拌装置，一般情况下，结晶锅多采用锚式搅拌，立式结晶器多采用框式搅拌，卧式结晶器多采用螺旋式搅拌。下面就几种有代表性的结晶器作简要介绍。

搅拌夹套式冷却结晶器：如图 8-14A 所示，由罐体、夹套、搅拌器、出料阀 4 部分组成。罐体要求平整光滑，通常由抛光不锈钢或搪瓷制作，以防止冷却面上形成晶核；釜外有夹套，实现换热；搅拌器一般选用锚式，使料液上下翻动均匀，防止轧碎晶体，也防止小晶体堵塞出口；出料阀一般采用快开阀。该装置适合中小型工厂使用。

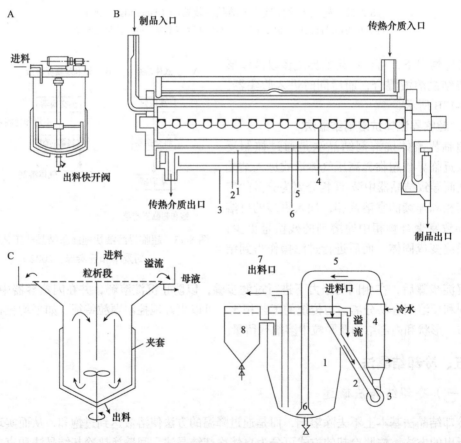

图 8-14　冷却结晶器装置图（姚汝华和周世水，2013；董永胜，2015；宋航，2011）
A. 搅拌夹套式冷却结晶器；B. 卧式结晶槽；C. 循环式分级结晶器（左为内循环，右为外循环）
1. 结晶罐；2、5. 循环管；3. 泵；4. 冷却器；6. 中心管；7. 出料口；8. 分离器

卧式结晶槽：如图 8-14B 所示，该设备是敞口或封闭式长槽，生产能力很大。槽外有冷却夹套，槽内搅拌器推动悬浮有晶体的溶液，使得溶液中晶体不断生长，最后由末端排出。如果槽内的搅拌器是旋转刮板，可用于形成冰淇淋这种部分冻结状态、冰晶粒度细小、组织

柔润的食品。

循环式分级结晶器：这类结晶器中，晶浆受到强制循环，能较好地混合，提高热交换效率。其分为内循环和外循环两种。如图 8-14C 所示，内循环中搅拌器装在导流管内，而外循环要靠外循环管来实现。这种循环式分级结晶器的特点是可以在晶体生长区维持较高的晶粒密度，控制晶体粒度，获得形态整齐的晶体。工业上可连续操作，适合大型工厂使用。

（三）冷却结晶法的工艺流程

间壁换热冷却结晶法的工艺流程为：进料—搅拌、间壁换热冷却结晶—晶体分离。直接冷却结晶是通过冷却介质与热结晶母液直接混合达到冷却结晶的目的，适用于溶解度随温度降低而显著减小的物质。该方法常用的冷却介质是与溶液不相溶的乙烯、氟利昂等惰性液体碳氢化合物，或用气体、固体及不相变的液体通过相变或显热移走结晶热。工艺流程简述为通入冷却介质—结晶—晶体分离。

六、熔融结晶法

（一）熔融结晶法概述

熔融结晶法是在 20 世纪 60 年代初期研发，在 70 年代快速成长起来的一种高效且低能耗的新型有机物分离纯化技术。该方法主要有以下优势：一方面，该方法的结晶过程不需溶剂或仅需少量溶剂便可完成，所需能耗低、操作条件温和；另一方面，该方法获得的产品纯度高，而且对同分异构体的分离提纯效果也非常好，可以采用熔融结晶法分离的物质有很多，包括无机物、有机物、金属物质及生物质等。

熔融结晶法是利用待分离物质在进行结晶和发汗时凝固点（熔点）的差异来实现不同物质间的分离，从而达到提纯目的的一种新型分离技术。具体是通过逐步降温和匀速升温过程，使一种或多种物质从熔融体中分离提纯出来，混合物各组分在固液相间的平衡关系是熔融结晶分离的基础。

熔融结晶按照不同的操作方式可分为层式结晶、悬浮结晶和区域熔炼三种：①层式结晶也叫定向结晶，是间歇操作的一种结晶方式，具体表现为在过饱和度的推动下，物质微粒之间通过化学键在晶体表面有规则地排列，宏观上表现为结晶物质在冷却表面逐渐降温逐层析出晶体，并逐渐成长达到一定厚度，而后将其余母液排出得到晶体产品；②悬浮结晶的特点是其结晶塔或结晶釜有扰动熔融液的装置，结晶塔中有固体传送器而结晶釜中有搅拌装置，可以将熔融液在搅动的容器中降温结晶成小晶粒，而产生的晶粒由于容器的搅动会悬浮在熔融液中，从而实现纯化、熔化循环，最后得到高纯度产品；③区域熔炼通过待分离物在固液相中的不同分配比例完成分离操作，整个生长过程中只有部分原料被熔融，表面张力支撑着熔区。

（二）熔融结晶法的装置

熔融结晶的过程主要发生在结晶器中，因此该设备的重点也在于结晶器的选择（见冷却结晶法的装置）。影响结晶的主要因素是搅拌程度和凝固速度，结晶器装置中可能配备搅拌装置。此外，该过程对于温度的要求比较重要，因此还需要配备良好的恒温或降温设备。针对结晶器中的晶体与母液如何分离，不同的结晶方式有不同的操作。例如，层式结晶通过熔化结晶液收集液体，而悬浮结晶直接通过过滤的方式，不同的操作方式需要配备不同的操作设备。

（三）熔融结晶法的工艺流程

熔融结晶的整个过程可分为结晶和发汗两部分，完成结晶成核、生长和晶体的纯化，推动力是某物质达到过饱和状态或是该物质的过冷度。

首先，结晶过程就是使熔融液缓慢结晶。通常是利用恒温降温设备进行恒温或匀速降温，让熔融液达到过饱和状态从而在结晶器表面或内部成核与成长，但是在这一过程中生长的晶体中或者晶体表面可能包藏或黏附了一部分杂质（通常将该晶体称为粗晶），得到的晶体纯度并不高，因此，需要进行熔融结晶的下一部分过程（即发汗）。

发汗过程相当于粗晶的提纯步骤。发汗操作是指按设定好的升温程序将得到的粗晶进行匀速缓慢升温，结晶器表面的晶体和含杂质较多的晶体会率先熔化流出，同时在汗液流出的过程中可以自上而下地冲洗整个晶体部分，使得部分杂质被汗液带走，从而达到将产品和杂质进行分离与纯化的目的，使产品纯度满足要求。

在实际生产中应用不同的结晶方式，相应的工艺流程也有轻微的不同，具体如下。

层式结晶整个过程包含结晶、发汗、熔化三个步骤，是一个表面化学反应过程。首先，被提纯物质直接在冷却界面上结晶形成晶层，而后通过缓慢提高换热介质的温度来升高晶体的温度，从而使部分晶体因受热而熔化形成汗液放出。通过不断地溶解、结晶、再溶解、再结晶的动态平衡，缓慢地促进晶核生长，得到单晶体，减少杂质的吸附与夹带，得到高纯产品。最后继续升高温度至晶体熔点使其全部熔化流出得到产品。

悬浮结晶的流程包括结晶釜中晶粒的形成、熔化、纯化循环，最后需要对产品和熔融液进行过滤，从而得到纯度较高的产品。

七、其他

（一）真空绝热冷却结晶法

真空绝热冷却结晶法是使溶剂在真空下快速蒸发而使溶液绝热冷却的结晶技术，该技术适用于溶解度随温度的变化率中等的物质体系。该种方法常采用的结晶器是真空结晶器，把热浓溶液送入密闭而绝热的容器中，器内维持较高的真空度。因此器内溶液的沸点较送料温度低，实现溶液闪蒸绝热冷却到与器内压力相对应的平衡温度。其适合那些结晶速度较快，容易自然起晶，晶体体积较大的产品。例如，谷氨酸钠的结晶就是采用这种设备。

（二）氧化还原-结晶液膜法

氧化还原-结晶液膜法是利用模拟生物膜的选择透过性来实现分离操作，具有快速、专一且条件温和等优点，特别适合于低浓度物质的富集和回收。利用此项技术，已成功地实现了多种金属的分离和纯化，这种将分离、纯化、反应、结晶等数个工序一体化的方法，不仅可以大大缩短提取流程，达到节能降耗的目的，而且可以克服溶液溶胀导致富集倍数降低的缺点。在液膜内水相中加入还原剂，利用膜相的选择性迁移和还原剂的选择性还原实现系统中微量物质的分离与还原，可在液膜内水相中直接结晶得到所需物质。

（三）磁化处理结晶法

磁化技术（根据磁性差）是将物质进行磁场处理的一种技术，该技术已经渗透到各个领域。磁化分离是利用元素或组分磁敏感性的差异，借助外磁场将物质进行磁场处理，实现强化分离过程的一种新兴技术。随着强磁场、高梯度磁分离技术的问世，磁分离技术的应用已经从分离强磁性大颗粒发展到去除弱磁性及反磁性的细小颗粒，从最初的矿物分选、煤脱硫发展到工业水处理，从磁性与非磁性元素的分离发展到抗磁性流体均相混合物组分间的分离。作为洁净、节能的新兴技术，磁化分离显示出诱人的开发前景。

（四）分馏结晶法

分馏结晶与蒸馏结晶本质上相同，是蒸馏结晶原理的运用，唯一的区别在于分馏结晶会进行多次气化和冷凝。对于这种固液逆流接触的技术，在实际应用上的困难也是固体的冷凝和移动，目前工业上所采用的主要是顶部加料和中间加料两类，结晶塔结构如图8-15所示。

顶部加料结晶塔（图8-15A），加料在表面有刮板的冷却器中冷凝形成晶体，晶液由于重力作用自上而下进入纯化区，到达底部得到高熔点产物；而底部熔化的熔融液自下而上流动，与晶体逆流接触，此过程中高熔点组分逐渐减少，剩余液体从上部经过滤器排出，为残液。下方脉冲活塞的作用是促进固液良好地逆流接触。其可用于形成共熔物体系和只要求得到一个纯组分的情况。

中间加料结晶塔（图8-15B）由凝固区（易熔组分在这里凝固成固体）、纯化区（传质区域，又分为精制段和回收段，依靠中间的螺旋输送器调节流速）和熔化区（固体熔化，产生回流）三部分组成。

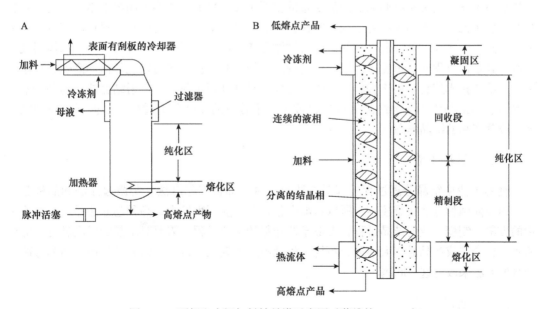

图 8-15　顶部和中间加料结晶塔示意图（蒋维钧，2011）

A. 顶部加料；B. 中间加料

第三节　结晶分离技术在食品工业中的发展现状及展望

一、结晶分离技术在食品工业中的应用领域

结晶是化工生产的基础分离技术，在化学工程、医药科学、生化工程、食品工程等领域得到了广泛的应用，包括医药工业的药物提纯，航空航天、电子、材料等工业中高强度、各种特殊性能、高纯与超高纯材料的获取。与精馏和吸收一样，结晶也是传统分离技术之一。该技术在 20 世纪 50 年代取得了很大的进步，到 20 世纪 80 年代，结晶技术逐渐工业化，取得了飞跃性进步。

在食品工业中，许多成分本身就以晶体形式存在，如糖（蔗糖、乳糖、葡萄糖和果糖）、冰、脂类和淀粉。此外，盐、糖醇、有机酸、蛋白质的结晶在某些食品加工中也非常重要。因此在食品工业中结晶分离技术的应用应该更谨慎，需要更好地了解结晶的原理和影响结晶速率的因素，实现最优晶体结构的控制，从而达到对食品质地、感官和稳定性的调控。

食品工业中常用的结晶方法有蒸馏结晶法、直接接触冷却结晶法、真空绝热冷却结晶法。结晶器多采用分批式结晶器，如谷氨酸、柠檬酸的结晶等。食品结晶过程中的品质控制通常需要前期的结晶过程工艺设计、晶种的控制、晶体的分离等过程，结晶过程工艺设计包括物料衡算、热量衡算、结晶时间等；晶种的控制包括晶种的量、投种时的过饱和度、细晶的消除、晶垢的去除；晶体的分离包括晶体洗涤、晶体干燥与包装。

（一）香精香料（调味料）

许多天然香料和合成香料的最终产品都是以固体的形式存在的。结晶是调味品生产过程的最终工序，是关系到调味品产品质量的重要工序。目前工业多采用溶液结晶法进行香料精制，使用乙醇、丙酮等作为溶剂，操作方法是在高温下以一定比例将香料粗品溶解于溶剂中，在静置或搅拌下降低温度结晶，最后过滤分离固体，得到干燥的香料佳品。晶体温度的控制对其生产过程非常重要，以保证较高的产品纯度和产量。作为绿色环保的高效分离精制手段，结晶技术广泛应用于香料生产中。另外，磁性处理结晶法、喷射结晶法、物理场辅助结晶法、添加剂添加法等结晶提取法也被应用于香料的晶体分离过程，以提高分离精制效率，改善产品的结晶形态。

（二）制糖工业

食品工业中结晶分离过程的起晶方法有三种，即自然起晶法、刺激起晶法和晶种起晶法。因为前两种方法很难控制，所以目前在各行业中应用得较少，晶种起晶法是现在普遍采用的方法。制糖工业的结晶过程，类似于调味料的生产过程，需要对结晶的成品进行研磨或粉碎，这会造成产品晶体大小分布不均、外观不好等现象，目前可以通过超声与结晶分离相结合的方法来改善这一问题。

（三）油脂工业

油脂的结晶分离属于物理改性的范畴，物性单一的油脂根据结晶可以分离得到两种及以上不同物性的油脂，以应用于不同的需求，扩大油脂品种，增加用途。油脂的结晶方法

有三种，即干法、洗涤剂法、溶剂法。根据油脂改性的要求分别采用不同的结晶方法。例如，食用植物油通过结晶除去固体脂肪得到色拉油，或者固体油以结晶提取的方法得到高熔点和低熔点两种油脂。另外，油脂经过氢化、酯化改性后结晶可以提取特殊脂肪，如代可可脂等。

对晶体微观结构进行合理的调控，可使产品具有期望的质构和物理性质。例如，巧克力生产过程中，在注模或包装前进行调温控制可可脂形成大量细小的理想晶型。如调控得当，巧克力中的可可脂晶体将有助于产品形成良好的外形（光彩或光泽）、脆度、风味、口溶速率及货架的稳定性（巧克力起霜）。

在油脂加工过程中，通常采用结晶来改善油脂性质。例如，植物油通常需要冬化以保证其液油即使在低温下长期储藏也能保持清澈透明。天然油脂通过分提可获得不同熔点的油脂组分，此时需要严格控制其结晶过程，才能很好地将液油和固脂分离。很多油脂，如棕榈油、棕榈仁油、乳脂及牛脂，都可以通过结晶分离生产出不同功能的产品。

长期以来的研究工作证明，控制食品中脂肪的结晶过程是一个复杂的技术难题。虽然已进行了大量的研究，但具体如何控制结晶过程中各种脂质组分之间复杂的相互作用，目前仍基本停留在探讨各种工艺参数对晶体形成的影响上。未来的工作需要集中研究脂肪成核、生长和同质多晶相变的机制，这样才能真正控制食品中脂肪的结晶过程。

二、理论研究、技术设备开发及模拟优化的进展

（一）结晶理论的发展

晶体分离过程是同时进行的多相非均相传热和传质的复杂过程。多年来，许多研究人员在结晶热力学、结晶成核、晶体生长动力学、结晶习性、晶体形态及对杂质结晶过程的影响等方面进行了大量的基础研究，提出了多种描述结晶过程的理论。国外学者根据激活状态模型发展熔融液中晶体生长的界面动力学绝对速度理论，结合计算流体力学的方法和粒子数衡计算理论，通过模拟方法明确沉淀动力学和流体力学的相互作用等。

结晶过程形成的组织结构主要由结晶过程的固液界面的形态和晶体生长的特征决定。近年来，许多研究人员都对结晶过程中晶体形态结构的特征进行了研究，并认识到其对控制晶体的微观结构、获得期望的材料性能具有重要意义。

（二）结晶分离技术、设备的研究进展

随着国际化学市场竞争越来越激烈，化工产品质量不断提高，成本也不断下降。因此，人们在研究开发新结晶技术的过程中，更加重视结晶方法的选择、新型结晶器的开发及结晶过程的设计。近年来，研究人员除进一步改善传统的结晶法外，同时还在探索新的结晶方法以提高产品纯度，如与其他技术相结合的结晶新方法、添加结晶调整剂等。

结晶设备的新动向主要包括结晶设备的自动化和连续化。结晶设备要实现起晶、育晶的自动化控制，关键在于如何测量和控制结晶过程溶液的过饱和浓度。结晶过程连续化的实现依据情况的不同，操作难度有所不同，在某些过程中是比较简单的。例如，用几个容量较大的卧式结晶箱串联使用，分别控制各箱中的工艺条件，就可使结晶连续进行。但是对一些晶体要求比较高且需要除去溶剂的情况就比较困难，它需要不断补充溶质和蒸发水分，不断产生或加入新的晶核，并不断排出已经合乎要求的结晶产品。因此，连续结晶设备在设计时要

满足下面的要求：①防止设备内因长时间运转而形成结垢。防止方法是在设备内或循环系统内的溶液流速要均匀，不要出现滞留死角。凡有溶液流过的管道均应有保温装置，防止局部降温而生成晶核沉积。管道和设备的内壁应加工得平整光滑，以减少溶液滞留。对蒸发面的结晶、边沿积垢等现象，则应采用喷淋温水等办法使其溶解。②设备内各部位的溶液浓度应均匀，溶液浓度接近过饱和曲线的介稳区，使结晶速度较快。③要避免促使晶核形成的各种外部刺激，如激烈的振动、剧烈的搅拌等。若必须采用搅拌，应尽量采用大直径、低转速的搅拌器。④连续结晶过程中，设备内同时具有各种大小粒子的晶体，若需要获得规格一致的产品，则需要采用分级装置，通常为重力悬浮分级。⑤及时清除影响结晶的杂质。⑥设备内溶液的循环速度要恰当，晶核密度要大，以保持较高的晶体生长速度。

（三）结晶分离过程的模拟优化

数学建模和计算机模拟是晶体分离过程研究的重要方法之一，利用数值模拟技术进行过程模拟和优化研究，可以节省时间和成本，具有以往测试方法所不具备的优点。近年来，使用优化算法，在利用计算机模拟技术模拟晶体的生长过程方面取得了很大的进展。

国内外研究人员根据传热、传质之间的类比，通过应用工业广泛应用的传热、传质计算公式分析结晶过程中的传热物质转移过程。同时，研究人员根据质量、热量的总体衡算，结合测试测定的参数，数学性地说明结晶过程。随着计算机技术的进步和数值模拟方法，特别是近年来流体力学（CFD）法的快速发展，国内外的研究人员开始应用CFD法来探讨结晶过程中的传热机制。目前国内外学者研究了溶液中晶体生长的流体动力学问题，提出了相关的数学模型，并研究了晶体表面变化的机制。

三、存在的问题及对策

结晶过程的控制是工业结晶应用中的重大挑战，其中影响分离效率和产品纯度的促进成核过程和控制成核生长之间的竞争是核心问题。结晶产品的粒度分布取决于三个参数：生长速率、晶核粒数密度分布及结晶时间。晶种的质量在一定程度上决定了成品的质量，投加的晶种必须形态完整、大小均匀，不含碎粒、粉尘和杂物。以国内果糖生产工艺为例，目前普遍存在结晶时间过长、产品外形和粒径特征不佳、成本高、产率低等问题。制糖工业结晶过程通常使用球磨机磨粉制种法，这是一种将成品晶体研磨或粉碎的制种法。该法简单易行，但耗时耗电，且存在许多无法避免的缺陷。溶剂-超声波协同起晶法在生产中经实践检验已经取得了良好的效果。与球磨机制种法和刺激起晶法相比，省时节能；与传统的预留部分成品作为晶种的制种工艺相比，协同起晶法制得的晶种质量较高，外表完整光洁、大小均匀，制得的果糖晶种形态美观完整、粒度均匀。

另一重要问题是工业生产中结晶工艺的改进，溶液的冷却结晶是重要的操作单元，也是需要考虑改进的关键部分。通常的结晶过程有自然冷却、夹入冷却、蛇管冷却、喷雾冷却等，但或多或少会有结垢问题，且结晶产品质量低，生产效率低。此外，在食品制造过程中，还必须控制工艺条件以达到所需的过饱和度水平。

目前还没有很成熟的连续结晶设备，适用于多种溶液结晶的连续分级型结晶器，对于不同性质的溶液结晶，或要求结晶大小不同的产品，可通过改变搅拌桨叶的转速来调整，但还存在如下缺点：①溶液循环分级消耗的动力较大；②排出的母液纯度较高；③设备内溶液的纯度会因杂质的积累而下降，可能会影响结晶速度和产品质量；④操作调整复杂。

四、发展趋势与展望

近年来，随着全球能源紧张和环保生产技术的要求，迫切需要高效低耗的晶体分离技术。为解决传统的结晶分离技术存在的问题，开发高效的节能设备、提高自动化程度、扩大适用范围等是未来的发展趋势。近年来，结晶分离技术的发展方向包括结合物理加工技术控制结晶过程，以及与其他分离技术相结合，在食品工业中的发展应用包括膜结晶、加压结晶、超声结晶。

膜结晶是一种混合膜结晶过程，其中溶液变得过饱和，同时实现溶液分离和组分固化。膜结晶利用膜作为异相成核界面来触发成核过程，具有高度可调性，以相对较低的能量输入得到所需的固体颗粒和超纯溶剂，且对环境友好。在食品工业中利用膜分离技术能提高能源利用效率。由于定制的膜分离材料具有高填充密度的装置和膜组件，可以实现更高的生产能力和强化分离。膜结晶技术是符合该发展要求的新型分离技术，有望在食品工业中实现进一步的应用。

加压结晶是利用加压下的物质系统的液体、固相变化的全新分离精制技术。因为物质系统中含有杂质，所以降低熔点，对应的是变态压力的上升。而且，随着结晶过程的进行，固相分数增加，液相中杂质浓度增加，相转移压力不断上升。因此，可以在高压下结晶，除去杂质以获得高纯度晶体。因此，加压晶体通常是高压晶体。为了进一步提高产品的纯度，结晶后可以稍微减压结晶使之发汗，排出裹挟的杂质。之后继续减压，将结晶全部溶解排出，完成结晶过程。

超声波会导致"热点效应"，形成该温度下溶解度最小的晶胞及晶核，同时超声波辐射具有强烈的定向效应，补充和加强了临界晶核所需的波动作用，加速结晶的形成。同时，超声空化能较好地控制不同粒度的晶体沉淀物的形成。虽然超声结晶研究已经取得相当多的成果，可目前的应用还不够深入广泛。今后应积极拓展超声结晶技术在食品研究开发中的应用范围：①推导建立超声波处理食品结晶过程中的强化机制模型，以预测超声波处理结晶过程中食品的物理、化学和口感属性变化，从理论上阐释超声波对食品结晶的作用机制，为超声波结晶应用于食品研究开发提供理论依据；②加大超声结晶技术与其他技术的联合使用，以提高食品品质和加工效率；③进一步研究开发适应产业化生产的超声结晶设备，将实验室取得成功的超声结晶技术逐步应用到实际产业化生产中，加快科研成果产业转化，提高食品工业生产效率；④超声波具有结晶快速、简便、低成本的特点，因此方便食品的制造是超声波辅助食品结晶应用的一个新方向，超声波控制结晶对方便食品的品质结构和营养成分的影响将是未来应加强研究的方面。

随着科学技术的发展，表征结晶的新方法也在不断发展。这些进展通常有两个目的：一是可以帮助我们更好地理解食品结晶的原理，二是帮助指导加工操作以更好地控制结晶。近年来出现的新方法有在线测量、超声波、无损原位法、同步辐射 X 射线技术等，这些新型技术对推动食品工业的发展起着重要作用。

第四节　结晶分离技术对食品类型的要求

在食品中，结晶形成主要分为两种：一种是晶体在产品中提供结构元素，另一种是结晶作为一种分离技术来应用。在第一种情况下，需要控制晶体的正确数量、大小和形状，以获得所需要的加工特性、质量（质地、风味等）、外观和货架稳定性。可以通过调节配方和控制工艺条件来获得所需的晶体微结构。在第二种结晶分离情况下，主要是通过产生适当形状和尺寸分布的晶体，经过过滤获取有效的分离。在分离中，结晶技术常被用来进行精炼纯化产品，如蔗糖、乳糖、盐等，或者在某些应用中通过结晶除去特定的组分，产生分馏或浓缩效应，如脂肪分离、果汁和啤酒浓缩等。

一、甜味料

在制糖过程中，可以通过结晶分离技术精炼得到蔗糖、葡萄糖和乳糖等物质，通常通过引入适当的结晶材料（即晶种）来绕过成核步骤。例如，在蔗糖精炼过程中，通过将产品大小的晶体磨成适当的小尺寸糖粉作为晶种来进行结晶；在葡萄糖生产中，通常将前一批葡萄糖产品的一部分保留在结晶容器内，作为下一批精制糖的晶种。在糖类产品的精炼过程中，通过控制工艺条件对晶体的生长进行控制，使其生长到特定尺寸。在蔗糖精制中，使用蒸发结晶器来控制过饱和度使晶体二次成核最小化，二次成核会对之后的分离过程造成影响。乳糖是从奶酪制作和乳清蛋白分离的副产品（乳清渗透液）中提炼出来的。乳糖精炼是在大批量储罐中进行的，通过缓慢冷却进行结晶。由于乳糖中二次成核区的减少，用传统方法很难生产出易于分离的大型单分散乳糖晶体，需要对结晶产品进行广泛的清洗，以产生产品大小合适的晶体。最近，通过控制结晶条件，使冷却过程中的浓度分布保持在介稳区内，生产出了大的、相对单分散的乳糖晶体。因此，在糖类产品的生产中需要仔细控制成核和晶体的生长条件以获得所需尺寸分布的晶粒，实现最佳分离。

二、脂肪、油和乳化脂肪制品

结晶分离技术是许多脂类产品生产中的重要技术。例如，油脂分提中加工牛油、棕榈油、棕榈仁油等；通过结晶分离来生产人造奶油、起酥油及代可可脂等。许多天然油脂由于其独特的化学组成，应用受到限制，可以通过结晶进行油脂分提获得其中某些更为理想的油脂成分。例如，棕榈油分提产生了一种硬脂肪，可作为许多应用的主要成分。在工业上油脂分提分为结晶和分离，即油脂冷却析出晶体，然后进行晶液分离，得到固态脂和液态油。油脂结晶过程分为三个阶段，即熔融油脂的过冷却、过饱和，晶核的形成，以及脂晶的生长。当熔融油脂温度比热力学平衡温度低得多，即过冷却（或稀溶液变得过饱和）时，将出现晶核，过饱和形成的浓度差（过饱和度）是晶核形成和晶体生长的浓度推动力，其大小影响脂晶的尺寸大小及分布。油脂结晶中有三种成核现象，即在大量液相中均相成核；外来物质的非均相成核；以及当微小晶粒从母体晶核上剥离，并作为二次成核的晶核。在冷却结晶过程中首先形成的晶核可作为晶种，能诱导固态脂在其周围析出和生长。

对于油脂分提，结晶温度与分提效果密切相关，不同的结晶温度具有不同的分提效果。分提过程中，脂晶的晶型也影响分离效果，适宜过滤分离的脂晶必须具有良好的稳定性和过滤性，油脂一般有 α、β′、β 三种晶型，各种油脂最稳定的晶型与其固态脂的甘油三酯结构有关，分子结构整齐或对称性强的甘油三酯的稳定晶型为 β 型，分子结构不太整齐的则为 β′ 型，稳定晶型的形成受冷却速率、时间、纯度及溶剂等因素的影响。

三、饮料及酒水类

结晶技术常被用来冷冻浓缩水溶液，进而对产品进行浓缩，以获得最佳的产品质量，如浓缩果汁、咖啡、酿酒和乳制品生产。在冷冻浓缩过程中，溶液中部分水分被冷冻转化为冰晶，然后进行分离，使剩余溶液得以被浓缩。例如，人们普遍认为冷冻浓缩果汁的风味和质量优于蒸发产品，因为低温操作不会发生热降解等反应，可以更好地保持其原有的风味、营养和颜色；在含乙醇的产品中，通过冷冻浓缩可以在不去除乙醇的情况下浓缩水相进行产品生产。根据水结晶方法的不同，冷冻浓缩分为渐进式结晶和悬浮结晶。在渐进式结晶中，水在冷却表面上冷冻并逐渐形成冰层，液相被浓缩，当冰层扩展至整个溶液时，即渐进结晶冷冻浓缩。该方法操作简单、成本较低，但是冰层传热效果差，也会导致溶质损失。在悬浮结晶中，在刮面换热器的冷却表面产生冰浆，具有高的传热系数，新产生的冰晶粒径较小并倾向于团聚，经过奥斯特瓦尔德熟化（Ostwald ripening）后单个冰晶生长，微小的冰晶融化并消失，使得幸存的冰晶颗粒变大，最后通过逆流洗涤柱分离和纯化，该方法获得的冰晶中溶质含量较低，但是设备较为复杂。

四、其他

在食品中，重要的结晶成分除糖、油脂及水（冰）之外，还有盐、多元醇及有机酸。工业上通过用海水晒制或用井水、盐湖水煮盐，使食盐结晶析出。在多元醇结晶中，糖醇作为食品中应用较多的物质，通过浓缩结晶进行生产。有机酸大多通过发酵工艺来生产，但在一些有机酸如柠檬酸、乳酸、葡糖酸和苹果酸等的生产工艺中，结晶也是不可缺少的步骤。

第五节　食品工业中结晶分离技术的应用案例

一、味精结晶分离

味精，也称味素，因起源于小麦，俗称麸酸钠、谷氨酸钠，化学名称为L-谷氨酸单钠-水合物。味精是无色至白色的柱状结晶或白色的结晶型粉末，是重要的鲜味剂。味精易溶于水，不溶于乙醚、丙酮等有机溶剂，难溶于无水乙醇。

（一）味精结晶分离的原理

味精结晶过程包括形成过饱和溶液、晶核形成和晶体生长三个阶段。

谷氨酸钠溶液有三种状态：不饱和溶液、饱和溶液和过饱和溶液。由于味精在水中的溶解度较大，要生成大量的味精结晶必须除去大量水分使溶液达到过饱和状态，晶析速度大于溶解速度才能自然形成新晶核，并且晶粒能长大析出结晶。

晶核形成也在结晶过程中占有重要地位。只有溶液达到临界浓度，晶核大小超过临界半径时，晶核才能稳定存在，并进一步长大。味精结晶中晶核形成有三种方式：自然起晶法（均相成核）、刺激起晶法（非均相成核）和晶种起晶法（二次成核）。自然起晶法和刺激起晶法已不常用，最常用的是晶种起晶法。

晶体生长分为两个阶段：一是味精分子由液相以分子运动扩散方式透过液膜到达晶体界面，即扩散过程；二是味精分子到达晶体表面吸附层，发生表面反应，沉积到晶面，液体浓度降低到（略低于）饱和浓度，即表面反应过程（也称沉积过程）。其生长机制如图8-16所示。味精结晶中影响结晶生长速率的因素有过饱和度、溶液黏度、溶液纯度、温度、结晶液固液相比、结晶液的流动性等。

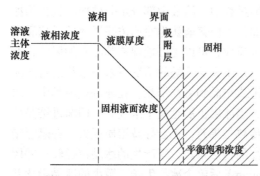

图 8-16 味精生长机制（于信令，2009）

味精根据外观形态可分为晶体味精和粉体味精两种：晶体味精结晶采用晶种起晶法操作；粉体味精结晶一般采用刺激起晶法操作。

晶体味精结晶操作方法：投入结晶罐内一定量的脱色液（称底料）进行浓缩，达到浓度加入晶种，整晶后进入正常操作。结晶过程中不断补充物料，控制适宜的过饱和度，尽量减少假晶形成。若假晶出现较多时，需加水溶解，待晶体大小达到要求时放入贮晶槽，调整浓度后准备分离。

粉体味精结晶操作方法：与晶体味精操作方法不同，粉体味精采用浓缩和降温相结合，使溶液成为过饱和溶液的刺激起晶法。浓缩与结晶在两个设备内进行，物料先浓缩，除去一定水分，浓度达到规定值后放入冷却罐，进行降温结晶。目前也有企业采用晶体味精的结晶方法制得小晶体味精，经粉碎、混盐制成含盐的粉体味精。

二、食盐结晶分离

食盐是指来源不同的海盐、井盐、矿盐、湖盐、土盐等。它们的主要成分是氯化钠，纯净的氯化钠晶体是无色透明的立方晶体，由于杂质的存在，一般情况下氯化钠为白色立方晶体或细小的晶体粉末。食盐的作用很多，如杀菌消毒、护齿、美容、清洁皮肤、去污、医疗、重要的化工原料、食用等。

（一）食盐结晶分离的原理

对于制取食盐，目前我国还主要采取海水蒸发制盐。对于海水蒸发制盐过程来说，结晶是其中重要的单元操作，结晶过程控制得好坏将直接影响产品的质量、纯度等指标。食盐结晶过程分为晶体成核和晶核生长两步。

（二）味精结晶分离的方法

从谷氨酸发酵液中提取谷氨酸，加水溶解，用碳酸钠或氢氧化钠中和，经脱色、除铁、钙、镁等离子，再经蒸发、结晶、分离、干燥、筛选等单元操作，得到高纯度晶体或粉末味精，这个生产过程统称为"味精精制"。精制得到的味精称"散味精"或"原粉"，经过包装则成为商品味精。谷氨酸制造味精的生产工艺流程如图 8-17 所示。

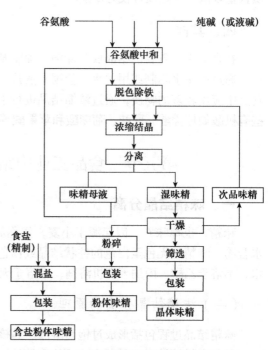

图 8-17 谷氨酸制造味精的生产工艺流程
（于信令，2009）

在海盐生产中，卤水通常按氯化钠的含量分为不饱和卤水、饱和卤水和过饱和卤水。在常压下采用日晒蒸发，使卤水达到过饱和，自发地发生氯化钠结晶。

食盐晶核形成包括均相成核（自发成核）、非均相成核（非自发成核）和二次成核。自发成核发生在海盐生产中第一次罐池时，需要造成均匀自发成核条件，便于在卤水过饱和度较低时自发成核，做好盐底。非自发成核发生在海水晒盐短期结晶生产大颗粒盐时。在结晶卤水不深时，采盐时留下大盐碴，可直接在盐碴表面依附生长结晶。海水晒制精盐要求粒细、均匀、洁净，需要根据当时的蒸发量，通过打花等操作做好二次成核，防止表面自发成核。晶核生长速率会对晶粒的大小和形状产生影响，因此食盐结晶中需要对晶核的生长进行控制。

（二）食盐结晶分离的方法

工业上用海水制盐或用井水、盐湖水煮盐，使食盐晶体析出。这样制得的食盐含有较多杂质，叫作粗盐。粗盐经溶解、沉淀、过滤、蒸发，可制得精盐。海水制盐的方法主要有太阳能蒸发法（也称盐田法）、冷冻法和电渗析法三种。

太阳能蒸发法是很古老的制盐方法，也是目前仍沿用的普遍方法。该法是在气候温和、光照充足的地区选择平坦的海边滩涂构建盐田。制盐的过程包括纳潮、制卤、结晶、采盐、贮运等步骤。

冷冻法制盐是地处高纬度国家采用的一种生产海盐的技术，如俄罗斯和瑞典等国家。该方法的原理是当海水冷却至海水冰点时海水结冰，盐被分离，然后蒸发除去水分得到浓缩卤水，进行结晶制盐。

电渗析法是随着海水淡化工业发展而产生的一种新的制盐方法。它主要是利用海水淡化所产生的大量含盐量高的"母液"为原料来生产食盐。日本目前是世界上唯一用电渗析法完全取代盐田法制盐的国家。电渗析法制盐的工艺流程为：海水经过过滤之后进行电渗析浓缩卤水，再经蒸发进行结晶、干燥等处理制得食盐。

三、蔗糖结晶分离

蔗糖作为食糖的主要成分，是葡萄糖和果糖的脱水缩合物。其有甜味，无气味，易溶于水和甘油，微溶于醇。蔗糖味甜，是重要的甜味调味品。

（一）蔗糖结晶分离的原理

蔗糖结晶过程包括形成过饱和溶液、起晶和养晶三个阶段。

糖液的溶解度对蔗糖的结晶有极大影响。当糖液达到一定的过饱和度时，糖液中过量溶解的糖有从溶液中析出成为固体物质的倾向，能够析出并沉积在已有的蔗糖晶体表面，而在过饱和度较高时能够析出，成为新的微细晶体。

糖液起晶是整个蔗糖结晶过程中最重要和技术难度最大的操作，结晶时要先在糖液中生成微细均匀的晶体，随后把这些晶体养大到适当的尺寸。起晶阶段要求生成的晶体质量好，均匀、整齐、棱角完整、数量适当，为随后的养晶阶段打下良好基础。

养晶就是将蔗糖晶体养大。养晶通过入料和入水、进汽，以及保持适当的真空度和良好的对流来控制糖液的过饱和度，使其在适当的范围内保持稳定，使浓缩时新析出的蔗糖量与新沉积在原有晶体表面的蔗糖量平衡，使晶体较快地长大而又不生成新的晶体。养晶过程中要特别注意防止产生伪晶和黏晶。

（二）蔗糖结晶分离的方法

蔗糖产品绝大多数是结晶体，是将糖液浓缩，使溶解的蔗糖结晶析出而形成的。蔗糖生产首先是从原料中提取、抽提汁液，向其中添加澄清剂使某些非糖分沉淀析出，经过沉降和过滤得到清汁，进行多效蒸发操作浓缩糖汁成为糖浆，之后进一步浓缩煮制到有蔗糖晶体析出，并使晶粒生长到合适的尺寸，这一操作过程叫作煮糖（或结晶），所煮得的蔗糖晶体与糖液（母液）的混合物叫作糖膏。糖膏自煮糖罐转入助晶机，经逐渐降温，帮助晶体继续长大，使蔗糖析出更加完全，叫作助晶。将助晶后的糖膏送入离心机，使晶粒与母液分离进行分蜜。最后将离心机分离出来的蔗糖进行干燥、筛分和包装处理。蔗糖生产工艺流程如图 8-18 所示。

原料 → 提汁 → 澄清 → 蒸发 → 煮糖和结晶 → 助晶 → 分蜜 → 干燥 → 筛分 → 包装

图 8-18　蔗糖生产工艺流程

蔗糖糖液中起晶有三种方法：自然起晶法、刺激起晶法和晶种起晶法。自然起晶法是将糖液浓缩到自然起晶区的较高过饱和度位置，让它自然析出新晶体，当晶粒数目足够时，通过入水或降低糖液过饱和度而终止起晶过程，该方法得到的晶体大小不均匀，数量难掌握，容易产生并晶和堆晶；刺激起晶法是在糖液的饱和不稳定区施加刺激作用，如投入少量的糖粉或抽入空气，使糖液发生突然变化，在一瞬间析出大量晶体，多应用于炼糖厂和部分甜菜糖厂，该方法需准确控制起晶浓度，且晶体生成数量不易控制；晶种起晶法是在罐外用专门的设备和方法制备糖粉（通常与乙醇混合成糊状），糖粉中含有大量微细的蔗糖晶体，将其抽入煮糖罐内作为煮糖结晶所需的蔗糖晶核，投入的数量与大小按照煮糖的需要确定，该方法不在罐内形成新的晶体，是效果最好的起晶方法，国内外糖厂均应用较多。

四、蛋白质结晶分离

蛋白质是生命的物质基础，是有机大分子，是构成细胞的基本有机物，是生命活动的主要承担者。没有蛋白质就没有生命。蛋白质基本组成单位为氨基酸，它是 20 种天然氨基酸的脱水缩合反应聚合物，蛋白质的相对分子质量通常超过 1 kDa，并表现出独特的结构特征。

（一）蛋白质结晶分离的原理

蛋白质结晶受相互作用力的影响，包括盐桥、氢键、范德瓦耳斯力和偶极-偶极相互作用。结晶常被用作蛋白质纯化和生理生化表征。当将结晶用于蛋白质分离纯化时，其优点逐渐显现，一步即可提纯蛋白质。蛋白质结晶理论现在主要有三种，即经典成核理论、两步成核理论及异相成核理论。

（1）经典成核理论是最简单的，也是最被人广泛使用的蛋白质结晶理论，它认为在一定浓度的蛋白质溶液中，蛋白质溶液浓度的波动会形成不稳定并且有序的液滴状分子团簇，这些聚集体团簇会随着蛋白质分子的不断聚集逐渐变得有序形成晶核，晶核进一步长大形成晶体。

（2）两步成核理论：该理论认为蛋白质结晶的过程主要发生在两个主要时期（成核期及

晶体生长期），即两步成核法。第一步首先是蛋白质饱和溶液中逐渐产生类似于蛋白质晶体的相结构。然后，随着成核现象的产生，蛋白质分子会有序地排列在晶核周围逐渐形成严格的晶核。第二步晶核形成之后，晶体的生长将会随之产生。随后，不同大小的晶体或者团簇会逐渐聚集形成完整的晶体。

（3）异相成核理论：在蛋白质结晶过程中，尽管蛋白质的浓度较低，但是在一些蛋白质液滴中仍有晶体存在，这些晶体大都依附于容器壁、不纯净的物质及一些特殊表面。这些表面会与蛋白质产生特殊反应或者将蛋白质吸附在它的表面，从而增加蛋白质分子的局部浓度。这有助于形成用于结晶的团簇，一旦这些团簇被异相界面稳定，就会进一步引发形成晶核。这种异相成核的方式相较于纯净溶液的均相成核速度更快。

（二）蛋白质结晶分离的方法

如同在任何结晶中一样，蛋白质晶体的产生需要将蛋白质溶液带入过饱和状态。调节蛋白质溶液过饱和度的一般方法有调节沉淀剂的种类及用量、改变溶液的温度及降温速率、配制不同 pH 的缓冲溶液。现在大部分蛋白质结晶是通过改变沉淀剂的种类及用量来调节溶液的不饱和度。主要方法有 4 种，即批量结晶、液-液扩散结晶、蒸发扩散结晶及透析结晶。

五、糖醇结晶分离

糖醇是一种多元醇，含有两个以上的羟基。糖醇由来源广泛的、相应的糖来制取，即将糖分子上的醛基或酮基还原成羟基而形成糖醇，如用葡萄糖还原生成山梨醇，木糖还原生成木糖醇，麦芽糖还原生成麦芽糖醇。糖醇虽然不是糖但具有某些糖的属性。目前开发的有山梨糖醇、甘露糖醇、赤藓糖醇、麦芽糖醇、乳糖醇、木糖醇等，这些糖醇对酸、热有较高的稳定性，不容易发生美拉德反应，成为低热值食品甜味剂。

（一）糖醇结晶分离的原理

结晶是糖醇行业中重要的化工过程，固体糖醇产品多以晶体的形态存在。糖醇结晶符合一般的结晶规律，包括形成过饱和溶液、晶核形成和晶体生长三个过程。

糖醇的结晶和葡萄糖、蔗糖的结晶一样，都是以过饱和度为结晶动力。在结晶的系统中，物料的分子不断沉积在晶核上使晶体长大，所以结晶过程应保持适当的过饱和度：过饱和度稍低，可能成为饱和溶液，此时结晶系统中物料分子没有动力，它既不能往晶核上沉积使晶体长大，但也不溶晶；如果过饱和度过低，成为不饱和溶液，则会发生溶晶；但过饱和度过大，成核速度过快，分子在晶核上的沉积速度却是有限的，因而极易出现新的晶核（假晶或伪晶），产生大量微小晶体，结晶难以长大；如果晶核生长速率过快，容易在晶体表面产生液泡，影响结晶质量，而且结晶器壁上容易产生晶垢，会给结晶操作带来困难。

（二）糖醇结晶分离的方法

糖醇根据所用的糖不同而分为不同的种类。下面以蔗糖加氢制造甘露醇为例，对糖醇的生产工艺流程进行解释。甘露醇有多种生产工艺，其中一种为合成法生产工艺：首先采用酸水解的方法将蔗糖水解，得到含葡萄糖和果糖的混合溶液，加氢后得到含甘露糖醇的混合氢液。利用甘露糖醇与山梨醇在不同温度下的溶解度差异，通过冷却结晶的方法得到甘露醇。蔗糖加氢生产甘露醇的流程如图 8-19 所示。

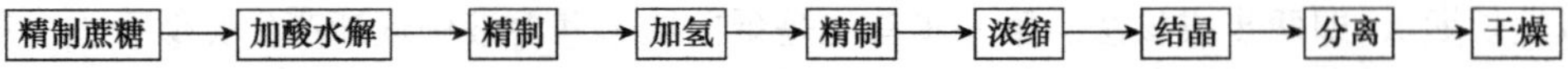

精制蔗糖 → 加酸水解 → 精制 → 加氢 → 精制 → 浓缩 → 结晶 → 分离 → 干燥

图 8-19   蔗糖加氢生产甘露醇的流程图（金树人，2008）

糖醇业主要使用的结晶方法有两种，分别为冷却法和蒸发溶剂法。冷却法即热饱和溶液冷却法，又可分为自然冷却、间壁冷却及直接接触冷却。蒸发溶剂法是去除一部分溶剂的结晶方法，使溶液在加压、常压或减压下加热蒸发而浓缩以达到过饱和，适用于温度对溶解度影响不大的物质。

六、柠檬酸结晶分离

柠檬酸，又名枸橼酸，是一种重要的有机酸，为无色晶体，无臭，有很强的酸味，易溶于水。室温下，常以白色颗粒或白色粉末晶体形式存在，在空气中易风化，微有潮解性。因具有无毒、溶解性好、酸味可口、衍生性优异等性能，柠檬酸被广泛应用于饮料、果冻、糖果、酿酒等食品工业中。

（一）柠檬酸结晶分离的原理

工业上柠檬酸结晶是指从溶液中析出晶体柠檬酸的过程。柠檬酸结晶分为形成饱和溶液、起晶和晶体生长三步。

柠檬酸结晶需要溶液达到一定的过饱和度，同时溶液的起晶难易程度和结晶速度也受饱和度的影响。溶液达到一定过饱和度产生晶核的过程称为"起晶"，然后晶核长大成为宏观的晶体，这一过程称为晶体生长，无论是起晶还是晶体生长，其推动力都是溶质分子间的引力（其逆过程即溶解，溶解的动力可以简单地认为是溶剂分子对溶质的分散作用），这种引力与溶液的过饱和度有关。

（二）柠檬酸结晶分离的方法

柠檬酸主要有三种生产方法，即果汁提取法、化学合成法和微生物发酵法。微生物发酵法是生产柠檬酸的主要方法，也是唯一实现工业化生产的方法。原料经发酵形成发酵液后进行柠檬酸提取，提取工艺有钙盐法、萃取法、离子交换法和电渗析法，我国企业多采用钙盐法进行提取，其基本原理如图 8-20 所示：在含柠檬酸的上清液中加入石灰乳或 $CaCO_3$，发生中和反应生成柠檬酸钙沉淀，固液分离后，用 H_2SO_4 酸解、过滤即可得到柠檬酸水溶液；柠檬酸水溶液再经过脱色、离子交换净化后，根据生产需要进行浓缩、结晶，最终得到柠檬酸产品。

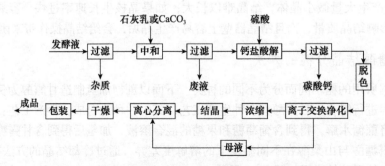

图 8-20   钙盐法提取柠檬酸工艺流程图（贺良灿，2010）

思 考 题

1. 简述结晶成核的作用方式及条件。
2. 影响晶体生长速率的因素有哪些？
3. 简述结晶分离技术的特点。
4. 举例说明常见的结晶方法及其特点。

主要参考文献

陈冬秀，尹秋响，李良龙．2004．结晶分离技术在香料生产中的应用［J］．香料香精化妆品，4（6）：19-21.

陈国豪．2007．生物工程设备［M］．北京：化学工业出版社.

陈辉．2014．萃取结晶法处理环氧树脂废水［D］．杭州：浙江大学硕士学位论文.

丁绪淮，谈道．1985．工业结晶［M］．北京：化学工业出版社.

丁中祥．2020．悬浮结晶冷冻浓缩苹果汁的应用基础研究［D］．广州：广东工业大学硕士学位论文.

董永胜．2015．谷胱甘肽生产技术［M］．北京：中国轻工业出版社.

高大维，陈树功，李国基，等．1991．溶剂-超声波协同起晶制种法［J］．甘蔗糖业，（1）：32-38.

高福成．1998．食品分离重组工程技术［M］．北京：中国轻工业出版社.

郭建国，吴孝兰，陈浩云，等．2018．蒸馏结晶耦合工艺制备高纯对溴甲苯［J］．化学试剂，40（3）：302-304.

何东平．2005．油脂精炼与加工工艺学［M］．北京：化学工业出版社.

贺良灿．2010．柠檬酸浓缩液冷却结晶过程实验研究［D］．天津：天津大学硕士学位论文.

侯殿保，杨海云，陈育刚，等．2020．硫酸盐型盐湖盐田泻利盐矿硫酸镁浸取结晶工艺条件研究［J］．盐湖研究，28（2）：71-78.

胡爱军，丘泰球．2002．超临界流体结晶技术及其应用研究［J］．化工进展，（2）：127-130.

胡家源．1993．结晶分提在油脂深加工中的应用与前景［J］．中国油脂，（2）：30-32.

霍汉镇．2008．现代制糖化学与工艺学［M］．北京：化学工业出版社.

蒋维钧．2011．新型传质分离技术［M］．2版．北京：化学工业出版社.

金树人．2008．糖醇生产技术与应用［M］．北京：中国轻工业出版社.

李改真．2017．熔融结晶法提纯对苯二甲酰氯［D］．郑州：河南大学硕士学位论文.

林晨．2017．溶菌酶蛋白质结晶过程中成核的研究［D］．广州：华南理工大学硕士学位论文.

刘光照，朱亚男．1981．晶体成核理论［J］．人工晶体，（2）：7-40.

刘家祺，姜忠义，王春艳．2001．分离过程与技术［M］．天津：天津大学出版社.

刘俊果，赵国群．2009．生物产品分离设备与工艺实例［M］．北京：化学工业出版社.

刘英杰．2010．浅谈蒸馏-结晶耦合技术［J］．长春理工大学学报，（7）：120-121.

娄向阳．2017．膜蒸馏-结晶技术处理高浓度度锌镍重金属废液的研究［D］．北京：北京有色金属研究总院硕士学位论文.

马传国．2002．油脂深加工与制品［M］．北京：中国商业出版社.

欧阳平凯，胡永红，姚忠．2010．生物分离原理及技术［M］．北京：化学工业出版社.

丘泰球，任娇艳，杨日福．2018．食品物理加工技术［M］．北京：科学出版社.

宋航．2011．制药分离工程［M］．上海：华东理工大学出版社.

田皓，刘思德．2018．结晶分离技术研究进展［J］．稀土信息，（6）：32-34.

田亮．2019．多品种氯化钠结晶过程的研究［D］．天津：天津大学硕士学位论文.

王冬冬．2018．丁二腈熔融结晶过程的研究［D］．天津：天津大学硕士学位论文.

颜新青．2016．金属晶体生长机制的分子动力学模拟研究［D］．北京：北京理工大学硕士学位论文.

姚汝华，周世水．2013．微生物工程工艺原理［M］．广州：华南理工大学出版社.

叶铁林．2006．化工结晶过程原理及应用［M］．北京：北京工业大学出版社.

于信令. 2009. 味精工业手册［M］. 北京：中国轻工业出版社.

张罡. 2020. 真空冷却结晶制冷量计算方法探讨［J］. 化工设计, 30（3）：11-14.

张圻之, 宋述之, 谭恰. 1994. 制盐工业手册［M］. 北京：中国轻工业出版社.

张杨, 潘见, 袁传勋, 等. 2002. 超临界流体结晶技术研究进展［J］. 化工科技,（5）：41-43.

赵君民, 刘荣杰, 李慧. 1997. 萃取结晶过程的分析与设计［J］. 化工设计,（2）：13-16.

赵鹏程. 2020. 温度及应力诱发超细晶工业纯钛再结晶与晶粒长大的机理研究［D］. 广州：华东理工大学博士学位论文.

郑建仙. 2005. 功能性糖醇［M］. 北京：化学工业出版社.

邹家韵. 2019. 对蛋白质结晶均相和异相成核方法的探究［D］. 长春：吉林大学硕士学位论文.

Berends E M. 1994. Supercritical crystallization: The RESs-process and the GAS-process [J]. https://www.researchgate.net/publication/27341293_Supercritical_crystallization_The_RESs-process_and_the_GAS-process [2021-10-20].

Hallas N J. 2006. Crystallization [J]. https://www.thermopedia.com/content/679/[2021-10-20].

Hartel R W. 2002. Crystallization in foods [M]//Myerson A. Handbook of Industrial Crystallization. Amsterdam: Elsevier: 287-304.

Hartel R W. 2013. Advances in food crystallization [J]. Annual Review of Food Science and Technology, 4: 277-292.

Hartman P, Perdok W G. 1988. On the relations between structure and morphology of crystals. I [J]. Acta Crystallographica, 8(1): 49.

Jiang X, Shao Y, Sheng L, et al. 2020. Membrane crystallization for process intensification and control: A review [J]. Engineering, 7(1): 50-62.

Levi A C, Kotrla M. 1996. Theory and simulation of crystal growth [J]. Journal of Physics Condensed Matter, 9(2): 299-344.

Liu C, Cheng Y B, Ge Z. 2020. Understanding of perovskite crystal growth and film formation in scalable deposition processes [J]. Chemical Society Reviews, 49: 1653.

Mcdonald M A, Salami H, Harris P R, et al. 2021. Reactive crystallization: a review [J]. Reaction Chemistry & Engineering, 3: 364-400.

Myerson A. 2002. Handbook of Industrial Crystallization [M]. Oxford: Butterworth-Heinemann.

Shahidi F. 2016. 贝雷油脂化学与工艺学［M］. 第一卷. 6版. 北京：中国轻工业出版社.

Wong S Y, Rajesh K, Bund R, et al. 2011. A systematic approach to optimization of industrial lactose crystallization [D]. Madison: University of Wisconsin.

Yu L, Reutzel-Edens S M. 2003. Crystallization | basic principles [J]. Encyclopedia of Food Sciences and Nutrition (Second Edition), 40(1): 1697-1702.

Zheng D, Yan J, Chen J, et al. 2020. The reaction extraction combining crystallization for growth of sodium chloride in a spray fluidized bed crystallizer [J]. Journal of Chemistry, 2020(6): 1-12.